Hércules de Araújo Feitosa
Mauri Cunha do Nascimento
Alexys Bruno Alfonso

TEORIA DOS CONJUNTOS:

SOBRE A FUNDAMENTAÇÃO MATEMÁTICA E A CONSTRUÇÃO DE CONJUNTOS NUMÉRICOS

Teoria dos Conjuntos: Sobre a Fundamentação Matemática e a Construção de Conjuntos Numéricos

Copyright© Editora Ciência Moderna Ltda., 2011.
Todos os direitos para a língua portuguesa reservados pela EDITORA CIÊNCIA MODERNA LTDA.
De acordo com a Lei 9.610, de 19/2/1998, nenhuma parte deste livro poderá ser reproduzida, transmitida e gravada, por qualquer meio eletrônico, mecânico, por fotocópia e outros, sem a prévia autorização, por escrito, da Editora.

Editor: Paulo André P. Marques
Supervisão Editorial: Aline Vieira Marques
Copidesque: Paula Regina Pilastri
Diagramação: Lucia Quaresma
Capa: Cristina Satchko Hodge
Assistente Editorial: Vanessa Motta

Várias **Marcas Registradas** aparecem no decorrer deste livro. Mais do que simplesmente listar esses nomes e informar quem possui seus direitos de exploração, ou ainda imprimir os logotipos das mesmas, o editor declara estar utilizando tais nomes apenas para fins editoriais, em benefício exclusivo do dono da Marca Registrada, sem intenção de infringir as regras de sua utilização. Qualquer semelhança em nomes próprios e acontecimentos será mera coincidência.

FICHA CATALOGRÁFICA

FEITOSA, Hércules de Araújo; NASCIMENTO, Mauri Cunha; ALFONSO, Alexys Bruno.
Teoria dos Conjuntos: Sobre a Fundamentação Matemática e a Construção de Conjuntos Numéricos
Rio de Janeiro: Editora Ciência Moderna Ltda., 2011

1. Matemática.
I — Título

ISBN: 978-85-399-0000-8 CDD 510

Editora Ciência Moderna Ltda.
R. Alice Figueiredo, 46 – Riachuelo
Rio de Janeiro, RJ – Brasil CEP: 20.950-150
Tel: (21) 2201-6662 / Fax: (21) 2201-6896
LCM@LCM.COM.BR
WWW.LCM.COM.BR

01/11

ÍNDICE

INTRODUÇÃO

Como anuncia o título deste trabalho: "Teoria dos Conjuntos: sobre a fundamentação matemática e a construção de conjuntos numéricos", pretendemos apresentar os *fundamentos da matemática*, tendo como instrumento a *teoria dos conjuntos*, e mostrar um caminho de construção dos conjuntos numéricos naturais, inteiros, racionais, reais e complexos, denotados respectivamente por $\mathbb{N}$, $\mathbb{Z}$, $\mathbb{Q}$, $\mathbb{R}$ e $\mathbb{C}$.

O que são os *fundamentos da matemática*? Para algum trabalhador da Matemática seria natural fazer perguntas semelhantes a estas: O que é a Matemática? Há uma ou muitas Matemáticas? Por que podemos confiar na Matemática? Por que é uma ciência exata? São as teorias matemáticas livres de contradições? Podemos edificar a Matemática contemporânea como uma teoria única? Qual a relação entre Matemática e linguagem? E entre Matemática, linguagem e linguagem artificial (formal)? Há um método próprio da Matemática? Quais são os limites das teorias matemáticas? O que podemos afirmar sobre os modelos matemáticos? Existem dispositivos artificiais, mecânicos, ou algorítmicos para desenvolver parte ou o todo da Matemática? Caso existam, quais os limites desses dispositivos? Qual a relação entre Matemática e verdade? São as teorias matemáticas necessárias? Essas são algumas dentre muitas questões fundacionais muito difíceis de serem respondidas, mas que merecem reflexões. Aliás, dizem muitos sábios que a ciência alimenta-se preponderantemente de perguntas às respostas.

Existe uma vasta literatura sobre os *fundamentos da matemática* que procura analisar e responder algumas ou muitas dessas questões.

Na busca por uma fundamentação da matemática encontramos um período de grande desenvolvimento entre o final do século XIX e o início do século XX. Nesse período conseguiu-se não apenas tratar algumas teorias matemáticas com o rigor da geometria grega e à luz dos sistemas formalizados, mas também estabelecer alguns sistemas em que toda a matemática contemporânea pode ser tratada. Estamos atingindo o que tem sido denominado a *matemática moderna* e nos distanciando das matemáticas de até então. Com esses sistemas, podemos dar alguns passos na compreensão do que é Matemática e, principalmente, desenvolver aquelas reflexões sobre as propriedades dos sistemas formais como a consistência da Matemática.

A primeira tentativa de unificação da Matemática se deu no monumental trabalho "*Principia Mathematica*" de Russell[1] e Whitehead[2], em que é advogada a *tese logicista* de que a Matemática é, em essência, Lógica; a Matemática seria uma parte da Lógica. Apesar do grande avanço na direção pretendida, a *teoria dos tipos*, proposta para dar conta dos problemas surgidos pelo caminho, não foi suficiente e a tese logicista foi perdendo forças.

Conforme os trabalhos contemporâneos sobre fundamentação matemática, podemos dizer que toda a Matemática conhecida pode ser construída na teoria dos conjuntos, embora, em alguns casos limites, haja a necessidade da inclusão de novos axiomas para dar conta de questões que podem estar além das fronteiras conjuntistas. Isso significa que objetos matemáticos tais como números e as mais diversas funções e relações podem ser definidos como conjuntos e, dessa forma, os teoremas da Matemática devem ser vistos como afirmações sobre conjuntos e demonstrados como afirmações da teoria dos conjuntos.

Assim, a teoria dos conjuntos é uma alternativa para tratar de uma parte dos fundamentos da matemática. Como toda a Matemática contemporânea pode ser desenvolvida nessa teoria, podemos entender a Matemática como aquilo que pode ser construído na teoria dos conjuntos.

Esse caminho axiomático e construtivo da teoria dos conjuntos será esclarecido neste trabalho, com vagar e algum cuidado ao

1 Bertrand Arthur William Russell [Nascimento: 18/05/1872 em Ravenscroft, Trelleck, Monmouthshire, Wales. Morte: 02/02/1970 em Penrhyndeudraeth, Merioneth, Wales].

2 Alfred North Whitehead [Nascimento: 15/02/1861 em Ramsgate, Ilha de Thanet, Kent, Inglaterra. Morte: 30/12/1947 em Cambridge, Massachusetts, USA].

introduzirmos principiantes no tema. Procuraremos ser cuidadosos sem, contudo, exagerarmos no refinamento a ponto de afastar os iniciantes.

Essa concepção de ver toda a Matemática dentro da teoria dos conjuntos é o que passou a ser denominada, no século XX, de *matemática moderna*. Como consequência dessa concepção, a Matemática é o que pode ser tratado na teoria dos conjuntos e, assim, passou-se a ensinar sobre conjuntos em todos os níveis escolares. Isto suscitou enormes queixas contra a *matemática moderna*, por complicar em demasia o caminho de construção do conhecimento dos alunos.

Neste texto, olhamos para a teoria dos conjuntos como uma teoria fundacional, que tem por finalidade fazer análises e investigações de uma gênese da Matemática.

A teoria dos conjuntos não é a única teoria matemática capaz de englobar toda a Matemática atual. Por exemplo, a teoria das categorias também é capaz de fazê-lo e, ao escolher uma ou outra, há sempre alguns compromissos sobre as escolhas realizadas.

Mesmo a teoria dos conjuntos tem concepções distintas e, de certo modo, concorrentes. Nesse trabalho, optamos pelo sistema proposto por Zermelo[3] e Fraenkel[4] e melhorado por Skolen[5], acrescido do axioma da escolha - *Axiom of Choice* - que é indicado na teoria pela letra C. Assim, esse sistema é usualmente indicado na literatura, por ZFC, sem fazer uma justa referência a Skolen.

3 Ernst Friedrich Ferdinand Zermelo [Nascimento: 27/07/1871 em Berlin, Alemanha. Morte: 21/05/1953 em Freiburg im Breisgau, Alemanha].

4 Adolf Abraham Halevi Fraenkel [Nascimento: 17/02/1891 em Munich, Alemanha. Morte: 15/10/1965 em Jerusalem, Israel].

5 Albert Thoralf Skolem [Nascimento: 23/05/1887 em Sandsvaer, Noruega. Morte: 23/03/1963 em Oslo, Noruega].

A origem da teoria dos conjuntos está nos trabalhos de Georg Cantor[6], realizados durante a segunda metade do século XIX.

Um grupo de pessoas, um enxame de abelhas ou uma equipe esportiva são exemplos de conjuntos de coisas. Mas, para os propósitos matemáticos, não são exatamente esses tipos de conjuntos que interessam.

De maneira geral, um *conjunto* é uma coleção de objetos e esses objetos são denominados de *membros* ou *elementos* do conjunto, mas em ZFC tudo é conjunto, inclusive os membros dos conjuntos.

É importante destacar que um conjunto pode, ele mesmo, ser um elemento de outro conjunto e a Matemática está repleta de exemplos de conjuntos de conjuntos. Uma reta, por exemplo, é um conjunto de pontos; o conjunto de todas as retas de um plano é um exemplo natural de um conjunto de conjuntos de pontos.

Derivada dos trabalhos de Cantor, do final do século XIX, a teoria dos conjuntos pretendia ser erigida a partir de dois princípios básicos: (i) a extensionalidade - que afirma que dois conjuntos são iguais quando têm exatamente os mesmos elementos e (ii) a abstração (ou compreensão) - que afirma que para toda propriedade, existe o conjunto dos elementos que satisfazem a propriedade dada.

Essa abordagem mais intuitiva dos conjuntos logo apresentou problemas, particularmente com o princípio da compreensão, pois, por exemplo, considerar a existência do "conjunto de todos os conjuntos" leva a uma contradição.

Parece um pouco severo dizer que algumas coleções não são conjuntos, mas de fato, existem tais coleções. Esses "não-conjuntos" podem ser chamados de classes. Uma *classe* pode ser identificada com uma condição ou uma extensão de uma condição.

6 Georg Ferdinand Ludwig Philipp Cantor [Nascimento: 03/03/1845 em St Petersburg, Rússia. Morte: 06/01/1918 em Halle, Alemanha].

Os paradoxos da teoria ingênua dos conjuntos, dentre os quais podemos citar o famoso paradoxo de Russell, forçaram o desenvolvimento da axiomatização da teoria dos conjuntos, mostrando que sem dúvida, suposições aparentemente aceitáveis eram inconsistentes e, portanto, totalmente insustentáveis.

À frente discutiremos um pouco mais sobre os paradoxos da teoria dos conjuntos. Mas devemos mencionar que os paradoxos, que foram muitos, foram classificados em duas categorias: os paradoxos *semânticos*, que advêm dos significados dados às palavras que formam as sentenças paradoxais e puderam ser contornados com o uso de linguagens artificiais que evitam dubiedades e multiplicidade de interpretações; e os paradoxos *sintáticos*, que estão presentes mesmo diante das linguagens artificiais, e não puderam ser facilmente contornados.

Como, então, contornar o problema que resulta da proibição de se falar da coleção de todos os conjuntos? A coleção não pode ser um conjunto, por isso algumas alternativas têm sido oferecidas, sendo as duas mais conhecidas:

(i) a de Zermelo-Fraenkel-Skolen, que indica que nunca precisamos falar da coleção de todos os conjuntos, pois ela está além dos interesses matemáticos e se, eventualmente, tentarmos mencioná-la, deveremos ter o cuidado de procurar outro meio sem que mencionemos tal entidade.

(ii) a de Von Neuman[7]-Bernays[8], em que a coleção de todos os conjuntos pode ser chamada de classe e, de modo similar, outra coleção muito ampla de conjuntos também pode ser chamada de classe. Em particular, qualquer conjunto é uma classe, mas algumas classes são grandes demais para serem conjuntos. De qualquer forma, em

7 John von Neumann [Nascimento: 28/12/1903 em Budapest, Hungria. Morte: 08/02/1957 em Washington D.C., USA].

8 Paul Isaac Bernays [Nascimento: 17/10/1888 em London, Inglaterra. Morte: 18/09/1977 em Zurich, Suiça].

geral, classe não é um conjunto e não pode ser membro de um conjunto.

A literatura mostra ainda outros sistemas distintos, com outras vantagens e desvantagens, para se erigir a teoria dos conjuntos. O sistema escolhido para este texto é o mais frequentemente usado, o sistema ZFC. Contudo, mesmo os axiomas de ZFC apresentam algumas pequenas variações.

Mesmo que não houvesse ocorrido a crise colocada pelos paradoxos da teoria ingênua dos conjuntos, a axiomatização possivelmente teria sido desenvolvida para enfrentar, mais tarde, as controvérsias sobre a aceitação ou não de certos princípios, tais como o axioma da escolha.

Com isso, vemos que a teoria de conjuntos é um campo natural no qual podemos estabelecer o desenvolvimento axiomático da Matemática e, ainda, que essa teoria é poderosa o bastante para o desenvolvimento de todos os temas matemáticos atualmente tratados. Contudo, essa teoria não se preocupa com conjuntos de objetos como flores, animais, neurônios e outros do gênero, mas com entes matemáticos tais como números, relações, funções, estruturas matemáticas. Concluindo, conjuntos não são objetos usuais do mundo real, mas criações mentais, abstratas e idealizadas.

O princípio da extensionalidade, que afirma que dois conjuntos são iguais quando têm exatamente os mesmos elementos, nos remete a uma relação básica da teoria dos conjuntos, a relação de *igualdade* entre conjuntos. Outra importante relação entre conjuntos é a *inclusão*, que é definida quando todo elemento de um conjunto é também elemento de um segundo conjunto. Daremos atenção especial a essas relações.

A nossa gênese se inicia com o menor conjunto, aquele que não tem elemento e está incluso em todos os outros.

A partir desse conjunto, com o auxílio dos axiomas de ZFC e das noções primitivas de conjunto e pertinência, construímos outras relações em ZFC. Considerando que cada função é uma relação e cada operação é uma função, então todos esses entes matemáticos são conjuntos. Os conjuntos numéricos dos naturais, inteiros, racionais, reais e complexos, entre outros, saem, então, como construções dentro de ZFC.

No texto, sempre que ajudar a uniformidade e não conflitar com a apresentação, usaremos as letras A, B, C, D, E e F para conjuntos, as letras minúsculas a, b, c, ..., x, y, z para elementos, as letras R, S, T e U para relações e as letras gregas φ, ψ, σ e λ para funções.

No primeiro capítulo, apresentamos algumas das concepções básicas de Cantor e os paradoxos da teoria dos conjuntos nascente. No capítulo dois, apresentamos a linguagem que usaremos ao longo do texto e introduzimos os axiomas que serão posteriormente utilizados, com a respectiva interpretação sugerida a cada um deles. No capítulo três, iniciamos a construção da teoria com uso dos axiomas e demonstramos os primeiros resultados. O capítulo seguinte é destinado às relações, funções e operações. Mostramos como entender esses conceitos em ZFC. A seguir, passamos a edificar os conjuntos numéricos. No capítulo cinco tratamos dos números naturais, no seguinte dos inteiros e no próximo dos racionais. O capítulo oito é destinado a um refinamento sobre conjuntos finitos e enumeráveis. Nos dois capítulos seguintes voltamos aos conjuntos numéricos, com a construção dos reais por meio dos cortes de Dedekind[9], no capítulo nove, e a extensão dos reais para os complexos, no capítulo dez.

Nos dois capítulos seguintes desenvolveremos elementos teóricos sobre os ordinais e sobre os cardinais. No capítulo treze, mostramos algumas equivalências do axioma da escolha.

9 Julius Wihelm Richard Dedekind [Nascimento: 06/10/1831 em Braunschweig, duchy of Braunschweig (agora Alemanha). Morte: 12/02/1916 in Braunschweig, duchy of Braunschweig (agora Alemanha)].

1. CANTOR E OS PARADOXOS

Este capítulo desenvolve aspectos históricos e conceituais sobre a contemporânea teoria dos conjuntos. Assim, menciona fatos e conceitos que são fundamentais para seu desenvolvimento histórico, embora sem estarem dispostos num encadeamento que permita o entendimento de todos os detalhes indicados. O leitor não deve se incomodar com isso, pois se trata ainda de texto introdutório que ficará naturalmente esclarecido ao longo dos demais capítulos.

Iniciamos apresentando a definição do Dicionário Aurélio (Ferreira, 1986) para "paradoxo" e outra expressão de vínculo íntimo "antinomia".

> **Verbete**: paradoxo [Do gr. parádoxon, pelo lat. paradoxon.] S. m. 1. Conceito que é ou parece contrário ao comum; contrassenso, absurdo, disparate 2. Contradição, pelo menos na aparência 3. Filos. Afirmação que vai de encontro a sistemas ou pressupostos que se impuseram como incontestáveis ao pensamento. [Cf. aporia e antinomia].

Uma situação paradoxal gera um momento de conflito, pois pode se manifestar como um disparate ou contrassenso. Uma análise refinada do contexto pode confirmar se tratar de uma contradição ou conduzir à superação do conflito inicial.

> **Verbete**: antinomia [Do gr. antinomía, pelo lat. antinomia.] S. f. 1. Contradição entre duas leis ou princípios. 2. Oposição recíproca. 3. Filos. Conflito entre duas afirmações demonstradas ou refutadas aparentemente com igual rigor. [Cf. aporia e paradoxo].

A antinomia é um pouco mais clara ao exigir a contraposição entre duas leis ou princípios.

A concepção de conjunto como uma coleção de objetos é bastante natural e tem comparecimento nos textos matemáticos há muito tempo. A originalidade do trabalho de Cantor está na elaboração de uma teoria abstrata de conjuntos.

Cantor investigava sobre partes da análise matemática, mais especificamente, sobre séries trigonométricas, as séries de Fourier[10], como:

$$a_1 \operatorname{sen}(x) + a_2 \operatorname{sen}(2x) + a_3 \operatorname{sen}(3x) + \ldots + a_n \operatorname{sen}(nx) + \ldots,$$

vistas como soluções de equações diferenciais, quando foi levado a pensar em conjuntos de números reais cada vez mais gerais.

Por exemplo, em 1871, Cantor percebeu que algumas operações com conjuntos de números reais poderiam ser iteradas mais do que um número finito de vezes.

Em 1873, Cantor demonstrou o célebre Teorema da Diagonalização de Cantor, que afirma que o conjunto dos números reais, $\mathbb{R}$, não pode ser colocado em correspondência biunívoca com o conjunto dos números naturais, $\mathbb{N}$, ou seja, não são *equipotentes*.

Nos anos seguintes, ele publicou diversos artigos sobre sua concepção dos conjuntos e sobre *números transfinitos*, que vão além dos finitos.

Depois dos trabalhos que envolviam as séries trigonométricas e o corpo dos reais, baseado nas séries de Cauchy[11], Cantor passou a tratar da teoria dos conjuntos mais propriamente.

Cantor, nesse contexto, mostrou a equipotência entre o conjunto dos números naturais $\mathbb{N}$ e o conjunto dos números racionais $\mathbb{Q}$. A seguir, mostrou a não equipotência, mencionada acima, entre $\mathbb{N}$ e $\mathbb{R}$ e, também, mostrou a equipotência entre $\mathbb{R}$ e $\mathbb{R}^n$.

---

10 Jean Baptiste Joseph Fourier [Nascimento: 21/03/1768 em Auxerre, Bourgogne, France. Morte: 16/05/1830 em Paris, France]

11 Augustin Louis Cauchy [Nascimento: 21/08/1789 em Paris, França. Morte: 23/05/1857 em Sceaux (próximo de Paris), França]

De um modo intuitivo, podemos dizer que a cardinalidade ou que o cardinal de um conjunto A, denotado por |A|, é a quantidade de elementos de A. Cantor então demonstrou que para todo conjunto A, tem-se que $|A| < |\mathcal{P}(A)|$, em que $\mathcal{P}(A)$ é o conjunto de todos os subconjuntos de A, e que $|\mathcal{P}(A)| = 2^{|A|}$. Esses resultados são intuitivos para conjuntos finitos, contudo, para conjuntos infinitos precisamos de reflexões mais minuciosas, as quais serão desenvolvidas no texto.

Esses são resultados fundamentais para a teoria dos conjuntos, pois permitem a concepção de uma teoria dos infinitos, ao mostrar que existem muitos tipos de conjuntos infinitos ou de números cardinais transfinitos e que para todo conjunto infinito pode-se encontrar um conjunto infinito cujo cardinal é ainda maior.

Cantor introduziu as noções de número cardinal, número ordinal, conjunto bem ordenado e formulou a hipótese do contínuo.

Os trabalhos de Cantor foram bem recebidos por alguns importantes matemáticos de seu tempo como Dedekind e Weierstrass[12], de quem foi aluno. Contudo, foi incompreendido e antagonizado por muitos contemporâneos como Kronecker[13] e Poincaré[14]. Além da oposição de eminentes matemáticos, foi acometido de séria doença do sistema nervoso, a qual o levou a interromper muito cedo sua produção intelectual.

Embora Cantor não tenha explicitado os axiomas de sua teoria dos conjuntos, conforme indica Suppes (1972), todos seus teoremas podem ser obtidos a partir dos seguintes princípios:

(i) A extensionalidade: que indica que dois conjuntos são iguais quando têm os mesmos elementos.

12 Karl Theodor Wilhelm Weierstrass [Nascimento: 31/10/1815 em Ostenfelde, Westphalia (agora Alemanha). Morte: 19/02/1897 em Berlin, Alemanha].

13 Leopold Kronecker [Nascimento: 07/12/1823 em Liegnitz, Prussia (agora Legnica, Polônia). Morte: 29/12/1891 em Berlin, Alemanha].

14 Jules Henri Poincaré [Nascimento: 29/04/1854 em Nancy, Lorraine, França. Morte: 17/07/1912 em Paris, França].

(ii) Abstração (ou compreensão): que estabelece que para toda propriedade existe um conjunto cujos membros são as entidades que satisfazem a dada propriedade.

(iii) O axioma da escolha: o produto cartesiano de uma coleção não vazia de conjuntos não vazios é uma coleção não vazia.

O princípio que gerou os paradoxos na teoria nascente dos conjuntos foi a abstração. A primeira formulação explícita desse princípio está no Axioma V em Frege[15] (1893), conforme (Suppes, 1972, p. 5).

Em 1901, Russell encontrou uma antinomia ou um paradoxo que envolve esse princípio bastante básico da teoria de conjuntos de Cantor.

O paradoxo de Russell mostra a impossibilidade da existência do conjunto de todos os conjuntos e põe limites sobre o princípio da abstração. Consideremos o conjunto $b = \{x / x \notin x\}$, ou seja, b é conjunto de todos os objetos que não são elementos deles mesmos. Ao admitir que existe o conjunto de todos os conjuntos, é lícito perguntar se $b \in b$. Assim, se $b \notin b$, então b admite a propriedade definitória de b e, portanto, $b \in b$. Agora, se $b \in b$, então, pela definição do conjunto b, temos que $b \notin b$. Assim sendo, temos que $b \notin b$ se, e somente se, $b \in b$, uma clara contradição.

Esse não foi o primeiro paradoxo encontrado na nascente teoria dos conjuntos. Em 1897, Burali-Forti[16] mostrou um paradoxo que envolve o conjunto de todos os ordinais **On**, o qual deveria ser ele mesmo um conjunto bem ordenado. Cada número ordinal tem entre suas propriedades (Krause, 2002, p. 90):

(i) todos seus elementos são ordinais menores que ele;

(ii) ele não é isomorfo a qualquer um de seus membros;

15 Friedrich Ludwig Gottlob Frege [Nascimento: 08/11/1848 em Wismar, Mecklenburg-Schwerin (agora Alemanha). Morte: 26/07/1925 em Bad Kleinen, Alemanha].

16 Cesare Burali-Forti [Nascimento: 13/08/1861 em Arezzo, Itália. Morte: 21/01/1931 in Turin, Itália].

(iii) todo conjunto bem ordenado é isomorfo a algum ordinal.

Assim, **On** deveria ser isomorfo a algum ordinal, mas por (i) e (ii) tal ordinal teria de ser maior que todo elemento de **On** e ao mesmo tempo, por (iii), ser isomorfo a algum membro de **On**.

Cantor também descobriu um paradoxo envolvendo o conceito de cardinal. Se há o conjunto de todos os conjuntos X, então ele deve ter o maior cardinal. Mas, segundo o teorema de Cantor sobre cardinais e o conjuntos das partes, temos $|X| < |\mathcal{P}(X)|$, o que contraria o fato de $|X|$ ser o maior dos cardinais.

Muitos outros paradoxos conhecidos e naquele momento encontrados foram aplicados na teoria dos conjuntos. Paradoxos ou antinomias existem desde a Antiguidade, como a famosa antinomia do mentiroso. Um cretense afirma que todos os cretenses são mentirosos. Assim, se o proponente da sentença diz uma verdade, então há um cretense que não mente e a sentença proferida é falsa. Do contrário, a sentença é falsa e, portanto, não é o caso de que os cretenses sejam mentirosos. De qualquer modo, o orador mente se, e somente se, ele não mente.

Semelhante é o paradoxo do barbeiro. Pode existir em uma vila um barbeiro que faz a barba exatamente dos homens que não fazem sua própria barba? Testar se o barbeiro faz ou não sua própria barba.

O paradoxo de Russell foi o mais contundente para a teoria nascente dos conjuntos, por abalar os princípios da teoria de conjuntos de Cantor e, dessa forma, a teoria precisou, com urgência, ser revista e colocada em bases mais sólidas.

A partir daí foram lançadas as condições para a fundação axiomática da teoria dos conjuntos tal como o caminho escolhido para o desenvolvimento desse trabalho.

Contudo, parece conveniente refletirmos sobre o que há nos paradoxos mencionados e outros que geram as situações inconvenientes.

Ramsey[17], em 1926, classificou os paradoxos em sintáticos ou semânticos. Os paradoxos *semânticos* têm seus conflitos gerados pelos significados dados às palavras que formam as sentenças paradoxais, como no caso do paradoxo do mentiroso e do barbeiro, e, então, o uso das linguagens artificiais poderia ser um caminho para se evitar tais situações problemáticas. Os paradoxos *sintáticos* ocorrem, mesmo no ambiente formal das linguagens estruturadas, quando temos uma situação contraditória, em que um fato é afirmado e negado concomitantemente. Esses paradoxos, que têm como exemplos os paradoxos de Russell, Burali-Forti e Cantor não puderam ser facilmente contornados.

Outra reflexão interessante sobre os paradoxos é que neles há frequentemente um componente de autorreferência. Tem usualmente uma relação conflitante entre um indivíduo que interage com um todo ao qual pertence. Assim, as autorreferências passaram a exigir um olhar mais aguçado, para distinguir aquelas que geram situações antinômicas daquelas que são matematicamente relevantes.

17 Frank Plumpton Ramsey [Nascimento: 22/02/1903 em Cambridge, Cambridgeshire, Inglaterra. Morte: 19/01/1930 em London, Inglaterra].

2. OS AXIOMAS

Faremos, neste breve capítulo, a apresentação da linguagem de primeira ordem sobre a qual trataremos a teoria formal dos conjuntos. Iniciamos com a introdução de uma lógica de primeira ordem com igualdade, denotada por $\mathcal{L}$, sobre a qual, logo a seguir, introduziremos os axiomas usados na *teoria dos conjuntos*. Nessa teoria de conjuntos introduzimos uma nova relação, a de pertinência, denotada por $\in$.

2.1. A Linguagem da Teoria dos Conjuntos

Introduzimos, nesta seção, aspectos da lógica de primeira ordem $\mathcal{L}$ subjacente à *Teoria dos Conjuntos* sem, contudo, fazermos uma abordagem muito detalhada, como usual nos compêndios da Lógica. Damos apenas uma visão geral do que será usado no restante do trabalho. Para mais detalhes, ver (Feitosa, Paulovich, 2005).

A seguir, a expressão *aridade* indica a quantidade de argumentos da relação ou da função considerada. Por exemplo, no conjunto dos inteiros $\mathbb{Z}$, a relação "x é par" é unária, ou tem aridade 1, pois para cada inteiro dado, podemos verificar se ele admite ou não a propriedade, ou seja, se está ou não na relação ser par. Analogamente, a relação "x é menor que y" é binária, ou tem aridade 2, pois exige que dois inteiros sejam comparados; a operação de adição $+(x, y) = x + y$ é uma função binária.

Consideramos como aridade de uma relação ou função um número inteiro positivo $n \geq 1$.

Iniciamos com o alfabeto de uma linguagem de primeira ordem.

O *alfabeto* de $\mathcal{L}$ contém o seguinte:

1) uma quantidade enumerável de variáveis: $v_0, v_1, v_2, \ldots, v_n, \ldots$

2) operadores lógicos: $\neg$ (negação) e $\rightarrow$ (condicional)

3) quantificador: $\forall$ (universal)

4) símbolos auxiliares:) e (

5) relação binária de igualdade: =

6) símbolos de predicados ou relacionais: para cada n ≥ 1, há um conjunto, possivelmente vazio, de símbolos de predicados com aridade n.

7) símbolos de funções: para cada n ≥ 1, há um conjunto, possivelmente vazio, de símbolos de funções com aridade n.

8) símbolos de constantes: há um conjunto, possivelmente vazio, de constantes individuais.

Os símbolos de (1) até (5) são os símbolos lógicos. Os símbolos não lógicos de (6) até (8) são particulares para cada teoria.

Os símbolos de predicados ou relacionais estão no alfabeto para poderem representar propriedades ou relações que serão especificadas em cada teoria, por exemplo, a usual relação de ordem ≤ entre números. Os símbolos de funções devem representar funções específicas de cada teoria, por exemplo, a função para sucessor 'σ', dos números naturais. Os símbolos de constantes representam elementos particulares das teorias, como o zero e o um nas teorias que tratam de conjuntos numéricos.

No caso da teoria dos conjuntos, teremos um único símbolo não lógico, o símbolo relacional binário $\in$, destinado a representar a relação de pertinência.

A seguir, usaremos t (com ou sem índices) como metavariáveis para termos, x e y como metavariáveis para variáveis e **A**, **B** e **C** como metavariáveis para fórmulas.

Os termos, definidos a seguir, representam na teoria os objetos (indivíduos) das estruturas matemáticas. Na nossa teoria, representam os conjuntos.

Os *termos* de $\mathcal{L}$ são as seguintes concatenações de símbolos:

(i) todas as variáveis e constantes individuais são termos;

(ii) se f_j é um símbolo funcional de aridade n e $t_1, ..., t_n$ são termos, então $f_j(t_1, ..., t_n)$ também é um termo;

(iii) os termos são gerados exclusivamente pelas regras (i) e (ii).

As fórmulas manifestam as sentenças que podem ser enunciadas na teoria. Certamente, para as teorias usuais, devem existir sentenças válidas e sentenças inválidas.

As *fórmulas atômicas* são definidas por:

(i) se t_1 e t_2 são termos, então $t_1 = t_2$ é uma fórmula atômica, denominada *igualdade*;

(ii) se R_i é um símbolo relacional com aridade n e $t_1, ..., t_n$ são termos, então $R_i(t_1, ..., t_n)$ é uma fórmula atômica;

(iii) as fórmulas atômicas são geradas exclusivamente pelas regras (i) e (ii).

As *fórmulas* de $\mathcal{L}$ são definidas por:

(i) toda fórmula atômica é uma fórmula de $\mathcal{L}$;

(ii) se **A** e **B** são fórmulas, então $\neg$**A** e **A**$\to$**B** são fórmulas;

(iii) se **A** é uma fórmula e x é uma variável, então $\forall x$ **A**(x) é fórmula;

(iv) as fórmulas de $\mathcal{L}$ são geradas exclusivamente pelas regras (i) - (iii).

Os outros conhecidos operadores lógicos como $\wedge$ (conjunção), $\vee$ (disjunção) e $\leftrightarrow$ (bicondicional) são introduzidos por definição:

$$\mathbf{A} \wedge \mathbf{B} =_{\text{def}} \neg(\mathbf{A} \rightarrow \neg \mathbf{B})$$

$$\mathbf{A} \vee \mathbf{B} =_{\text{def}} \neg \mathbf{A} \rightarrow \mathbf{B}$$

$$\mathbf{A} \leftrightarrow \mathbf{B} =_{\text{def}} (\mathbf{A} \rightarrow \mathbf{B}) \wedge (\mathbf{B} \rightarrow \mathbf{A}).$$

Nota: o símbolo $=_{\text{def}}$ indica que a expressão da esquerda está sendo definida pela expressão da direita.

O *quantificador existencial* é definido da seguinte maneira:

$$\exists x\, \mathbf{A}(x) =_{\text{def}} \neg\, \forall x\, \neg \mathbf{A}(x).$$

As fórmulas nas quais ocorrem esses símbolos definidos devem ser entendidas como abreviações de fórmulas de $\mathcal{L}$.

No conjunto dos números naturais $\mathbb{N}$, a fórmula $x < 3$ não é nem verdadeira, nem falsa, pois isso depende de quem é x. Nessa situação, dizemos que a variável x ocorre livre e, portanto, não podemos decidir. Agora, se escrevemos $\exists x\ (x < 3)$, certamente entendemos como uma lei verdadeira sobre $\mathbb{N}$, pois 0, 1 e 2 satisfazem essa lei. Nesse caso, dizemos que a variável x está ligada na lei $x < 3$.

Mais detalhadamente:

Se **A** é uma fórmula atômica e x ocorre em **A**, então dizemos que x *ocorre livre* em **A**. Se x ocorre livre em **A** e $x \neq y$, então x *ocorre livre* em $\forall y\, \mathbf{A}(y)$. Se x ocorre livre em **A**, então x *ocorre livre* em $\neg\mathbf{A}$, $\mathbf{A} \rightarrow \mathbf{B}$ e $\mathbf{B} \rightarrow \mathbf{A}$. Se x não ocorre livre em **A**, então dizemos que x *ocorre ligada* em **A**. Ao escrevemos $\forall y\, \mathbf{A}(y)$ entendemos que **A** está no *escopo* do quantificador $(\forall y)$.

Uma *sentença* é uma fórmula sem variáveis livres.

Em $\mathcal{L}$ as sentenças serão interpretadas como verdadeiras ou falsas.

Agora introduzimos os axiomas ou leis fundamentais da nossa *teoria dos conjuntos*. Iniciamos com axiomas lógicos de $\mathcal{L}$ que valem para todas as teorias clássicas de primeira ordem. A seguir, introduziremos os axiomas específicos da teoria dos conjuntos tratada neste compêndio.

Os *axiomas lógicos* são os seguintes:

Se **A**, **B** e **C** são fórmulas quaisquer, então são axiomas lógicos os seguintes esquemas de fórmulas:

(i) Axiomas proposicionais:

Ax_1 $\mathbf{A} \to (\mathbf{B} \to \mathbf{A})$

Ax_2 $(\mathbf{A} \to (\mathbf{B} \to \mathbf{C})) \to ((\mathbf{A} \to \mathbf{B}) \to (\mathbf{A} \to \mathbf{C}))$

Ax_3 $(\neg\mathbf{B} \to \neg\mathbf{A}) \to ((\neg\mathbf{B} \to \mathbf{A}) \to \mathbf{B})$

(ii) Axiomas quantificacionais:

Ax_4 $\forall x\, (\mathbf{A} \to \mathbf{B}) \to (\mathbf{A} \to \forall x\, \mathbf{B})$, quando x não ocorre livre em **A**

Ax_5 $\forall x\, \mathbf{A} \to \mathbf{A}(t)$, em que t é um termo

(iii) Axiomas da igualdade:

Ax_6 $\forall x\, (x = x)$

Ax_7 $(x = y) \to (\mathbf{A}(x, x) \to \mathbf{A}(x, y))$, em que $\mathbf{A}(x, y)$ vem de $\mathbf{A}(x, x)$ pela substituição de algumas, mas não necessariamente todas, ocorrências livres de x por y e tal que y é livre para as ocorrências de x que y substitui.

As regras de dedução são essenciais em toda e qualquer teoria, pois são elas que possibilitam a obtenção de novas leis a partir dos princípios básicos dados nos axiomas ou postulados.

Quando **A** e **B** são fórmulas quaisquer, as *regras de inferência* ou *regras de dedução* são:

MP $\mathbf{A}, \mathbf{A} \to \mathbf{B} \vdash \mathbf{B}$

Gen $\mathbf{A} \vdash \forall x\, \mathbf{A}$.

As fórmulas à esquerda do símbolo $\vdash$ são as premissas (hipóteses) da regra de dedução e a fórmula à direita é a conclusão da regra. O símbolo $\vdash$ não pertence a nossa linguagem. É apenas um símbolo metalinguístico para nos dizer que conhecidas as premissas, obtemos a conclusão.

Agora fornecemos a definição indutiva de teorema da nossa teoria.

Todo axioma é um *teorema*. Se as premissas de alguma das regras de dedução são teoremas, então a conclusão da regra também é um *teorema*. Apenas desse modo são obtidos os teoremas.

Uma *demonstração* em $\mathcal{L}$ é uma sequência de fórmulas $\mathbf{A}_1, ..., \mathbf{A}_n$ tal que, para $1 \leq k \leq n$, $\mathbf{A}_k$ é um teorema de $\mathcal{L}$ ou $\mathbf{A}_k$ é obtida mediante uma das regras de dedução de fórmulas do conjunto $\{\mathbf{A}_1, ..., \mathbf{A}_{k-1}\}$. Nesse caso, a sequência $\mathbf{A}_1, ..., \mathbf{A}_n$ é uma *demonstração* de $\mathbf{A}_n$ e $\mathbf{A}_n$ é um *teorema* de $\mathcal{L}$.

Desde que os axiomas são teoremas de $\mathcal{L}$, suas demonstrações são sequências de um único membro. Além disso, se $\mathbf{A}_1, ..., \mathbf{A}_n$ é uma demonstração em $\mathcal{L}$, então, para $k < n$, temos que $\mathbf{A}_1, ..., \mathbf{A}_k$ é também uma demonstração em $\mathcal{L}$ e, portanto, $\mathbf{A}_k$ é um teorema de $\mathcal{L}$.

Exemplos de demonstrações e deduções podem ser obtidos em (Feitosa, Paulovich, 2005).

A seguir apresentamos os axiomas específicos da Teoria dos Conjuntos.

2.2 Os Axiomas de ZFC

Introduzimos agora a axiomática da Teoria dos Conjuntos fornecida por Zermelo, Fraenkel e Skolen com algumas atualizações e outros axiomas necessários para as pretensões deste trabalho. Essa axiomática, embora não seja a única, é, certamente, a mais usual.

Como indicado na seção anterior, temos como noções primitivas, os conceitos de "conjunto" e "pertinência". A partir desses conceitos são definidos todos os outros e são construídos os conjuntos numéricos dos naturais, inteiros, racionais e reais, entre outros, e todos os demais conceitos matemáticos com os quais o matemático cotidianamente trabalha.

Os símbolos x, y, z, a e b serão usados como metavariáveis de ZFC.

Para cada um dos axiomas, apresentamos sua versão formalizada e seu significado intuitivo:

(Ax_1) **Axioma do conjunto vazio** - Existe um conjunto que não tem elementos:

$$\exists a\ \forall x\ (x \notin a).$$

O conjunto vazio é denotado por $\varnothing$.

(Ax_2) **Axioma da extensionalidade** - Se dois conjuntos têm exatamente os mesmos elementos, então eles são idênticos:

$$\forall a\ \forall b\ ((\forall x\ (x \in a \leftrightarrow x \in b)) \rightarrow a = b).$$

No próximo axioma usamos a noção de propriedade, que deve ser entendida como uma relação de aridade 1.

(Ax_3) **Axioma esquema da compreensão** - Para cada propriedade P e cada conjunto dado, existe um conjunto, cujos elementos são os elementos do conjunto dado que satisfazem a propriedade P em questão:

$$\forall y\ \exists a\ (x \in a \leftrightarrow x \in y \wedge P(x)).$$

(Ax_4) **Axioma do par** - Dados os conjuntos y e z, existe um conjunto cujos elementos são exatamente y e z:

$$\forall y \, \forall z \, \exists a \, \forall x \, (x \in a \leftrightarrow x = y \lor x = z).$$

(Ax_5) **Axioma da união** - Para todo conjunto z, existe um conjunto *a* tal que x está em *a* se, e somente se, x está em algum y e y é elemento de z:

$$\forall z \, \exists a \, \forall x \, (x \in a \leftrightarrow \exists y \, (x \in y \land y \in z)).$$

Definição: $a \subseteq b =_{def} \forall x \, (x \in a \rightarrow x \in b)$.

Nesse caso, dizemos que *a* é um *subconjunto* de *b*, ou que *b* contém *a*.

(Ax6) **Axioma do conjunto das partes** - Para cada conjunto existe um conjunto cujos membros são exatamente os subconjuntos do conjunto dado:

$$\forall y \, \exists a \, \forall x \, (x \in a \leftrightarrow x \subseteq y).$$

(Ax7) **Axioma do infinito** - Existe um conjunto indutivo:

$$\exists a \, (\varnothing \in a \land \forall x \, (x \in a \rightarrow x \cup \{x\} \in a)).$$

A noção de relação funcional usada no próximo axioma está associada ao conceito de função que será abordado com detalhes nos próximos capítulos. O símbolo $\exists!y$ indica que além de existir y, ele é único.

(Ax8) **Axioma esquema da substituição** - Se a relação obtida de P(x, y) é uma relação funcional em x e y, então dado um conjunto B, existe um conjunto A, cujos elementos são aqueles elementos de B que satisfazem a fórmula P(x, y), isto é, A = {z ∈ B / P(x, z)}.

$$\forall x \, \exists! y \, P(x, y) \rightarrow \forall b \, \exists a \, \forall z \, (z \in a \leftrightarrow (\exists x \in b) \, P(x, z)).$$

(Ax9) **Axioma da escolha** - Todo conjunto de conjuntos tem uma função escolha, isto é:

$$\forall x \, \exists \varphi \, (\varphi \text{ é uma função} \land \mathrm{Dom}(\varphi) = x - \{\varnothing\} \land$$
$$\forall y \, (y \in \mathrm{Dom}(\varphi) \rightarrow \varphi(y) \in y)).$$

O axioma da escolha tem muitas formas equivalentes, normalmente tratadas nos textos de teoria dos conjuntos, por exemplo:

O produto cartesiano de uma família não vazia de conjuntos não vazios é, ainda, não vazio. Ou:

Dado um conjunto de índices I e uma função φ com domínio em I, se, para todo $i \in I$, $\varphi(i) \neq \emptyset$, então $\Pi_{i \in I}\, \varphi(i) \neq \emptyset$.

Em outras palavras, como cada $\varphi(i)$ é não vazio, o enunciado garante que podemos tomar (escolher) um elemento de cada $\varphi(i)$, para $i \in I$, e formarmos uma sequência desses elementos. Quando I é finito, o enunciado é claro, pois podemos perpassar a quantidade finita de conjuntos $\varphi(i)$ e, para cada um deles, escolher um elemento. Contudo, o enunciado se aplica mesmo quando I é infinito, o que deixa de ser natural.

(Ax10) **Axioma da fundamentação (ou da regularidade)** - Todo conjunto não vazio tem um elemento com o qual não tem elementos em comum:

$$\forall b\ (b \neq \emptyset \rightarrow \exists a\ (a \in b \wedge a \cap b = \emptyset)).$$

Esse sistema axiomático não é independente, pois, por exemplo, os axiomas do conjunto vazio e do par podem ser derivados a partir dos demais. Esses são mantidos no sistema devido a um caráter construtivo da teoria, pois onde são utilizados ainda não foram introduzidos os outros axiomas dos quais eles derivam.

A experiência tem mostrado que todos os teoremas, cujas demonstrações têm sido aceitas pela comunidade matemática, podem, pelo menos em princípio, ser obtidos a partir desses axiomas e, eventualmente, pelo acréscimo de mais alguns axiomas.

Contudo, podem todos os teoremas matemáticos verdadeiros, incluindo aqueles que ainda não tenham sido demonstrados, ser obtidos nessa teoria de conjuntos? Certamente não. Sabemos que isso não ocorre a partir dos teoremas de incompletude de Gödel[18].

18 Kurt Gödel [Nascimento: 28/04/1906 em Brünn, Império Austro-Húngaro (agora Brno, Czech Republic). Morte: 14/01/1978 em Princeton, New Jersey, USA].

Mesmo conectados com a teoria de conjuntos, são conhecidos resultados que são independentes desse conjunto de axiomas, por exemplo, a hipótese do contínuo $2^{\aleph_0} = \aleph_1$, que afirma que não há conjunto cujo cardinal, $\aleph_1$, esteja entre o cardinal dos números naturais $\aleph_0$ e o cardinal dos números reais $2^{\aleph_0}$. De uma forma mais intuitiva, o conjunto das partes de um conjunto equipotente a $\mathbb{N}$ é equipotente a $\mathbb{R}$. Ainda neste texto, teremos a oportunidade de tratar dos números cardinais e sua relação com o axioma de escolha.

Para o desenvolvimento de tópicos matemáticos um pouco mais avançados e específicos podemos precisar ainda de outros axiomas da teoria de conjuntos. O axioma da construtibilidade: "todo conjunto deve ser construído" tem esse caráter (Hrbacek, Jech, 1984).

Contudo a aceitação ou não de novos axiomas é sempre um tanto polêmica. Um novo axioma deveria respeitar pelo menos os seguintes dois princípios: (i) ser intuitivamente razoável que os conjuntos, com o entendimento que deles temos, tenham a propriedade postulada pelo axioma; (ii) ter consequências importantes tanto para a teoria dos conjuntos como para outras áreas da matemática.

Por serem, em geral, sentenças independentes, as propostas interessantes para novos axiomas, frequentemente, trazem divergências sobre a aceitação dessa sentença como um novo axioma, ou de sua negação. Isso ocorre, por exemplo, com a hipótese do contínuo que, como mencionamos, é independente dessa teoria de conjuntos. A aceitação da hipótese do contínuo gera uma teoria de conjuntos Cantoriana, por estar em acordo com as concepções de Cantor, enquanto ao se considerar a negação da hipótese do contínuo, gera-se uma teoria de conjuntos não Cantoriana.

3. INICIANDO A CONSTRUÇÃO AXIOMÁTICA

Neste capítulo, retornamos aos axiomas introduzidos no capítulo anterior e passamos a edificar a teoria dos conjuntos.

3.1. OS PRIMEIROS CONJUNTOS

De maneira geral, um *conjunto* é uma coleção de objetos e esses objetos são denominados de *membros* ou *elementos* do conjunto.

Se A é um conjunto e x é um elemento que pertence a esse conjunto, então escrevemos $x \in A$ e dizemos que x pertence a A. Se A é um conjunto e x um elemento que não pertence a esse conjunto, então escrevemos $x \notin A$ e dizemos que x não pertence a A.

O conceito de *pertinência* dado por $x \in A$ ou $x \notin A$ é um conceito primitivo e, ainda, o principal da teoria dos conjuntos.

O primeiro axioma: o **axioma do conjunto vazio:**

$$\exists a\ \forall \mathrm{x}\ (\mathrm{x} \notin a)$$

postula a existência de um dado conjunto, o conjunto que não tem elementos.

Esse conjunto, que não tem elementos, tem a concepção intuitiva de uma propriedade que não pode ser satisfeita, por exemplo:

(a) O conjunto dos números reais tais que $x^2 = -1$.

(b) O conjunto dos números primos pares compreendidos entre 10 e 1.000.000.

O segundo axioma: o **axioma da extensionalidade:**

$$\forall a\ \forall b\ ((\forall \mathrm{x}\ (\mathrm{x} \in a \leftrightarrow \mathrm{x} \in b)) \rightarrow a = b)$$

indica que se dois conjuntos têm exatamente os mesmos elementos, então os dois conjuntos coincidem.

Assim, sejam A, B e C os seguintes conjuntos:

A é o conjunto das soluções da equação $x^2-5x+6 = 0$

B é o conjunto dos dois primeiros números inteiros positivos e primos

C é o conjunto constituído pelos elementos 2 e 3.

Como os elementos desses três conjuntos são exatamente 2 e 3, então os conjuntos A, B e C coincidem, ou seja, A = B = C. Temos, nesse caso, três descrições de um mesmo conjunto.

O axioma da extensionalidade afirma que se a e b partilham exatamente os mesmos elementos, então $a = b$. Os axiomas lógicos da identidade permitem mostrar que se $a = b$, então partilham todas as propriedades e, desse modo, para todo x, $x \in a \leftrightarrow x \in b$, ou seja, vale:

$$\forall a \, \forall b \, ((\forall x \, (x \in a \leftrightarrow x \in b)) \leftrightarrow a = b).$$

Assim, ao afirmar que dois conjuntos são iguais quando têm exatamente os mesmos elementos, a teoria fornece naturalmente a relação de *igualdade* entre conjuntos. Nesse caso, escrevemos que A = B para indicar que $x \in A$ se, e somente se, $x \in B$. A igualdade é simétrica, no sentido de que se A = B, então também B = A.

Com esses dois axiomas podemos demonstrar a unicidade do conjunto que não tem elementos.

Proposição 3.1: Existe apenas um conjunto que não tem elementos.

Demonstração: Sejam A e B dois conjuntos sem elementos. Se A e B são conjuntos distintos, então eles não possuem os mesmos elementos, ou seja, existe x tal que $x \in A$ e $x \notin B$, ou existe x tal que $x \in B$ e $x \notin A$. Nos dois casos temos uma contradição, pois A e B não possuem elementos. Assim, A e B não podem ser conjuntos distintos. ■

O único conjunto que não tem elementos é denominado *conjunto vazio* e é denotado por $\varnothing$.

Do paradoxo de Russell e de outros similares decorre a asserção de que não existe o conjunto de todos os conjuntos. Sabendo-se disso, o modo de não perder todo o princípio da abstração de Cantor, mas ao mesmo tempo não incorrer na mesma situação é introduzir o terceiro axioma, o **axioma esquema da compreensão**:

Para P(x) uma propriedade de x, $\forall y\ \exists a\ (x \in a \leftrightarrow x \in y \wedge P(x))$.

Como distintas propriedades podem definir conjuntos distintos temos, nesse caso, muitos distintos axiomas, um para cada instância de P e, por isso, é chamado de axioma esquema.

Proposição 3.2: Se A e B são conjuntos, então:

(i) existe um conjunto C tal que $x \in C$ se, e somente se, $x \in A$ e $x \in B$.

(ii) existe um conjunto D tal que $x \in D$ se, e somente se, $x \in A$ e $x \notin B$.

Demonstração:

(ii) Consideremos a propriedade R(x, B) de x e B com o significado '$x \notin B$'. Pelo axioma da compreensão, para todo B e para todo A, existe um conjunto D tal que $x \in D$ se, e somente se, $x \in A$ e R(x, B), ou seja, se, e somente se, $x \in A$ e $x \notin B$.

(i) É análoga à (ii). ■

De modo semelhante à maneira como foi introduzido o conjunto vazio, os três próximos axiomas introduzem novos conjuntos a partir de alguns conjuntos dados. Além disso, podemos demonstrar que os conjuntos determinados pelo axioma da compreensão e pelos próximos três axiomas: do par, da união e das partes, são únicos.

Proposição 3.3: Se existe um a tal que $\forall x\ (x \in a \leftrightarrow A(x))$, então o conjunto a é único com esta propriedade.

Demonstração: Se z é tal que $\forall x\ (x \in z \leftrightarrow A(x))$, então $\forall x\ (x \in z \leftrightarrow x \in a)$ e, daí, pelo axioma da extensionalidade, tem-se que $a = z$. ■

Segue da proposição anterior que os conjuntos C e D da Proposição 3.2 são únicos e são a *intersecção* e a *diferença* de A e B.

E o que dizer sobre a interseção de infinitos conjuntos? Supondo que procuramos a interseção de infinitos conjuntos $b_0, b_1, \ldots, b_n, \ldots$, ou seja, para $A = \{b_0, b_1, \ldots\}$ a desejada interseção é o conjunto caracterizado por:

$$\cap A = \cap_i b_i = \{x \ /\ x \text{ pertença a cada } b_i \text{ em } A\},$$

o qual tem sua existência garantida pelo axioma da compreensão (tomando, por exemplo, $y = b_0$, no axioma da compreensão).

Em geral, para todo conjunto não vazio A, definimos a interseção $\cap A$ pela condição:

$$x \in \cap A \leftrightarrow x \text{ pertence a cada membro de } A.$$

Teorema 3.4: Para qualquer conjunto não vazio A, existe um único conjunto B tal que para qualquer x, $x \in B$ se, e somente se, x pertence a cada membro de A.

Demonstração: Sejam A não vazio e $c \in A$. Pelo axioma da compreensão, existe um conjunto B tal que para qualquer x, $x \in B$ se, e somente se $x \in c$ e x pertence a cada membro de A. Desse modo, x pertence a todo membro de A. A unicidade de B segue da Proposição 3.3. ■

Esse teorema nos permite definir $\cap A$ como esse único conjunto B. Assim:

$$\cap\{\{1, 2, 8\}, \{2, 8\}, \{4, 8\}\} = \{8\},$$

$$\cap\{a\} = a,$$

$\cap\{a, b\} = a \cap b$,

$\cap\{a, b, c\} = a \cap b \cap c$.

O conjunto $\{x \in A / R(x)\}$ é o conjunto de todos os elementos $x \in A$ para os quais vale a propriedade $R(x)$.

O **axioma do par**:

$$\forall y\ \forall z\ \exists a\ \forall x\ (x \in a \leftrightarrow x = y \vee x = z),$$

determina que, dados os conjuntos y e z, existe um conjunto cujos elementos são exatamente y e z.

De acordo com a Proposição 3.3, o único conjunto determinado pelo axioma do par é denotado por $\{y, z\}$.

Um conjunto com um único elemento é chamado *unitário*.

Pelo axioma da extensionalidade o par $\{y, y\} = \{y\}$ e é um conjunto unitário e, também, $\{z, y\} = \{y, z\}$ e, nesse caso, a ordem de descrição dos elementos do conjunto não é relevante.

O **axioma da união**:

$$\forall z\ \exists a\ \forall x\ (x \in a \leftrightarrow \exists y\ (x \in y \wedge y \in z)),$$

indica que, dado um conjunto z, existe um conjunto a tal que x está em a quando x está em algum conjunto y que é elemento de z.

Por exemplo, se temos o conjunto $\{a, b\}$, então o axioma da união garante a existência de um conjunto $\cup\{a, b\} = \{x$ / x pertence a algum membro de $\{a, b\}\} = \{x$ / x pertence a a ou x pertence a $b\}$ $= a \cup b$.

Similarmente, $\cup\{a, b, c, d\} = a \cup b \cup c \cup d$, $\cup\{a\} = a$ e, no caso extremo, $\cup\emptyset = \emptyset$.

Também, $\cup\{\{1, 2, 8\}, \{2, 8\}, \{4, 8\}\} = \{1, 2, 4, 8\}$.

De um modo geral: $x \in \cup A \Leftrightarrow (\exists b \in A)(x \in b)$.

Em contraste com a operação de união, não foi necessário um axioma especial para justificar a operação de interseção, a qual decorreu do axioma da compreensão.

Exemplos:

(a) $\cap\{\{a\}, \{a, b\}\} = \{a\}\cap\{a, b\} = \{a\}$.

(b) $\cup\cap\{\{a\}, \{a, b\}\} = \cup\{a\} = a$.

(c) $\cap\cup\{\{a\}, \{a, b\}\} = \cap\{a, b\} = a\cap b$.

Outra importante relação entre conjuntos é a inclusão. Um conjunto A está contido ou incluso em B quando todo elemento de A é elemento de B. Denotamos isso por $A \subseteq B$. Assim:

A *inclusão* é definida por: $a \subseteq b =_{\text{def}} \forall x\ (x \in a \to x \in b)$.

Diante da relação de inclusão, o axioma da extensão pode ser reformulado nos seguintes termos: $A = B \Leftrightarrow A \subseteq B$ e $B \subseteq A$.

Quase todas as demonstrações de igualdade entre dois conjuntos A e B podem ser separadas em duas partes: primeiro mostramos que $A \subseteq B$ e, a seguir, que $B \subseteq A$. Devemos observar que as relações de pertinência $\in$ e de inclusão $\subseteq$ são conceitualmente muito diferentes.

Exemplos:

(a) se $b \in A$, então $b \subseteq \cup A$.

(b) se $\{\{x\}, \{x, y\}\} \in A$, então $\{\{x\}, \{x, y\}\} \subseteq \cup A$ e, daí, $\{x\} \in \cup A$ e $\{x, y\} \in \cup A$. Mais uma vez, $\{x\} \subseteq \cup\cup A$ e $\{x, y\} \subseteq \cup\cup A$ e, portanto, $x, y \in \cup\cup A$.

Na intersecção, na medida em que o conjunto A se torna maior, ou seja, ganha novos elementos, o conjunto $\cap A$ fica menor. Mais precisamente, sempre que $A \subseteq B$, segue que $\cap B \subseteq \cap A$.

O **axioma do conjunto das partes**:

$$\forall y\, \exists a\, \forall x\, (x \in a \leftrightarrow x \subseteq y),$$

nos diz que para cada conjunto y, existe outro conjunto, cujos membros são exatamente os subconjuntos de y.

Dado um conjunto A, segundo a Proposição 3.3, o único conjunto determinado pelo axioma das partes é denotado por $\mathcal{P}(A) = \{x\ /\ x$ é um subconjunto de $A\}$, ou ainda, $\mathcal{P}(A) = \{x\ /\ x \subseteq A\}$ e é chamado o *conjunto das partes* de A.

O conjunto $\mathcal{P}(A)$ tem sempre mais elementos que A. Mesmo depois de verificado para o caso finito, isto não é imediato para o caso infinito.

Exemplos:

(a) Quando $A = \emptyset$, temos:

$\mathcal{P}(\emptyset) = \{\emptyset\}$.

(b) Os conjuntos das partes dos conjuntos unitários e de dois membros são também facilmente descritos por:

$\mathcal{P}(\{a\}) = \{\emptyset, \{a\}\}$

e

$\mathcal{P}(\{a, b\}) = \{\emptyset, \{a\}, \{b\}, \{a, b\}\}$.

(c) O conjunto das partes de um conjunto finito com n elementos tem 2^n elementos. A justificativa estará um pouco mais adiante. Assim, se $A = \{3, 4, 5\}$, então $n = 3$ e, dessa forma, temos $2^n = 2^3 = 8$ subconjuntos e $\mathcal{P}(A) = \{\emptyset, \{3\}, \{4\}, \{5\}, \{3, 4\}, \{3, 5\}, \{4, 5\}, \{3, 4, 5\}\}$.

O conjunto $\emptyset$ e o próprio A são denominados subconjuntos *triviais* de A.

Concluindo, para $n = 0$ temos: $2^0 = 1$, ou seja, $\mathcal{P}(\emptyset) = \{\emptyset\}$; para $n = 1$ temos: $2^1 = 2$, com $\mathcal{P}(\{a\}) = \{\emptyset, \{a\}\}$, e assim por diante.

Com esses elementos teóricos podemos evitar o paradoxo de Russell, o que era pretendido desde o princípio.

Teorema 3.5: Não existe o conjunto que contém todos os conjuntos.

Demonstração: Suponhamos que exista V, o conjunto de todos os conjuntos. Seja $B = \{x \in V \ / \ x \notin x\}$. Pela definição de B, temos que: $B \in B \Leftrightarrow B \notin B$, o que é uma contradição. Dessa forma, não existe V. ■

EXERCÍCIOS:

1) Mostrar que para qualquer conjunto A, existe algum x tal que $x \notin A$.

2) Demonstrar o item (i) da Proposição 3.2.

3) Mostrar que se $A \subseteq B$, então $\cup A \subseteq \cup B$.

4) Dado um conjunto A, mostrar que $\cup\mathcal{P}(A) = A$.

3.2 RELAÇÕES E OPERAÇÕES SOBRE CONJUNTOS

Nesta seção especificaremos algumas propriedades da álgebra dos conjuntos.

Sempre que possível, designaremos os conjuntos por letras latinas maiúsculas: A, B, C, D, E e F e os elementos de conjuntos por letras latinas minúsculas a, b, c, d, ..., x, y, z e w.

Ao explicitarmos os elementos de um conjunto, os indicamos entre chaves, como nos conjuntos seguintes:

A = $\{1, 2, 3, 7\}$

B = $\{x\}$

C = $\{0, 2, 4, 6, ...\}$ o conjunto dos números pares não negativos.

Para os conjuntos numéricos, usamos a notação usual:

$\mathbb{N} = \{0, 1, 2, 3, ...\}$, o conjunto dos números naturais.

$\mathbb{Z} = \{... -3, -2, -1, 0, 1, 2, 3, ...\}$, o conjunto dos números inteiros.

$\mathbb{Q} = \{a/b$, em que a e b são números inteiros e $b \neq 0\}$, o conjunto dos números racionais.

$\mathbb{R}$ o conjunto dos números reais.

$\mathbb{C}$ o conjunto dos números complexos, isto é, o conjunto dos números da forma $a + bi$, em que a e b são número reais e $i^2 = -1$.

Em capítulos posteriores, mostramos como construir esses conjuntos numéricos em ZFC. Contudo, como são bastante conhecidos na literatura matemática, também os usaremos como exemplos nesses capítulos iniciais, o que, acreditamos, não gerará problemas de entendimento.

Segundo a pertinência, temos que $2 \in \{1, 2, 10\}$, $5 \in \mathbb{N}$, e $-3 \in \mathbb{Z}$ e, também, que $1 \notin \{5, 7, -4\}$ e $-7 \notin \mathbb{N}$.

Segundo o axioma da extensionalidade, temos:

$\{1, 1, 1\} = \{1\}$

$\{1, 2, 3, 4\} = \{3, 1, 4, 2\}$

$\{a, b, c\} = \{b, a, b, a, c\}$

$\{1, 2, 3\} \neq \{1, 3, 3\}$.

A igualdade de conjuntos conta com as seguintes propriedades:

Reflexividade: A = A;

Simetria: Se A = B, então B = A;

Transitividade: Se A = B e B = C, então A = C.

EXERCÍCIOS:

6) Mostrar que valem as propriedades acima.

3.2.1. Sobre as Relações entre Conjuntos

Como vimos, dados os conjuntos A e B, A é um *subconjunto* de B, ou A *está incluso* em B, ou A é *uma parte* de B, ou B *contém* A, quando todo elemento de A é um elemento de B e denotamos isso por $A \subseteq B$. Essa relação de A para B é a *inclusão.*

Quando A é um subconjunto de B e $A \neq B$, então A é um *subconjunto próprio* de B e essa relação, denotada por $A \subset B$, é a *inclusão própria.*

Usamos a notação $A \not\subset B$ para indicar que A não é um subconjunto de B.

Exemplos:

(a) Se A é um conjunto, então $A \subseteq A$.

(b) $\{1, 2\} \subseteq \{2, 1\}$.

(c) $\{-1, 1\} \not\subset \mathbb{N}$.

(d) $\{1\} \not\subset \{11\}$.

Algumas propriedades da inclusão para os conjuntos A, B e C:

Reflexividade: $A \subseteq A$, para todo conjunto A;

Transitividade: Se $A \subseteq B$ e $B \subseteq C$, então $A \subseteq C$.

Antissimetria: Se $A \subseteq B$ e $B \subseteq A$ então, pelo axioma da extensionalidade, $A = B$.

Essas três propriedades nos indicam que a inclusão de conjuntos é uma relação de ordem, conforme será visto mais adiante.

EXERCÍCIOS:

7) Mostrar que valem as propriedades acima.

É comum que haja alguma confusão entre as relações de inclusão e pertinência. Vejamos alguns casos:

(a) $2 \subseteq \{1, 2, 3\}$ não está correto, mas sim $2 \in \{1, 2, 3\}$.

(b) $\{2\} \in \{1, 2, 3\}$ não está correto, mas $\{2\} \subseteq \{1, 2, 3\}$.

Observemos que 2, embora seja um conjunto, pois na teoria dos conjuntos tudo é conjunto, ele está em $\{1, 2, 3\}$ na condição de elemento, enquanto $\{2\}$ é o conjunto cujo único elemento é 2.

Segundo o axioma do conjunto das partes, podemos ter um conjunto como elemento de outro conjunto. Por exemplo, uma turma de uma escola é um conjunto de alunos e é também um elemento do conjunto de todas as turmas da escola.

O conjunto $A = \{\{1, 2\}, 3\}$ é um conjunto com dois elementos: $\{1, 2\}$ e 3. Temos que $\{1, 2\} \not\subset A$, pois $1 \in \{1, 2\}$, mas $1 \notin A$. Contudo, $\{1, 2\} \in A$.

De um modo geral, os axiomas de ZFC têm por objetivo construir novos conjuntos a partir de conjuntos conhecidos. O mais importante axioma, nesse sentido, é o axioma da compreensão, que diz que os elementos de um conjunto dado que satisfazem uma determinada condição (propriedade), formam um novo conjunto. Assim, $B = \{x \in A \ / \ P(x)\}$ é o conjunto de todos os elementos de A que satisfazem a condição P(x) e $x \in B$ se, e somente se, $x \in A$ e P(x). A barra / é entendida como "tal que". Segundo esse axioma, $B \subseteq A$ e, por isso, algumas vezes ele é nomeado *axioma dos subconjuntos*.

Exemplos:

(a) Seja P o conjunto dos políticos. Então podemos formar $\{a \in P \ / \ a$ é honesto$\}$, o conjunto dos políticos honestos.

(b) Seja $A = \{1, 2, 3, 4, 5\}$. Então temos os conjuntos:

$\{a \in A \ / \ a$ é par$\} = \{2, 4\}$

$\{a \in A \ / \ a > 3\} = \{4, 5\}$

$\{a \in A \ / \ a = 2$ ou $a = 3\} = \{2, 3\}$

$\{a \in A \ / \ a$ não é múltiplo de $6\} = A$.

Exercícios:

8) Certo ou errado?

(a) $2 \subseteq \{2\}$ (b) $3 \in \{1, 2, \{3\}\}$

(c) $\emptyset \in \{\emptyset\}$ (d) $2 \in \{2\}$

(e) $\{3\} \in \{1, 2, \{3\}\}$ (f) $\emptyset \subseteq \{\emptyset\}$

(g) $\emptyset \in \{2\}$ (h) $\{\{3\}\} \subseteq \{1, 2, \{3\}\}$

(i) $\emptyset = \{\emptyset\}$.

9) Determinar todos os subconjuntos do conjunto $\{1, 2, 3\}$.

10) Sejam A, B e C conjuntos. Verificar se as seguintes afirmações estão corretas:

(a) Se $a \in A$ e $A \subseteq B$, então $a \in B$

(b) Se $a \in A$ e $A \not\subset B$, então $a \notin B$

(c) Se $a \notin A$ e $A \subseteq B$, então $a \notin B$

(d) Se $a \notin B$ e $A \subseteq B$, então $a \notin A$

(e) Se $A \subseteq B$ e $B \not\subset C$, então $A \not\subset C$

(f) Se $A \in B$ e $B \in C$, então $A \in C$.

3.2.2. Das Operações sobre Conjuntos

As duas operações básicas e mais importantes sobre conjuntos são as operações de *união* e *intersecção*:

$$A \cup B = \{x \,/\, x \in A \vee x \in B\}$$

$$A \cap B = \{x \,/\, x \in A \wedge x \in B\}.$$

Além dessas duas operações, também temos para dois conjuntos A e B, a operação de *diferença* ou *complementação relativa* A−B de B em A:

$$A - B = \{x \,/\, x \in A \wedge x \notin B\}$$

O axioma da união permitiu a geração do conjunto união, $A \cup B$, enquanto a intersecção $A \cap B$ e a diferença A−B foram obtidas pelo axioma da compreensão.

O complemento relativo, exige que A e B estejam em algum conjunto V, pois não podemos determinar, como um conjunto, o "complemento absoluto" de B, isto é, $-B = \{x \,/\, x \notin B\}$. Essa coleção é muito ampla para ser um conjunto e está fora do contexto do axioma da compreensão, pois sua união com B seria a classe de todos os conjuntos, o qual já mostramos que não existe em ZFC.

Em questões práticas, sempre caracterizamos o nosso universo de discurso, como, por exemplo, o conjunto dos números racionais $\mathbb{Q}$. Assim, se $\mathbb{Q}$ é o conjunto dos números racionais e $B \subseteq \mathbb{Q}$, então o complemento relativo $\mathbb{Q}-B$ consiste de todos os números racionais que não estão em B. Por outro lado, o complemento absoluto de B seria uma classe enorme que deveria conter todo tipo de coisas irrelevantes, pois ele teria, como elemento, qualquer conjunto distinto de um número racional.

Dois conjuntos A e B são *disjuntos* quando $A \cap B = \emptyset$.

Exemplos:

(a) $\{1, 3, 5\} \cup \{3, 6, 9\} = \{1, 3, 5, 6, 9\}$.

(b) $\{1, 2, 3, 4\} \cup \{1, 4\} = \{1, 2, 3, 4\}$.

(c) $\{1, 2, 3, 4, 5\} \cap \{0, 2, 4, 6, 8\} = \{2, 4\}$.

(d) $\{1, 3, 5, 7, \ldots\} \cap \{0, 2, 4, 6, 8, \ldots\} = \emptyset$ e, portanto, são disjuntos.

(e) $\{1, 2, 3, 4, 5\} - \{0, 2, 4, 6, 8\} = \{1, 3, 5\}$.

(f) $\{0, 2, 4, 6, 8\} - \{1, 2, 3, 4, 5\} = \{0, 6, 8\}$.

3.2.3. Diagramas de Venn[19]

A utilização dos diagramas abaixo, nomeados de diagramas de Venn, facilita a compreensão intuitiva das propriedades das operações com conjuntos. Podemos representar a união, a interseção e a diferença como regiões preenchidas do plano, mas sem o conjunto universo, como segue:

19 John Venn [Nascimento: 04/08/1834 em Hull, Inglaterra. Morte: 04/04/1923 em Cambridge, Inglaterra].

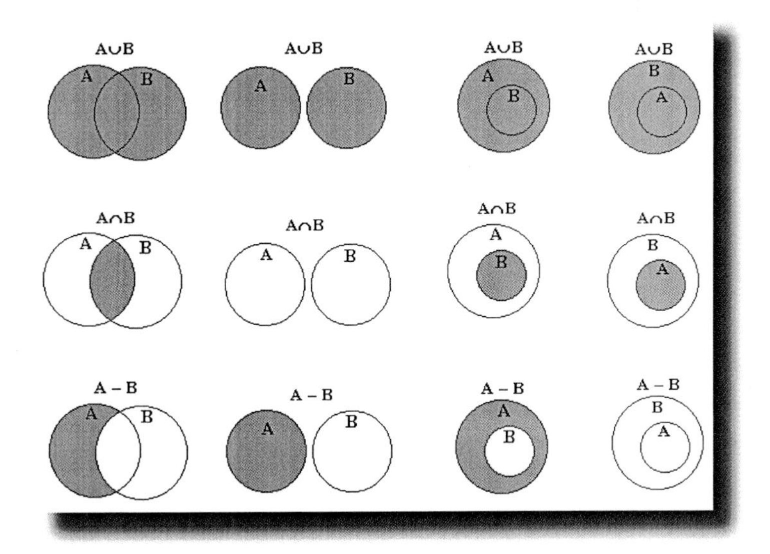

Os diagramas podem ajudar na solução de alguns problemas sobre o número de elementos de certos conjuntos.

Exemplo:

(a) Numa sala de aula estão 50 alunos. Desses, 13 usam relógio, 37 usam óculos e 6 usam óculos e relógios. Pergunta-se:

 (i) Quantos usam óculos, mas não usam relógio?

 (ii) Quantos usam relógio, mas não usam óculos?

 (iii) Quantos não usam óculos nem relógio?

 (iv) Quantos não usam óculos?

 (v) Quantos não usam relógio?

No diagrama abaixo, colocamos 6 elementos na interseção. A seguir, completamos os conjuntos referentes aos alunos que usam óculos e aos que usam relógios e, finalmente, completamos com o número de alunos que não satisfazem essas condições:

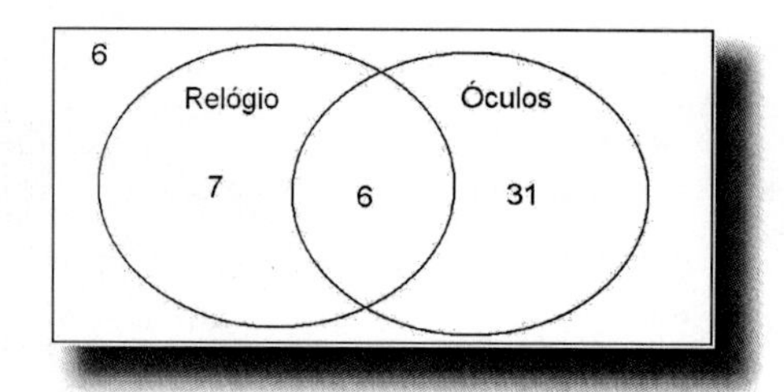

e, a partir daí, as respostas são diretas.

Exercícios:

11) Dados os conjuntos A = {1, 2, 3, 4, 5, 6}, B = {2, 4, 6} e C = {1, 3, 5}. Determinar:

(a) $A \cup B$ (b) $A \cap C$ (c) A – B (d) A – C

(e) C – A (f) $B \cap C$ (g) $B \cup C$ (h) $C \cup C$

(i) A – A (j) $B \cap B$.

12) Dados os conjuntos $A = \{x \in \mathbb{Z} \ / \ x > 1\}$ e $B = \{x \in \mathbb{Z} \ / \ x \leq 2\}$. Determinar:

(a) $A \cup B$ (b) $A \cap B$ (c) A – B (d) B – A.

13) Em um clube, 50 pessoas praticam natação, 183 jogam futebol e 97 jogam sinuca. Dos que jogam futebol, 37 jogam sinuca e 13 praticam natação. São 7 os que jogam sinuca e praticam natação e são 3 os adeptos das três modalidades. Pergunta-se:

(a) Quantas pessoas praticam somente o futebol?

(b) Quantas praticam somente a natação?

(c) Quantas pessoas jogam sinuca, mas não jogam futebol?

(d) Quantas jogam sinuca ou praticam natação, mas não jogam futebol?

(e) Se o clube tem 306 sócios, quantos não praticam natação, nem futebol e nem jogam sinuca?

14) Seja A um conjunto finito, isto é, A tem número finito de elementos. Denotamos o número de elementos de A por $|A|$. Se A e B são conjuntos finitos, verificar pelos diagramas que $|A \cup B| = |A| + |B| - |A \cap B|$.

3.2.4. Algumas Propriedades das Operações

Comutatividade: $A \cup B = B \cup A$ e $A \cap B = B \cap A$

Associatividade: $(A \cup B) \cup C = A \cup (B \cup C)$ e $(A \cap B) \cap C = A \cap (B \cap C)$

Distributividade: $A \cap (B \cup C) = (A \cap B) \cup (A \cap C)$ e $A \cup (B \cap C) = (A \cup B) \cap (A \cup C)$

Leis de De Morgan: $C-(A \cup B) = (C-A) \cap (C-B)$ e $C-(A \cap B) = (C-A) \cup (C-B)$

Idempotência: $A \cup A = A$ e $A \cap A = A$

Absorção: $A \cup (B \cap A) = A$ e $A \cap (B \cup A) = A$

Identidades envolvendo $\emptyset$: $A \cup \emptyset = A$ e $A \cap \emptyset = \emptyset$ e $A \cap (C-A) = \emptyset$.

Pelo axioma da extensionalidade, dois conjuntos são iguais quando têm os mesmos elementos, assim, A e B são iguais quando, e somente quando, $A \subseteq B$ e $B \subseteq A$, ou então, que $x \in A \Leftrightarrow x \in B$.

Mostramos, a seguir, algumas das propriedades acima usando propriedades da conjunção ($\wedge$) e da disjunção ($\vee$) lógicas.

Comutatividade da união: $x \in A \cup B \Leftrightarrow x \in A \vee x \in B \Leftrightarrow x \in B \vee x \in A \Leftrightarrow x \in B \cup A$.

Assim, temos que $A \cup B = B \cup A$.

Associatividade da interseção: $x \in A \cap (B \cap C) \Leftrightarrow x \in A \wedge x \in B \cap C \Leftrightarrow x \in A \wedge (x \in B \wedge x \in C) \Leftrightarrow (x \in A \wedge x \in B) \wedge x \in C \Leftrightarrow x \in A \cap B \wedge x \in C \Leftrightarrow x \in (A \cap B) \cap C$.

Assim, $A \cap (B \cap C) = (A \cap B) \cap C$.

Idempotência para a união: $x \in A \cup A \Leftrightarrow x \in A \vee x \in A \Leftrightarrow x \in A$.

Logo, $A \cup A = A$.

EXERCÍCIO:

15) Mostrar que valem as outras propriedades enunciadas.

3.2.5. Algumas Propriedades da Inclusão

(i) $A \subseteq B \Leftrightarrow A \cup B = B$ e $A \subseteq B \Leftrightarrow A \cap B = A$

(ii) $A \subseteq A \cup B$, $B \subseteq A \cup B$, $A \cap B \subseteq A$ e $A \cap B \subseteq B$

(iii) $A \subseteq B \Rightarrow A \cup C \subseteq B \cup C$ e $A \subseteq B \Rightarrow A \cap C \subseteq B \cap C$

(iv) $A \subseteq B \Rightarrow \cup A \subseteq \cup B$ e $\emptyset \neq A \subseteq B \Rightarrow \cap B \subseteq \cap A$.

Mostramos:

(ii) para a união: $x \in A \Rightarrow x \in A \vee x \in B \Rightarrow x \in A \cup B$. Logo, $A \subseteq A \cup B$.

EXERCÍCIO:

16) Mostrar que valem as outras propriedades acima.

3.2.6. Algumas Propriedades do Complemento Relativo

Quando A e B são subconjuntos de E, podemos abreviar E–A por A^c. Segundo essa visão, as leis de De Morgan tornam-se:

(i) $(A \cup B)^c = A^c \cap B^c$ e $(A \cap B)^c = A^c \cup B^c$.

Além disso, ainda supondo que $A \subseteq E$, temos:

(ii) $A \cup E = E$ e $A \cap E = A$

(iii) $A \cup A^c = E$ e $A \cap A^c = \emptyset$

(iv) $(A^c)^c = A$

(v) $A - B = A \cap B^c$

(vi) $A \subseteq B \Rightarrow B^c \subseteq A^c$

(vii) $E^c = \emptyset$ e $\emptyset^c = E$.

Mostramos:

(iv) $x \in (A^c)^c \Leftrightarrow x \notin A^c \Leftrightarrow x \in A$. Logo, $(A^c)^c = A$.

(vi) $x \in B^c \Rightarrow x \notin B$ e como $A \subseteq B$, então $x \notin A$. Portanto, $A \subseteq B \Rightarrow B^c \subseteq A^c$.

Exercícios:

17) Mostrar que valem as outras propriedades acima.

18) Sejam A, B e C conjuntos dados. Verificar a validade das seguintes propriedades:

(a) $A \cup (B - A) = A \cup B$ (b) $A \cap (B - A) = \emptyset$.

19) Qual o número de elementos dos seguintes conjuntos:

(a) $\emptyset$ (b) $\{x \in \mathbb{R} \mid x = 3 \text{ e } x = 9\}$

(c) $\{\{\emptyset\}\}$ (d) $\{1, \{2, 3\}\}$

(e) $\{x \in \mathbb{Z} \mid x = 1 \text{ ou } x = -7\}$ (f) $\{\emptyset\}$.

Veremos a distributividade generalizada:

$A \cup (\cap B) = \cap\{A \cup X \mid X \in B\}$ e $A \cap (\cup B) = \cup\{A \cap X \mid X \in B\}$.

A notação usada do lado direito é uma extensão da notação abstrata. O conjunto $\{A \cup X \mid X \in B\}$ é o conjunto de todos $A \cup X$, com $X \in B$, isto é, ele é o único conjunto D cujos membros são exatamente os conjuntos da forma $A \cup X$, para algum X em B, ou ainda, $y \in D$ se, e somente se, $y = A \cup X$, para algum X em B. A existência de tal conjunto D é comprovada ao observarmos que $A \cup X \subseteq A \cup (\cup B)$ e, portanto, o conjunto D é um subconjunto de $\mathcal{P}(A \cup (\cup B))$. Uma instância do axioma da compreensão produz $\{y \in \mathcal{P}(A \cup (\cup B)) \mid t = A \cup X$, para algum X em B$\}$ e isso é exatamente D.

Para os conjuntos A e C, temos que $\{C - X \mid X \in A\}$ é o conjunto do complemento relativo dos membros de A, isto é, para qualquer y, $y \in \cap\{C - X \mid X \in A\}$ se, e somente se, $y \in C - X$, para todo X em A.

As leis generalizadas de De Morgan, para $A \neq \emptyset$:

$$C - \cup A = \cap\{C - X \mid X \in A\} \quad \text{e} \quad C - \cap A = \cup\{C - X \mid X \in A\}.$$

Se $\cup A \subseteq E$, então essas normas podem ser rescritas como:

$$(\cup A)^c = \cap\{X^c / X \in A\} \text{ e } (\cap A)^c = \cup\{X^c / X \in A\},$$

em que no lado direito X^c é $E-X$.

Existe outro modo de escrevermos a união e a interseção generalizada, como a seguir: $\cap_{X\in B}(A\cup X)$ ao invés de $\cap\{A\cup X / X \in B\}$ e $\cup_{X\in A}(C-X)$ no lugar de $\cup\{C-X / X \in A\}$.

O axioma do conjunto das partes nos garante a existência e unicidade do conjunto das partes de A:

$$\mathcal{P}(A) = \{X / X \subseteq A\}.$$

Assim, dado o conjunto $A = \{a, b, c\}$, então $\mathcal{P}(A) = \{\emptyset, \{a\}, \{b\}, \{c\}, \{a,b\}, \{a,c\}, \{b,c\}, \{a,b,c\}\}$.

Para todo conjunto A, naturalmente, $\emptyset \in \mathcal{P}(A)$ e $A \in \mathcal{P}(A)$.

Se A é um conjunto com n elementos, então $\mathcal{P}(A)$ tem 2^n elementos. Da análise combinatória sabemos que para cada i, com $0 \leq i \leq n$, temos: $\binom{n}{i}$ subconjuntos de A com i elementos. Assim, A possui $\sum_{i=0}^{n}\binom{n}{i}$ subconjuntos. Conhecemos também a fórmula do binômio de Newton: $\sum_{i=0}^{n}\binom{n}{i}x^{n-i}y^i = (x+y)^n$. Logo, $\sum_{i=0}^{n}\binom{n}{i} = (1+1)^n = 2^n$, ou seja, A possui 2^n subconjuntos.

Portanto, $\mathcal{P}(A)$ tem 2^n elementos. Para demonstrarmos a validade dessas fórmulas é necessário aplicarmos o princípio de indução, o qual será enunciado no capítulo sobre a construção dos números naturais.

Exercícios:

20) Determinar $\mathcal{P}(A)$, para $A = \{0, 1, 2, 3\}$.

21) Provar que $\mathcal{P}(A) \cap \mathcal{P}(B) = \mathcal{P}(A \cap B)$.

22) Provar que $\mathcal{P}(A) \cup \mathcal{P}(B) \subseteq \mathcal{P}(A \cup B)$.

23) Encontrar um exemplo em que $\mathcal{P}(A) \cup \mathcal{P}(B) \neq \mathcal{P}(A \cup B)$.

24) Provar que se $A \subseteq B$, então $\mathcal{P}(A) \subseteq \mathcal{P}(B)$.

25) Determinar $\mathcal{P}(\emptyset)$ e $\mathcal{P}(\{1, \{2, 3\}, 4\})$.

26) Dados dois conjuntos A e B, indicar quais sentenças são falsas e justificar a resposta:

(a) $A \in \mathcal{P}(A)$

(b) Se $A \cap B = \emptyset$, então $\mathcal{P}(A) \cap \mathcal{P}(B) = \emptyset$

(c) $A \subseteq \mathcal{P}(A)$

(d) Se $A \in B$, então $\mathcal{P}(A) \in \mathcal{P}(B)$

(e) Se $C = A - B$, então $B = C - A$

(f) $A \cap B = \emptyset$ e $A \cup B = C \Rightarrow A = C - B$.

Dados dois conjuntos A e B, a *diferença simétrica* de A e B é o conjunto:

$$A \triangle B = (A - B) \cup (B - A).$$

Exercício:

27) Mostrar que valem as seguintes propriedades da diferença simétrica:

(a) $A \triangle A = \emptyset$

(b) $A \triangle B = B \triangle A$

(c) $(A \triangle B) \triangle C = A \triangle (B \triangle C)$

(d) $A \cap (B \triangle C) = (A \cap B) \triangle (A \cap C)$

(e) $A \triangle B = (A \cup B) - (A \cap B)$.

4. RELAÇÕES, FUNÇÕES E OPERAÇÕES

Nesse capítulo, veremos que um par ordenado é um conjunto, que uma relação é um conjunto de pares ordenados e que cada função é um caso particular de relação e, portanto, é também um conjunto. Finalmente, que as estruturas matemáticas tratam especificamente de conjuntos.

4.1. Pares Ordenados

Verificaremos como, a partir dos conjuntos definidos anteriormente, podemos introduzir os conceitos de relação e função, tão usuais na matemática.

O conjunto $\{1, 2\}$ pode ser pensado como um par não ordenado, visto que $\{1, 2\} = \{2, 1\}$. Contudo, podemos precisar de outro par $(1, 2)$ que caracterize uma ordem nesse conjunto, de maneira a dizer que 1 é o primeiro componente e 2 é o segundo e, em particular, que $(1, 2) \neq (2, 1)$.

Se um mesmo par ordenado pode ser representado por (x, y) ou (a, b), isto é, $(x, y) = (a, b)$, então suas representações são idênticas caso decorra daí que $x = a$ e $y = b$. De fato, qualquer caminho para a definição do par ordenado (x, y) deve satisfazer essa condição de decomposição única.

A primeira definição a ter sucesso para a definição do par (x, y) é devida a Norbert Wiener (Enderton, 1977), que em 1914 propôs:

$$(x, y) = \{\{\{x\}, \emptyset\}, \{\{y\}\}\}.$$

Contudo, a mais simples definição de *par ordenado* foi dada por Kazimierz Kuratowski, em 1921, e é a definição geralmente usada:

$$(x, y) =_{def} \{\{x\}, \{x, y\}\}.$$

Se consideramos que x e y são conjuntos, então, devido ao axioma do par, existem os conjuntos $\{x\}$ ($=\{x, x\}$) e $\{x, y\}$. Com mais uma aplicação do axioma do par, temos que $(x, y) = \{\{x\}, \{x, y\}\}$ é um conjunto.

Precisamos mostrar que essa definição, de fato, satisfaz a desejada propriedade mencionada acima.

Lema 4.1: Se $\{a, x\} = \{a, y\}$, então $x = y$.

Demonstração: Se $a = y$, temos que $x \in \{a, x\} = \{a, y\} = \{a, a\} = \{a\}$ e, portanto, $x = a = y$. Se $a \neq y$, temos que $y \in \{a, y\} = \{a, x\}$ e, assim, $x = y$. ■

Teorema 4.2: $(a, b) = (x, y) \Leftrightarrow a = x$ e $b = y$.

Demonstração: ($\Rightarrow$) $\{x\} \in \{\{x\}, \{x, y\}\} = (x, y) = (a, b) = \{\{a\}, \{a, b\}\}$. Como $\{x\} \in \{\{a\}, \{a, b\}\}$, temos duas alternativas:

(i) $\{x\} = \{a\}$ e, daí, $x \in \{x\} = \{a\}$, em que temos $x = a$, ou

(ii) $\{x\} = \{a, b\}$ e, daí, $a \in \{a, b\} = \{x\}$ e, portanto, $x = a$.

De qualquer modo, $x = a$.

Agora, como $\{x\} = \{a\}$ e $\{\{x\}, \{x, y\}\} = \{\{a\}, \{a, b\}\} = \{\{x\}, \{a, b\}\}$, do Lema 4.1, segue que $\{x, y\} = \{a, b\} = \{x, b\}$ e, mais uma vez pelo Lema 4.1, temos que $y = b$.

($\Leftarrow$) Se $a = x$ e $b = y$, então é claro que $(a, b) = (x, y)$. ■

Se considerarmos o conjunto $\mathbb{R}$ de todos os números reais e a usual disposição dos reais sobre os eixos coordenados, então um par (x, y) deve ser entendido como um ponto do plano cartesiano.

Essa representação de pontos no plano é atribuída a Descartes[20] e nos fornece os meios para a geometria analítica que faz uma interação entre a geometria e a álgebra.

Dados dois conjuntos A e B, a coleção de todos os pares ordenados (x, y) com $x \in A$ e $y \in B$ é o *produto cartesiano* de A por B e é denotado por:

$$A \times B =_{def} \{(x, y) \ / \ x \in A \wedge y \in B\}.$$

Pretendemos, agora, comprovar que o produto cartesiano A×B é um conjunto.

Proposição 4.3: Se $x \in E$ e $y \in E$, então $(x, y) \in \mathcal{P}(\mathcal{P}(E))$.

Demonstração: Se $x \in E$ e $y \in E$, então $\{x\} \subseteq E$ e $\{x, y\} \subseteq E$. Daí, $\{x\} \in \mathcal{P}(E)$ e também $\{x, y\} \in \mathcal{P}(E)$. Portanto, $\{\{x\}, \{x, y\}\} \subseteq \mathcal{P}(E)$ e, finalmente, temos $\{\{x\}, \{x, y\}\} \in \mathcal{P}(\mathcal{P}(E))$. ■

Proposição 4.4: Para quaisquer conjuntos A e B, existe um conjunto cujos elementos são exatamente os pares (x, y) com $x \in A$ e $y \in B$.

Demonstração: A partir do axioma esquema da compreensão, podemos construir o conjunto $\{z \in \mathcal{P}(\mathcal{P}(A \cup B)) \ / \ z = (x, y)$ para algum x em A e algum y em B$\}$. Claramente esse conjunto contém somente pares do tipo desejado e, pela proposição anterior, o conjunto contém todos eles. ■

Segue das considerações anteriores que o produto cartesiano de dois conjuntos é ainda um conjunto.

20 René Descartes [Nascimento: 31/03/1596 em La Haye (agora Descartes), Touraine, França. Morte: 11 /02/1650 em Estocolmo, Suécia].

EXERCÍCIOS:

1) Dados os conjuntos A = $\{a, b\}$ e B = $\{1, 3, 5\}$, determinar A×B.

2) Mostrar que, em geral, A×B ≠ B×A.

3) Mostrar que A×B = ∅ se, e somente se, A = ∅ ou B = ∅.

Dado um conjunto A, a *diagonal* de A, denotada por D(A), é o subconjunto de A×A, definido por:

$$D(A) = \{(x, y) \in A \times A \,/\, x = y\}.$$

Exemplo:

(a) Se A = {x, y, z}, então A×A = {(x, x), (x, y), (x, z), (y, x), (y, y), (y, z), (z, x), (z, y), (z, z)} e D(A) = {(x, x), (y, y), (z, z)}.

A seguir, introduzimos o conceito de relações.

4.2. RELAÇÕES

Uma *relação binária* é qualquer subconjunto de A×B.

Para uma relação binária R, com R ⊆ A×B, algumas vezes escrevemos xRy no lugar de (x, y) ∈ R. Por exemplo, no caso da relação binária de ordem < sobre o conjunto dos números reais ℝ, temos que < = {(x, y) ∈ ℝ×ℝ / x é menor que y}, contudo, usualmente denotamos essa relação por 'x < y' e não por '(x, y) ∈ <'.

Em geral, quando tratarmos com alguma relação binária, diremos apenas relação.

Seja R uma relação de A em B ou uma relação em A×B.

O *domínio* de R, denotado por Dom(R), é definido por:

$$\text{Dom}(R) = \{x \in A \ / \ (x, y) \in R \text{ para algum } y \in B\}.$$

A *imagem* de R, indicada por Im(R), é definida por:

$$\text{Im}(R) = \{y \in B \ / \ (x, y) \in R \text{ para algum } x \in A\}.$$

O *campo* de R, denotado por Camp(R), é dado por:

$$\text{Camp}(R) = \text{Dom}(R) \cup \text{Im}(R)$$

Exemplo:

(a) Seja $R = \{(1, 2), (2, 7), (5, 5)\}$. Então:

$\text{Dom}(R) = \{1, 2, 5\}$

$\text{Im}(R) = \{2, 5, 7\}$ e

$\text{Camp}(R) = \{1, 2, 5, 7\}$.

Proposição 4.5: Se R é uma relação, então Camp(R), Dom(R) e Im(R) são conjuntos.

Demonstração: O axioma esquema da compreensão garante que Dom(R) e Im(R) são conjuntos, pois são subconjuntos dos conjuntos A e B, respectivamente. E como Camp(R) é união de conjuntos, então também é conjunto. ■

O conceito de pares ordenados pode ser estendido para ternas ordenadas e, mais geralmente, para n-uplas ordenadas.

Uma *terna ordenada* é definida por:

$$(x, y, z) =_{def} ((x, y), z).$$

Uma *n-upla ordenada,* $n > 1$, é definida por:

$$(x_1, x_2, \dots, x_n) =_{def} ((x_1, \dots, x_{n-1}), x_n).$$

Particularmente:

Uma *1-upla* é definida por:

$$(x) =_{def} x.$$

Uma *relação n-ária sobre* A é qualquer conjunto de n-uplas ordenadas de componentes de A.

Desse modo, uma relação binária (2-ária) sobre A é um subconjunto de A×A. Uma relação ternária (3-ária) sobre A é um subconjunto de (A×A)×A. Quando n > 1, temos uma relação n-ária sobre A; e uma relação unária (1-ária) sobre A é um subconjunto de A.

Como usualmente, $\mathbb{R}^2 = \mathbb{R}\times\mathbb{R} = \{(x, y) / x \in \mathbb{R} \text{ e } y \in \mathbb{R}\}$ é o *plano cartesiano*, $\mathbb{R}^3$ é o *espaço real cartesiano* e $\mathbb{R}^n = \{(x_1, x_2, \dots, x_n) / \text{ para } 1 \leq i \leq n, x_i \in \mathbb{R}\}$ é o espaço *n dimensional*.

EXERCÍCIO:

4) Fazer uma representação gráfica, no plano cartesiano, de A×B, quando:

(a) $A = \mathbb{R}$ e $B = \{x \in \mathbb{R} / 2 \leq x \leq 4\}$

(b) $A = \{x \in \mathbb{R} / 1 < x < 3\}$ e $B = \{y \in \mathbb{R} / 1 \leq y \leq 3\}$.

Uma relação R é *um para um* quando para cada y ∈ Im(R) existe apenas um x tal que xRy.

Seja R uma relação de A em B:

(i) a *relação inversa* de R é a relação:
$R^{-1} =_{def} \{(y, x) \in B\times A / (x, y) \in R\}$.

(ii) a *restrição* de R ao conjunto D ∈ A é o conjunto:
$R|_D =_{def} \{(x, y) \in A \times B \ / \ (x, y) \in R \text{ e } x \in D\}$.

(iii) a *imagem* de D ⊆ A por R é o conjunto:
$R[D] =_{def} Im(R|_D) =_{def} \{y \in B \ / \ (\exists x \in D)\ (x, y) \in R\}$.

(iii) a *imagem inversa* de E ⊆ B por R é o conjunto:
$R^{-1}[E] =_{def} \{x \in A \ / \ (\exists y \in E)\ (x, y) \in R\}$.

Seja R uma relação de A em B e S uma relação de B em C:

(v) a *composição* de R e S é a relação:
$SoR =_{def} \{(x, z) \in A \times C \ / \ (\exists y \in B)\ ((x, y) \in R \text{ e } (y, z) \in S)\}$.

Em cada caso, podemos aplicar uma instância do axioma da compreensão para verificarmos que o conceito definido corresponde a um conjunto.

De fato, temos:

(i) $R^{-1} \subseteq Im(R) \times Dom(R)$:

O axioma esquema da compreensão garante que existe um conjunto C tal que para todo z, z ∈ C se, e somente se, $z \in Im(R) \times Dom(R)$ e $\exists y \exists x$ $(z = (y, x)$ e $(x, y) \in R)$. A esse único conjunto B denotamos por R^{-1}.

(ii) $R|_D \subseteq R$;

(iii) $R[D] \subseteq Im(R)$;

(iv) $R^{-1}[E] \subseteq Dom(R)$;

(v) $SoR \subseteq Dom(R) \times Im(S)$.

Teorema 4.6:

Se R é uma relação, então $Dom(R^{-1}) = Im(R)$, $Im(R^{-1}) = Dom(R)$ e $(R^{-1})^{-1} = R$. ■

Exemplos:

(a) Esse exemplo tem caráter apenas ilustrativo, pois não trata dos conjuntos usuais da teoria dos conjuntos. Seja H o conjunto de todos os seres humanos (vivos) e R a relação em H "x é pai de y". Assim, $(a, b) \in R$ se, e somente se, a é pai de b. O domínio de R é o conjunto de todos os homens que são pais, enquanto a imagem de R é o conjunto dos seres humanos, cujo pai ainda vive.

(b) Seja $R = \{(x, y) \in \mathbb{R}\times\mathbb{R} \ / \ y = x^2\}$. Então o domínio de R é o conjunto $\mathbb{R}$, o campo de R é também $\mathbb{R}$, e a $Im(R) = \{x \in \mathbb{R} \ / \ x \geq 0\}$.

(c) Sejam $A = \{0, 2, 4, 6\}$ e $B = \{3, 6, 10, 12\}$ e consideremos a relação $S = \{(x, y) \in A\times B \ / \ x|y\}$, em que $x|y =_{def} (\exists q \in \mathbb{Z})(x.q = y)$.

Assim, $S = \{(2, 6), (2, 10), (2, 12), (4, 12), (6, 6) (6, 12)\} \subseteq A\times B$, $Dom(S) = \{2, 4, 6\}$ e $Im(S) = \{6, 10, 12\}$ e, por envolver uma quantidade pequena de elementos, podemos representar essa relação numa tabela de dupla entrada, como segue:

A\B	3	6	10	12
0				
2		X	X	X
4				X
6		X		X

Para subconjuntos dos números reais, usamos a representação dos gráficos cartesianos ortogonais usuais.

EXERCÍCIOS:

5) Explicitar os membros da relação, determinar o domínio, a imagem e fazer uma representação gráfica adequada para:

(a) $A = \{3, 4, 6, 18\}$ e $R = \{(x, y) \in A\times A \ / \ x|y\}$

(b) B = {2, 4, 5, 12, 18, 20} e S = {(x, y) ∈ B×B / x é múltiplo de y}

(c) (ℝ, ≤), em que ≤ é a ordem usual dos reais

(d) (ℝ, #) em que $x\#y \Leftrightarrow (x^2+y^2-4).(x^2-y) = 0$.

Se uma relação R admite uma representação num gráfico cartesiano, então a relação inversa R^{-1} também tem uma representação cartesiana e desde que, por definição:

$$(x, y) \in R \Leftrightarrow (y, x) \in R^{-1},$$

então o gráfico de R^{-1} é simétrico ao gráfico de R em relação a reta x = y, o conjunto diagonal de $\mathbb{R}^2$.

EXERCÍCIO:

6) Em ℝ, dadas as relações abaixo, determinar suas inversas e fazer a representação cartesiana:

(a) $y = 2x$

(b) $x^2 + (y-2)^2 \leq 1$.

Se R é uma relação em A, então as seguintes propriedades são definidas para R:

(i) R é *reflexiva* quando, para todo $a \in A$, aRa;

(ii) R é *simétrica* quando, para todos $a, b \in A$, se aRb, então bRa;

(iii) R é *transitiva* quando, para todos $a, b, c \in A$, se aRb e bRc, então aRc;

(iv) R é *antissimétrica* quando, para todos a, $b \in$ A, se aRb e bRa, então $a = b$;

(v) R é *irreflexiva* quando, para todo $a \in$ A, $(a, a) \notin$ R, isto é, a não se relaciona com a.

Segue das definições anteriores, que uma relação R sobre A é reflexiva se, e somente se, D(A) $\subseteq$ R; é simétrica se, e somente se, R^{-1} = R; e é transitiva se, e somente se, RoR $\subseteq$ R.

Exemplos:

(a) Para A = $\{a, b, c, d\}$, consideremos as seguintes relações:

$R_1 = \{(a, a)\}$

$R_2 = \{(a, b)\}$

$R_3 = \{(a, b), (c, d)\}$

$R_4 = \{(a, b), (b, a), (a, a)\}$

$R_5 = \{(a, a), (b, b), (c, c), (d, d)\}$

$R_6 = \{(a, a), (a, b), (a, c), (b, c), (b, a), (c, c), (d, d)\}$,

Então:

R_5 é reflexiva,

R_1, R_4 e R_5 são simétricas,

R_1, R_2, R_3 e R_5 são antissimétricas e

R_1, R_2, R_3 e R_5 são transitivas.

(b) Seja H o conjunto de todos os seres humanos e R a relação "x é pai de y". A relação R não é reflexiva, nem simétrica, nem transitiva, mas é antissimétrica, pois não ocorre xRy e yRx.

(c) A relação "$\leq$" em $\mathbb{R}$ não é simétrica, pois $2 \leq 3$, mas não é o caso que $3 \leq 2$.

(d) A relação de igualdade em um conjunto A é reflexiva, simétrica, transitiva e antissimétrica.

(e) Seja $R = \{(x, y) \in \mathbb{Z}\times\mathbb{Z} \ / \ x+y < 5\}$ uma relação em $\mathbb{Z}$. Então R não é reflexiva, pois $4 \in \mathbb{Z}$ e $4+4 > 5$; R é simétrica, pois se $x+y < 5$, então $y+x < 5$; R não é transitiva, pois $3+1 < 5$, $1+2 < 5$, mas $3+2 = 5$; R não é antissimétrica, pois $4+(-2) < 5$, $-2+4 < 5$, mas $4 \neq -2$.

EXERCÍCIO:

7) Mostrar que as relações abaixo admitem as propriedades indicadas:

(a) $R = \{(x, y) \in \mathbb{R}^2 \ / \ x \leq y\}$ é reflexiva, transitiva e antissimétrica;

(b) Seja Π o conjunto das retas do $\mathbb{R}^3$. A relação $x \ // \ y$ (x é paralela a y) é simétrica;

(c) Seja Π o conjunto das retas do $\mathbb{R}^3$. A relação $x \perp y$ (x é perpendicular a y) é simétrica;

(d) $S = \{(x, y) \in \mathbb{Q}^2 \ / \ x^2 = y^2\}$ é simétrica, reflexiva e transitiva;

(e) Seja T o conjunto de todos os triângulos do $\mathbb{R}^3$. A relação $x \sim y$ (x é semelhante a y) é reflexiva, simétrica e transitiva;

(f) Dado um conjunto A, consideremos $\mathcal{P}(A)$. A relação de inclusão em $\mathcal{P}(A)$ é antissimétrica, reflexiva e transitiva.

8) Mostrar, com um contraexemplo, que as relações abaixo não admitem a propriedade indicada:

(a) $S = \{(x, y) \in \mathbb{R}^2 / y = x+2\}$ não é reflexiva;

(b) $R = \{(x, y) \in \mathbb{R}^2 / x \leq y\}$ não é simétrica;

(c) Seja Π o conjunto das retas do $\mathbb{R}^3$. A relação $x \perp y$ (x é perpendicular a y) não é reflexiva e não é transitiva;

(d) $T = \{(x, y) \in \mathbb{Z}^2 / x|y\}$ não é antissimétrica.

9) Quando A é um conjunto com poucos elementos, uma relação sobre A pode ser representada num diagrama como abaixo. $A = \{x, y, z, w\}$ e $R = \{(z, y), (z, w), (w, x)\}$. Quais as características que um diagrama do tipo abaixo deveria apresentar para que a relação seja: (a) reflexiva, (b) simétrica, (c) transitiva ou (d) antissimétrica?

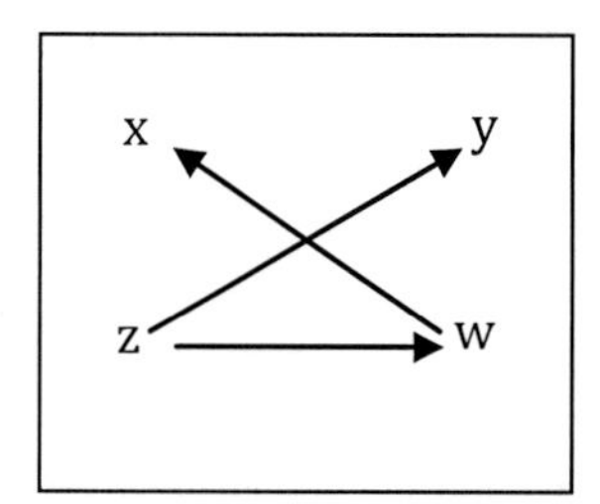

4.2.1. Relações de Equivalência

A relação de equivalência desempenha um papel importante na Matemática como um modo de generalizar a relação de igualdade, em situação em que indivíduos embora distintos possam executar um papel equivalente.

Uma *relação de equivalência* em um conjunto A é uma relação que é reflexiva, simétrica e transitiva.

Exemplos:

(a) R = $\{(a, a), (b, b), (c, c), (a, c), (c, a)\}$, é uma relação de equivalência sobre A = $\{a, b, c\}$.

(b) A relação definida a partir da medida de segmento de um espaço euclidiano- $\mathbb{R}^3$:
rRs ⇔ r e s têm a mesma medida

é uma relação de equivalência, pois se x, y, z são segmentos do espaço temos:

(i) rRr, para todo r

(ii) rRs ⇒ sRr

(iii) (rRs e sRt) ⇒ rRt.

(c) A menor relação de equivalência em um conjunto A é a relação de igualdade sobre A e a maior relação de equivalência em A é A×A.

(d) A semelhança de triângulos é uma relação de equivalência.

(e) A relação "x tem o mesmo preço que y" entre produtos de um supermercado é uma relação de equivalência.

(f) Em $\mathbb{Z}$, a relação $a\mathrm{R}b$ se, e somente se, "$a-b$ é um múltiplo de 3" é uma relação de equivalência, pois:

(i) (reflexividade) para todo $a \in \mathbb{Z}$, temos que $a-a = 0 = 0.3$, ou seja, $a\mathrm{R}a$;

(ii) (simetria) se $a\mathrm{R}b$, então $a-b = 3.\mathrm{n}$, com $\mathrm{n} \in \mathbb{Z}$ e, então, $b-a = 3.(-\mathrm{n})$, ou seja, $b\mathrm{R}a$;

(iii) (transitividade) se $a\mathrm{R}b$ e $b\mathrm{R}c$, então $a-b = 3.\mathrm{n}$ e $b-c = 3.\mathrm{m}$, com n, m $\in \mathbb{Z}$. Então $a-c = a-b + b-c = 3.\mathrm{n}+3.\mathrm{m} = 3.(\mathrm{n}+\mathrm{m})$ e, portanto, $a\mathrm{R}c$.

EXERCÍCIOS:

10) Seja m $\in \mathbb{Z}$. Dois inteiros x e y são congruentes módulo m (notação: $x \equiv y \pmod{m}$) quando:

$$(\exists q \in \mathbb{Z})(x-y = q.m).$$

Mostrar que a "congruência módulo m" é uma relação de equivalência em $\mathbb{Z}$.

11) Verificar que:

(a) $15 \equiv 6 \pmod{3}$ (b) $-1 \equiv 2 \pmod{3}$

(c) $9 \equiv 27 \pmod{3}$ (d) $9 \equiv 6 \pmod{-3}$

(e) $9 \equiv 18 \pmod{-3}$ (f) $6 \not\equiv 2 \pmod{3}$.

12) Verificar que se m = 0, então $x \equiv y \pmod{m}$ é a relação de igualdade.

13) Verificar que $x \equiv y \pmod{m} \Leftrightarrow x \equiv y \pmod{-m}$.

Quando R é uma relação de equivalência em um conjunto A e $a \in A$, o conjunto $[a] = \{x \in A \ / \ xRa\}$ é a *classe de equivalência* de a.

Exemplos:

(a) Sejam A = {1, 2, 3} e R = {(1, 1), (2, 2), (3, 3), (1, 2), (2, 1)}. Então R é uma relação de equivalência. As classes de equivalência são dadas por:
[1] = {1, 2}, [2] = {1, 2} e [3] = {3}.

(b) Seja a relação R em $\mathbb{Z}$ definida por aRb se, e somente se, $a-b$ é múltiplo de 3. Se $a \in \mathbb{Z}$, então o resto da divisão de a por 3 pode ser 0, 1 ou 2. Mas $a = 3.q+r$, em que q é o quociente e r o resto. Logo, $a-r = 3.q$. Se r = 0, então $a-0 =$

3.q e aR0; se r = 1, então a–1 = 3.q e, portanto, aR1. Se r = 2, então a–2 = 3.q e, assim, aR2. Concluindo:

$[0] = \{3.q \ / \ q \in \mathbb{Z}\}$, $[1] = \{3.q+1 \ / \ q \in \mathbb{Z}\}$ e $[2] = \{3.q+2 \ / \ q \in \mathbb{Z}\}$.

EXERCÍCIO:

14) Verificar que a relação do exemplo (a) acima é uma relação de equivalência.

Teorema 4.7: Seja R uma relação de equivalência em um conjunto A e sejam a, $b \in$ A. São equivalentes as afirmações:

(i) aRb

(ii) $a \in [b]$

(iii) $b \in [a]$

(iv) $[a] = [b]$.

Demonstração:

(i) ⇒ (ii): $[b] = \{x \in A \ / \ xRb\}$ e, como por (i), aRb, então $a \in [b]$.

(ii)⇒ (iii): Se $a \in [b]$, então aRb. Desde que R é uma relação de equivalência, então é simétrica, e, portanto, bRa, ou seja, $b \in [a]$.

(iii)⇒ (iv): Como $b \in [a]$, temos bRa e, portanto, aRb, pois R é uma relação de equivalência. Assim, $x \in [a] \Rightarrow xRa \Rightarrow xRb$, pois $aRb \Rightarrow x \in [b]$. Portanto, $[a] \subseteq [b]$ e, analogamente, $[b] \subseteq [a]$. Logo, $[a] = [b]$.

(iv)⇒ (i): Como R é reflexiva, então aRa, ou seja, $a \in [a] = [b]$ e, portanto, aRb. ■

O teorema acima indica que todo membro da classe pode ser um representante da classe. Assim, para a congruência módulo 3, temos que [0] = [3] = [-6] = [18].

Teorema 4.8: Seja R uma relação de equivalência em um conjunto A. Então:

(i) duas classes de equivalência são iguais ou disjuntas

(ii) o conjunto A é a união de todas suas classes de equivalência.

Demonstração:

(i) Sejam $[a]$ e $[b]$ duas classes de equivavalência. Se $[a] \cap [b] = \emptyset$, então nada temos a comprovar. Se $[a] \cap [b] \neq \emptyset$, seja $c \in [a] \cap [b]$, isto é, cRa e cRb então, pelo teorema anterior, $[c] = [a]$ e $[c] = [b]$. Assim, $[a] = [b]$.

(ii) É imediato. ■

Exemplo:

(a) Na congruência módulo 3, as classes de equivalência distintas são [0], [1] e [2], pois $[0] \cup [1] \cup [2] = \mathbb{Z}$ e, além disso, as classes [0], [1] e [2] são disjuntas. Também,

[0] = [3] =[6] = [-3] = ...

[1] = [7] = [-2] = ...

[2] = [5] = [-13] = ...

Quando R é uma relação de equivalência em um conjunto A, o *conjunto quociente* de A pela relação R é o conjunto das classes de equivalência de R:

$A/R = \{[a] \,/\, a \in A\} = \{B \in \mathcal{P}(A) \,/\, B = [a]$, para algum $a \in A\}$.

Exemplos:

(a) Ao considerarmos em $\mathbb{Z}$ a relação $a\text{R}b$ se, e somente se, $a-b$ é múltiplo de 3, temos que $\mathbb{Z}/R = \{[0], [1], [2]\}$.

(b) De um modo geral, para a congruência módulo m (m>0) em $\mathbb{Z}$, temos que o quociente $\mathbb{Z}_m =_{def} \mathbb{Z}/(\text{mod } m) = \{[0], [1], ..., [m - 1]\}$. Particularmente, $\mathbb{Z}_2 = \{[0], [1]\}$ determina as classes dos pares e dos ímpares de $\mathbb{Z}$.

(c) Numa confeitaria existem balas nos sabores morango, abacaxi, limão e hortelã. Definimos, no conjunto das balas, a relação $a \sim b$ se, e somente se, a e b têm o mesmo sabor. Temos então definida uma relação de equivalência, cujas classes são os seguintes conjuntos de balas: M as balas de sabor morango, A as de sabor abacaxi, L as de sabor limão e H as de sabor hortelã. O conjunto quociente tem como elementos M, A, L e H. Assim, qualquer bala de sabor morango representa o conjunto M; qualquer bala de sabor abacaxi representa o conjunto A, e assim por diante. A ideia de classe de equivalência e conjunto quociente é trabalhar com um elemento de cada classe, qualquer que seja esse elemento. No caso acima, se quisermos informações a respeito das balas da confeitaria, basta analisarmos uma bala de cada sabor, ou seja, um elemento de cada classe.

EXERCÍCIOS:

15) Comprovar que $\mathbb{Z}_m$ tem exatamente m elementos.

16) Seja $A = \{2, 3, 4, 5, 7, 9, 10, 13, 14, 15\}$. Determinar o conjunto quociente A/R em cada caso:

(a) $a\text{R}b \Leftrightarrow a \equiv b \pmod 5$

(b) $a\text{R}b \Leftrightarrow a \equiv b \pmod 3$.

Uma *partição* **P** de um conjunto não vazio A é uma coleção de subconjuntos não vazios de A, dois a dois disjuntos e cuja união é igual a A.

Assim, cada membro X de **P** é não vazio, ou seja, $X \neq \emptyset$. Se X, Y $\in$ **P** e $X \neq Y$, então $X \cap Y = \emptyset$ e, $\cup\{X \mid X \in \mathbf{P}\} = A$.

Exemplos:

(a) Se A = {1, 2, 3, 4}, então são partições de A:

$\mathbf{P}_1 = \{\{1\}, \{2\}, \{3\}, \{4\}\}$

$\mathbf{P}_2 = \{\{1, 2\}, \{3, 4\}\}$, etc.

(b) $\mathbb{Z}_m$ é uma partição de $\mathbb{Z}$.

(c) $\mathbf{P} = \{(-\infty, -3], (-3, 7], (7, \infty)\}$ é uma partição de $\mathbb{R}$.

EXERCÍCIOS:

17) Mostrar que se R é uma relação de equivalência sobre A, então A/R é uma partição de A.

18) Mostrar que a cada partição de A está associada uma relação de equivalência sobre A.

19) Seja A = {x, y}. Determinar todas as partições de A.

20) Para B = {1, 2, 3}, determinar todas as partições e respectivos conjuntos quocientes de B.

21) Dado o conjunto A = {1, 2, 3}, verificar quais propriedades são satisfeitas pelas seguintes relações sobre A:

(a) R = {(1, 1), (1, 2), (1, 3), (2, 2), (2, 1), (3, 1)}

(b) R = {(1, 1), (1, 3), (3, 2), (1, 2), (2, 2), (3, 3)}

(c) R = {(1, 1), (2, 2), (3, 3)}

(d) R = {(1, 2), (2, 1), (2, 3), (3, 2)}

(e) R = {(1, 2), (2, 3), (3, 1)}

(f) R = {(1, 2), (2, 1), (1, 3)}.

22) Dado o conjunto $\mathbb{Z}$ dos números inteiros, verificar quais propriedades são satisfeitas para cada uma das relações abaixo:

(a) $a\mathrm{R}b \Leftrightarrow a^2 = b^2$

(b) $a\mathrm{R}b \Leftrightarrow a-b < 1$

(c) $a\mathrm{R}b \Leftrightarrow a+b$ é múltiplo de 2

(d) $a\mathrm{R}b \Leftrightarrow a+b$ é múltiplo de 3

(e) $a\mathrm{R}b \Leftrightarrow a < b$

(f) $a\mathrm{R}b \Leftrightarrow a = b^2$.

23) Seja C o conjunto das cidades. Verificar se a relação $a\mathrm{R}b \Leftrightarrow$ 'a distância entre a e b é menor que 100 quilômetros' é uma relação de equivalência.

24) Verificar que a relação $(a, b) \sim (c, d) \Leftrightarrow a+d = b+c$ é uma relação de equivalência em $\mathbb{N} \times \mathbb{N}$. Encontrar a classe $[(1, 2)]$.

25) Verificar que a relação $(a, b) \sim (c, d) \Leftrightarrow ad = bc$ é uma relação de equivalência em $\mathbb{Z} \times \mathbb{Z}^*$, em que $\mathbb{Z}^* = \mathbb{Z} - \{0\}$. Encontrar a classe $[(1, 2)]$.

Observação: as relações que aparecem nos exercícios (24) e (25) serão usadas, nos Capítulos 6 e 7, na construção dos números inteiros e dos racionais.

4.2.2. Relações de Ordem

Seja R uma relação em um conjunto A. A relação R é uma *relação de ordem* quando é reflexiva, antissimétrica e transitiva. Nesse caso, dizemos que o par (A, R) é uma *estrutura de ordem* e o conjunto A é ordenado por R.

Uma relação de ordem é muitas vezes chamada de *ordem parcial.*

Exemplos:

(a) A relação "x é menor ou igual a y", denotada por $x \leq y$, no conjunto dos números reais é uma ordem.

(b) Dado um conjunto E, consideremos o conjunto $\mathcal{P}(E)$. A relação "A é subconjunto de B" é uma relação de ordem em $\mathcal{P}(E)$.

Como é usual, a menos que precisemos indicar de outro modo, denotaremos uma estrutura de ordem por $(A, \leq)$.

A ordem $\leq$ em A é uma *ordem total* (ou *ordem linear*) quando para todo par de elementos $x, y \in A$, tem-se que $x \leq y$ ou $y \leq x$.

Nesse caso, temos uma estrutura de ordem total $(A, \leq)$ e dizemos que A é um conjunto totalmente ordenado por $\leq$. Observar que cada ordem total é ainda uma ordem parcial.

Exemplos:

(a) A relação "x é menor ou igual a y" é uma ordem total em $\mathbb{R}$ (e em $\mathbb{N}$, $\mathbb{Z}$, $\mathbb{Q}$).

(b) A relação "A é subconjunto de B" não é uma ordem total em $\mathcal{P}(\mathbb{Z})$, pois o conjunto $\{1, 2\} \in \mathcal{P}(\mathbb{Z})$ e $\{2, 3\} \in \mathcal{P}(\mathbb{Z})$, mas {1, 2} não é um subconjunto de {2, 3} e nem tampouco {2, 3} é um subconjunto de {1, 2}.

EXERCÍCIO:

26) Mostrar que a relação $x|y$ em $B = \{2, 3, 4, 6, 8, 9, 12\}$ é uma ordem, porém, não total.

Seja $(A, \leq)$ uma ordem parcial e $x, y \in A$. O elemento x é *estritamente menor que* y, o que é denotado por $x < y$, quando:

$$x < y =_{def} x \leq y \text{ e } x \neq y.$$

Nesse caso dizemos que $<$ é uma ordem estrita. Essa relação de ordem é irreflexiva, antissimétrica e transitiva.

Um par $(A, \leq)$ é uma ordem total se, e somente se, vale *a lei da tricotomia*, isto é, para quaisquer $x, y \in A$, vale exatamente uma das condições seguintes:

$$x < y \text{ ou } x = y \text{ ou } y < x.$$

Sejam $(E, \leq)$ uma ordem e $\emptyset \neq A \subseteq E$. Um elemento s de E é um limitante *superior* de A quando: $\forall x\, (x \in A \rightarrow x \leq s)$. Um elemento i de E é um limitante *inferior* de A quando: $\forall x\, (x \in A \rightarrow i \leq x)$.

Observar que os elementos s e i não precisam estar em A, mas apenas em E.

Sejam $(E, \leq)$ uma ordem e $\emptyset \neq A \subseteq E$. Um elemento M de A é um *máximo* de A quando: $\forall x\, (x \in A \rightarrow x \leq M)$. Um elemento m de A é um *mínimo* de A quando: $\forall x\, (x \in A \rightarrow m \leq x)$.

Nesses casos, M e m estão necessariamente em A.

Segue da definição que todo máximo (respectivamente, mínimo) é um limitante superior (respectivamente, inferior).

Exercício:

27) Sejam $(E, \leq)$ uma ordem e $\emptyset \neq A \subseteq E$. Mostrar que, caso exista algum máximo (mínimo) em A, então ele é único. Indicamos esses elementos por max(A) e min(A).

Sejam $(E, \leq)$ uma ordem e $\emptyset \neq A \subseteq E$. O *supremo* de A, caso exista, é o menor dos limitantes superiores de A. O *ínfimo* de A, caso exista, é o maior dos limitantes inferiores de A.

Observar que se A tem um máximo (respectivamente, mínimo) então esse elemento é o supremo (respectivamente, ínfimo).

De modo análogo ao exercício (27), temos que o supremo e o ínfimo de A, caso existam, são únicos. Indicamo-los por sup(A) e inf(A).

Sejam $(E, \leq)$ uma ordem e $\emptyset \neq A \subseteq E$. Um elemento L de A é um *maximal* de A quando: $(\forall x \in A)\ (L \leq x \rightarrow x = L)$. Um elemento ℓ de A é um *minimal* de A quando: $(\forall x \in A)\ (x \leq \ell \rightarrow \ell = x)$.

A definição de maximal diz que não há maior elemento que ele, mas não que ele é o maior de todos. Esse elemento, caso exista, não precisa ser único. Certamente, se há um máximo, então esse é também um maximal.

Quando a relação de ordem $(E, \leq)$ é total, verifica-se que se um conjunto não vazio $A \subseteq E$ tem algum elemento maximal, então esse maximal é único. Nesse caso, da ordem total decorre que o maximal de A é também o máximo de A. No entanto, se a ordem não é total, o conjunto A pode apresentar vários elementos maximais.

Isso ocorre devido a que a ordem não é total e, portanto, há pares de elementos que não podem ser comparados segundo a ordem $\leq$.

Exemplo:

(a) Seja $E = \mathcal{P}(\{1, 2, 3, 4\}) \cup \mathcal{P}(\{5, 6, 7, 8\})$e consideremos a ordem parcial $\subseteq$. Se $A = \{\{1\}, \{1, 2\}, \{1, 2, 3\}\}$, então os conjuntos $\{1, 2, 3\}$ e $\{1, 2, 3, 4\}$ são limitantes superiores de A e $\{1, 2, 3\}$ é o máximo de A. Se $B \in E$, então $B \in \mathcal{P}(\{1, 2, 3, 4\})$ ou $B \in \mathcal{P}(\{5, 6, 7, 8\})$ e, portanto, $B \subseteq \{1, 2, 3, 4\}$ ou $B \subseteq \{5, 6, 7, 8\}$. Desse modo, os conjuntos $\{1, 2, 3, 4\}$ e $\{5, 6, 7, 8\}$ são elementos maximais de E.

Exercícios:

28) Em $(\mathbb{R}, \leq)$, com a ordem usual, consideremos $A = (0, 1]$. Determinar, caso existam, limitantes superiores e inferiores de A, máximo e mínimo, supremo e ínfimo, maximais e minimais.

29) Consideremos $E = \{1, 2, 3, 4, 6, 9, 12, 18, 36\}$, $A = \{2, 4, 6\}$ e a ordem dada pela divisibilidade. Determinar, caso existam, limitantes superiores e inferiores de A, máximo e mínimo, supremo e ínfimo, maximais e minimais.

Seja $(A, \leq)$ uma ordem parcial. O conjunto A é *bem ordenado* quando todo subconjunto não vazio B de A tem elemento mínimo. Nesse caso, dizemos que o par $(A, \leq)$ é uma *boa ordem*.

Exemplos:

(a) $(\mathbb{N}, \leq)$.

(b) $(\mathbb{N}\times\mathbb{N}, \prec)$ em que $(x, y) \prec (z, w) \Leftrightarrow x < z \vee (x = z \wedge y < w)$. Essa ordem é conhecida como ordem lexicográfica, a ordem dos dicionários.

Segue da definição acima, que todo conjunto bem ordenado determina uma ordem total, pois dados x, y ∈ A, o conjunto {x, y} ⊆ A tem um mínimo.

Do exemplo (a) acima, segue que o conjunto dos números naturais é bem ordenado. Posteriormente, no capítulo onze, apresentaremos os números ordinais e, para tanto, retomaremos as discussões sobre relações de ordem e boa ordem, em particular.

4.3. FUNÇÕES

Uma função é um caso particular de uma relação e, desse modo, cada função é ainda um conjunto. Assim, todos os objetos com os quais temos tratado são conjuntos.

Uma *função* é uma relação φ de A em B tal que Dom(φ) = A e para cada x ∈ Dom(φ) existe um único y de modo que (x, y) ∈ φ. O conjunto B é o *contradomínio* de φ.

Nesse caso, dizemos que φ é uma função de A em B. Assim, uma função φ de A em B é uma relação que satisfaz as seguintes condições:

(i) φ ⊆ A×B

(ii) para todo x ∈ A, existe y ∈ B, de maneira que (x, y) ∈ φ

(iii) se (x, y) ∈ φ e (x, z) ∈ φ, então y = z.

Exemplo:

(a) Seja A um conjunto. É fácil verificar que {(x, x) / x ∈ A} é uma função de A em A. Essa função é denominada *função identidade* de A e é denotada, em geral, por i_A. A função identidade de A coincide com o conjunto diagonal de A.

Seja φ uma função e x um ponto (elemento) de Dom(φ). O único y tal que (x, y) ∈ φ é denominado o *valor* de φ em x ou a *imagem* de x por φ, e é denotado por φ(x). O elemento x é o *argumento* de φ(x).

Assim, $(x, y) \in \varphi \Leftrightarrow y = \varphi(x)$ e, desse modo, $(x, \varphi(x)) \in \varphi$.

A notação 'φ(x)' foi introduzida por Euler[21] em 1734 (Enderton, 1977). O conceito de função é um dos mais fundamentais da Matemática e aparece em praticamente todos os contextos. A seguir, procuramos explicitar um pouco sobre as funções.

Em geral, denotamos uma função φ de A em B por $\varphi: A \to B$. Essa notação indica que φ é uma função com $Dom(\varphi) = A$ e $Im(\varphi) \subseteq B$, sendo B o contradomínio de φ.

Exemplo:

(a) Para o conjunto ℕ dos números naturais, seja $\sigma: \mathbb{N} \to \mathbb{N}$ a função sucessor, que leva cada número natural *n*, em seu sucessor *n+1*. Assim, $Dom(\sigma) = \mathbb{N}$, $Im(\sigma) = \mathbb{N}\text{-}\{0\} = \mathbb{N}^*$.

Se $\varphi: A \to B$ é uma função, a imagem de φ também é denotada por:

$$Im(\varphi) = \varphi(A) =_{def} \{\varphi(a) \ / \ a \in A\} \subseteq B.$$

Dada a função $\varphi: A \to B$, para $C \subseteq A$ e $D \subseteq B$, temos os conjuntos:

a *imagem de C pela função* φ: $\varphi(C) = \{\varphi(c) \ / \ c \in C\}$ e

a *imagem inversa de D pela função* φ: $\varphi^{-1}(D) = \{x \in A \ / \ \varphi(x) \in D\}$.

Exemplos:

(a) Sejam $A = \{1, 2, 3\}$ e $B = \{3, 4, 5, 6\}$. Então $\varphi = \{(1, 3), (2, 5), (3, 3)\}$ é uma função de A em B, porém $\psi = \{(1, 4), (2, 3)\}$ não é uma função de A em B, pois $3 \in A$, mas não existe $b \in B$ com $(3, b) \in \{(1, 4), (2, 3)\}$. Também $\sigma = \{(1, 3), (2, 4), (3, 5), (2, 6)\}$ não é uma função, pois os pares $(2, 4), (2, 6) \in \sigma$, porém $4 \neq 6$.

21 Leonhard Euler [Nascimento: 15/04/1707 em Basel, Suíça. Morte: 18/09/1783 em St. Petersburg, Russia].

(b) A função $\varphi = \{(1, 3), (2, 5), (3, 3)\}$ de $A = \{1, 2, 3\}$ em $B = \{3, 4, 5, 6\}$ pode ser então denotada por $\varphi: \{1, 2, 3\} \to \{3, 4, 5, 6\}$, com $\varphi(1) = 3$, $\varphi(2) = 5$, $\varphi(3) = 3$. Assim, $Im(\varphi) = \{\varphi(1), \varphi(2), \varphi(3)\} = \{3, 5\}$. Também $\varphi(\{1, 2\}) = \{3, 5\}$.

(c) A função $\sigma: \mathbb{N} \to \mathbb{N}$ definida por $\sigma(x) = 2x + 1$ representa o conjunto $\{(x, y) \in \mathbb{N}\times\mathbb{N} \;/\; y = 2x + 1\}$. A imagem de σ é o conjunto $Im(\sigma) = \{\sigma(x) \;/\; x \in \mathbb{N}\} = \{\sigma(0), \sigma(1), \sigma(2), \sigma(3), ...\} = \{1, 3, 5, 7, ...\}$. Já a imagem inversa de $\{3, 4, 5, 6, 7\}$ é $\sigma^{-1}(\{3, 4, 5, 6, 7\}) = \{1, 2, 3\}$.

EXERCÍCIOS:

30) Para a função $\varphi: \mathbb{R} \to \mathbb{R}$ definida por $\varphi(x) = 2x^2 - 3x + 7$ determinar: $\varphi(1)$, $\varphi(-2)$, $\varphi(2x)$, $\varphi(x + y)$ e $\varphi(1/2)$.

31) Considerando $A = \{-1, 0, 1, 2\}$, determinar a imagem de $\varphi: A \to \mathbb{R}$ nos seguintes casos:

(a) $\varphi(x) = 1 - x^2$ (b) $\varphi(x) = 7$

(c) $\varphi(x) = 2 - x$ (d) $\varphi(x) = \sqrt{x^2 + 3x + 6}$.

32) Sejam $A = \{0, 1, 2, 3\}$ e $B = \{4, 5, 6, 7, 8\}$. Justificar porque as relações abaixo não são funções de A em B:

(a) $R = \{(0, 5), (1, 6) (2, 7)\}$

(b) $S = \{(0, 4), (1, 5), (1, 6), (2, 7), (3, 8)\}$.

33) Para as relações seguintes de $\mathbb{R}$ em $\mathbb{R}$, dizer se são ou não funções e justificar:

(a) $R = \{(x, y) \in \mathbb{R}\times\mathbb{R} \;/\; x^2 = y\}$

(b) $S = \{(x, y) \in \mathbb{N}\times\mathbb{N} \;/\; x^2 + y^2 = 10\}$

(c) $T = \{(x, y) \in \mathbb{R}\times\mathbb{R} \;/\; y = x\}$

(d) $T = \{(x, y) \in \mathbb{R}\times\mathbb{R} \,/\, y=2\}$.

Uma função é *sobrejetiva* quando $\text{Im}(\varphi) = B$. Uma função é *injetiva* quando, para $x, z \in A$, se $x \neq z$, então $\varphi(x) \neq \varphi(z)$. Uma função é *bijetiva* quando é injetiva e sobrejetiva.

Uma função sobrejetiva aplica A sobre o todo de B, não deixando qualquer elemento de B sem um correspondente em A. Uma função injetiva conduz elementos distintos em imagens distintas, ou de acordo com sua contra-positiva, '$\varphi(x) = \varphi(z) \Rightarrow x = z$', imagens idênticas exigem argumentos idênticos. Numa função bijetiva, para cada $y \in B$, existe um único x tal que $(x, y) \in \varphi$.

Uma função φ pode ser caracterizada por seus pares ordenados ou n-uplas. Por exemplo, adição dos números reais pode ser dada por:

$$+: \mathbb{R}\times\mathbb{R} \rightarrow \mathbb{R},$$

em que um par de números reais, o argumento, conduz a outro número real, o valor da função + para o argumento fornecido. Essa mesma função pode também ser vista como ternas de números reais.

Como é habitual, ao invés de denotarmos $+(x, y)$, escrevemos apenas $x+y$.

Exemplos:

(a) No exemplo (c) acima, em que $\sigma: \mathbb{N} \rightarrow \mathbb{N}$, $\sigma(x) = 2x + 1$ temos: [1] se $\varphi(a) = \varphi(b)$, então $2a + 1 = 2b + 1$, logo, $2a = 2b$ e, portanto, $a = b$, ou seja, φ é injetiva. [2] $\text{Im}(\varphi) = \{1, 3, 5, 7, \ldots\} \neq \mathbb{N}$. Logo, φ não é sobrejetiva. [3] Devido aos itens anteriores, φ não é bijetiva.

(b) Seja $\psi: \mathbb{R} \rightarrow \mathbb{R}_+$, em que $\mathbb{R}_+ = \{x \in \mathbb{R} \,/\, x \geq 0\}$, definida por $\psi(x) = x^2$. [1] Como $\psi(-1) = \psi(1) = 1$, então ψ não é injetiva. [2] Se $b \in \mathbb{R}_+$, então $b \in \mathbb{R}$ e $b \geq 0$. Logo, $\sqrt{b} \in \mathbb{R}$ e $\psi(\sqrt{b}) = b$. Assim, ψ é sobrejetiva.

(c) Seja $\sigma: \mathbb{R} \to \mathbb{R}$, $\sigma(x) = 2x + 1$. A verificação de que σ é injetiva é idêntica a do exemplo (a). Verificaremos se σ é sobrejetiva: para $b \in \mathbb{R}$ (contradomínio) queremos saber se existe $a \in \mathbb{R}$ (domínio) tal que $b = \sigma(a) = 2a + 1$. Tomando $a = \frac{b-1}{2} \in \mathbb{R}$ (domínio), temos que $\sigma(a) = \sigma(\frac{b-1}{2}) = 2.\ \frac{b-1}{2} + 1 = b$. Assim, σ é sobrejetiva e, portanto, bijetiva.

EXERCÍCIO:

34) Verificar se a função f: $\mathbb{Z} \to \mathbb{N}$, dada por $f(x) = |x|$ é injetiva e se é sobrejetiva.

Em geral, a relação inversa de uma função não é uma função.

Exemplo:

(a) Seja ψ a função trigonométrica seno. Certamente, ψ^{-1} não é uma função, porém a restrição de ψ ao intervalo fechado $[-\pi/2, \pi/2]$ é bijetiva e sua inversa $(\psi|_{[-\pi/2, \pi/2]})^{-1}$ é a função arco-seno.

Teorema 4.9: Se $\varphi: A \to B$ é uma função, então $\varphi^{-1}: B \to A$ é uma função se, e somente se, φ é bijetiva.

Demonstração: ($\Rightarrow$) Se $\varphi^{-1} = \{(y, x) / (x, y) \in \varphi\}$ é uma função de B em A, então para todo $y \in B$, existe um único $x \in A$ tal que $(y, x) \in \varphi^{-1}$, ou seja, $(x, y) \in \varphi$. Assim, φ é bijetiva.

($\Leftarrow$) Seja φ é bijetiva. Se $y \in B$, desde que φ é bijetiva, então existe e é único o x tal que $(x, y) \in \varphi$, ou seja, existe e é único o x tal que $(y, x) \in \varphi^{-1}$. Logo, φ^{-1} é uma função. ■

Proposição 4.10: Seja $\varphi: A \to B$ uma função bijetiva. Se $x \in A$, então $\varphi^{-1}(\varphi(x)) = x$ e se $y \in B$, então $\varphi(\varphi^{-1}(y)) = y$.

Demonstração: Se $x \in A$, então $(x, \varphi(x)) \in \varphi$ e $(\varphi(x), x) \in \varphi^{-1}$. Segue então que, $x = \varphi^{-1}(\varphi(x))$. Do mesmo modo, se $y \in B$ então $(y, \varphi^{-1}(y)) \in \varphi^{-1}$ e $(\varphi^{-1}(y), y) \in \varphi$. Portanto, $y = \varphi(\varphi^{-1}(y))$. ■

Sejam φ e ψ relações tais que $Im(\varphi) \subseteq Dom(\psi)$. A relação composta de ψ e φ é definida por:

$$\psi o \varphi = \{(x, z) \ / \ \exists y \text{ de modo que } (x, y) \in \varphi \text{ e } (y, z) \in \psi\}.$$

Mostraremos que $Dom(\psi o \varphi) = Dom(\varphi)$. Se $x \in Dom(\varphi)$, então $\exists y \in Im(\varphi)$ tal que $(x, y) \in \varphi$. Como $Im(\varphi) \subseteq Dom(\psi)$, então $y \in Dom(\psi)$. Portanto, $\exists z$ tal que $(y, z) \in \psi$. Assim, $x \in Dom(\psi o \varphi)$. Logo, $Dom(\varphi) \subseteq Dom(\psi o \varphi)$. Por outro lado, é imediato que $Dom(\psi o \varphi) \subseteq Dom(\varphi)$. Logo, os dois conjuntos são iguais.

Observe que, se φ e ψ são funções, $(\psi o \varphi)(x) = z$, significa $z = \psi(\varphi(x))$, pois $(x, z) \in \psi o \varphi$ significa que $\exists y$ tal que $(x, y) \in \varphi$ e $(y, z) \in \psi$, ou seja, $z = \psi(y)$ e $y = \varphi(x)$.

Teorema 4.11: Sejam φ e ψ funções tais que $Im(\psi) \subseteq Dom(\varphi)$. Então $\varphi o \psi$ é uma função.

Demonstração: Se $x \in Dom(\varphi o \psi)$, então existe z tal que $(x, z) \in \varphi o \psi$. Se $(x, z) \in \varphi o \psi$ e $(x, w) \in \varphi o \psi$, então existem t e u, tais que $(x, t) \in \psi$, $(t, z) \in \varphi$, $(x, u) \in \psi$ e $(u, w) \in \varphi$. Como ψ é função, então $t = u$, e como φ também é função, então $z = w$. Desse modo, $\varphi o \psi$ é uma função. ■

Teorema 4.12: Para quaisquer funções φ e ψ, $(\varphi o \psi)^{-1} = \psi^{-1} o \varphi^{-1}$, caso existam $\varphi o \psi$, φ^{-1}, ψ^{-1}.

Demonstração: Consideremos que existam $\varphi o \psi$, φ^{-1}, ψ^{-1}. Daí: $(x, z) \in \varphi o \psi \Leftrightarrow (\exists t)\ ((x, t) \in \psi$ e $(t, z) \in \varphi) \Leftrightarrow (\exists t)\ ((z, t) \in \varphi^{-1}$ e $(t, x) \in \psi^{-1}) \Leftrightarrow (z, x) \in \psi^{-1} o \varphi^{-1}$. Assim, $(\varphi o \psi)^{-1} = \psi^{-1} o \varphi^{-1}$. ■

Exemplos:

(a) Seja $\varphi: \mathbb{Z} \to \mathbb{R}$ dada por $\varphi(x) = 2x - 3$ e $\psi: \mathbb{R} \to \mathbb{R}$ definida por $\psi(x) = x^2 + 2$. Então podemos obter a composição $(\psi o \varphi)(x) = \psi(\varphi(x)) = \psi(2x - 3) = (2x - 3)^2 + 2 = 4x^2 - 12x + 11$. Nesse caso, não podemos fazer $\varphi o \psi$, pois $\psi(1/2) = 1/4 \in Im(\psi)$, mas $1/4$ não está em $\mathbb{Z} = Dom(\varphi)$.

(b) Sejam $\varphi: \mathbb{R} \to \mathbb{Z}$ definida por $\varphi(x) = 2$ e $\psi: \mathbb{Z} \to \mathbb{R}$ dada por $\psi(x) = x/2$. Nesse caso, podemos calcular $\varphi o \psi$ e $\psi o \varphi$. Temos $(\varphi o \psi)(x) = \varphi(\psi(x)) = \varphi(x/2) = 2$ e $(\psi o \varphi)(x) = \psi(\varphi(x)) = \psi(2) = 1$.

O exemplo (b) mostra que, mesmo sendo possível definir $\psi o \varphi$ e $\varphi o \psi$, em geral, $\varphi o \psi \neq \psi o \varphi$.

Uma função $\varphi: A \to B$ em que $Im(\varphi)$ é um conjunto unitário é chamada *função constante*.

No exemplo (b), acima, a função $\varphi(x) = 2$ é um exemplo de função constante.

EXERCÍCIO:

35) Encontrar $\varphi o \psi$ em que $\varphi: \mathbb{R} \to \mathbb{R}$ e $\psi: \mathbb{R} \to \mathbb{R}$ são dadas por $\varphi(x) = x^2 - 1$ e $\psi(x) = \cos(x) + \operatorname{sen}(x)$.

Como vimos anteriormente, se $\varphi: A \to B$ é uma função bijetiva, sua inversa é a função $\varphi^{-1}: B \to A$ tal que $\varphi^{-1}(y) = x$ se, e somente se, $\varphi(x) = y$.

EXERCÍCIO:

36) Mostrar que se φ: A → B é uma função bijetiva então a função φ^{-1} também é bijetiva.

Proposição 4.13: Se φ: A → B é uma função bijetiva então $\varphi o \varphi^{-1} = i_B$ e $\varphi^{-1} o \varphi = i_A$.

Demonstração: Fica como exercício. ■

EXERCÍCIO:

37) Demonstrar a proposição anterior.

Exemplos:

(a) Seja $\varphi: \mathbb{R} \to \mathbb{R}$ dada por $\varphi(x) = 3x + 5$. A função φ é bijetiva (verificar). Logo, podemos definir $\varphi^{-1}: \mathbb{R} \to \mathbb{R}$ por $\varphi^{-1}(x) = y$ se, e somente se, $\varphi(y) = x$. Como $\varphi(y) = 3y + 5$, então $x = 3y + 5$ e, portanto, $y = \frac{x-5}{3}$. Assim, a inversa de φ é definida por $\varphi^{-1}(x) = \frac{x-5}{3}$.

(b) Seja $\varphi: \mathbb{R} \to \mathbb{R}_+^*$, em que $\mathbb{R}_+^* = \{x \in \mathbb{R} / x > 0\}$ definida por $\varphi(x) = 2^x$. A função φ é injetiva, pois se $\varphi(a) = \varphi(b)$, então $2^a = 2^b$, logo $\log_2 2^a = \log_2 2^b$ e, portanto, $a = b$. A função φ é também sobrejetiva pois, se $b \in \mathbb{R}_+^*$, ao tomarmos $a = \log_2 b \in \mathbb{R}$, temos que $\varphi(a) = b$. Assim, φ é bijetiva e, então, podemos definir sua inversa $\varphi^{-1}: \mathbb{R}_+^* \to \mathbb{R}$ por $\varphi^{-1}(x) = y$ quando $\varphi(y) = x$. Mas, $\varphi(y) = 2^y$ e daí $x = 2^y$, logo, $y = \log_2 x$. Desse modo, a inversa fica definida por $\varphi^{-1}(x) = \log_2 x$.

Proposição 4.14: Sejam $\varphi: A \to B$ e $\psi: B \to C$ duas funções. Então:

(i) se φ e ψ são injetivas, então $\psi o \varphi$ é injetiva;

(ii) se φ e ψ são sobrejetivas, então $\psi o \varphi$ é sobrejetiva;

(iii) se φ e ψ são bijetivas, então $\psi o \varphi$ é bijetiva;

(iv) se $\psi o \varphi$ é injetiva, então φ é injetiva;

(v) se $\psi o \varphi$ é sobrejetiva, então ψ é sobrejetiva;

(vi) se $A = C$, $\psi o \varphi = i_A$ e $\varphi o \psi = i_B$, então $\psi = \varphi^{-1}$ e $\varphi = \psi^{-1}$.

Demonstração:

(i) Se $(\psi o \varphi)(a) = (\psi o \varphi)(b)$, então $\psi(\varphi\ (a)) = \psi(\varphi(b))$. Como ψ é injetiva, então $\varphi(a) = \varphi(b)$, e como φ é injetiva, então $a = b$. Logo, $\psi o \varphi$ é injetiva.

(ii) Seja $c \in C$. Como ψ é sobrejetiva, então existe $b \in B$, tal que $\psi(b) = c$, e como φ é sobrejetiva, então existe $a \in A$, tal que $\varphi(a) = b$. Assim, $(\psi o \varphi)(a) = \psi(\varphi(a)) = \psi(b) = c$. Logo, $\psi o \varphi$ é sobrejetiva. ■

EXERCÍCIO:

38) Demonstrar os itens restantes da proposição anterior.

Exemplo:

(a) Sejam $\varphi: \mathbb{N} \to \mathbb{Z}$ dada por $\varphi(x) = x$ e $\psi: \mathbb{Z} \to \mathbb{N}$ dada por $\psi(x) = |x|$. Daí, temos que $(\psi o \varphi)(x) = \psi(\varphi(x)) = \psi(x) = |x| = x$. Logo, $\psi o \varphi = i_{\mathbb{N}}$ é bijetiva, mas φ não é sobrejetiva e ψ não é injetiva.

EXERCÍCIO:

39) Verificar se φ é injetiva e/ou sobrejetiva nos casos abaixo. Quando φ for bijetiva, encontrar sua inversa φ^{-1}.

(a) $\varphi: \mathbb{Z} \to \mathbb{N}, \varphi(x) = |x| + 3$

(b) $\varphi: \mathbb{Z} \to \mathbb{Z}, \varphi(x) = 5x - 7$

(c) $\varphi: \mathbb{R} \to \mathbb{R}, \varphi(x) = 7 - 5x$

(d) $\varphi: \mathbb{R} \to \mathbb{R}, \varphi(x) = x^3 + 1$

(e) $\varphi: \mathbb{R}^+ \to \mathbb{R}, \varphi(x) = \sqrt{x} - 2$.

40) Determinar as compostas $\varphi o \psi$ e $\psi o \varphi$ quando possível:

(a) $\varphi: \mathbb{Z} \to \mathbb{R}_+, \varphi(x) = |x-1|$ e $\psi: \mathbb{R}_+ \to \mathbb{R}, \psi(x) = \sqrt{x} + 2$

(b) $\varphi: \mathbb{Z} \to \mathbb{N}, \varphi(x) = |x| + 10$ e $\psi: \mathbb{N} \to \mathbb{Z}, \psi(x) = x - 10$

(c) $\varphi: \mathbb{Z} \to \mathbb{Z}, \varphi(x) = (x + 3)^2$ e $\psi: \mathbb{Z} \to \mathbb{R}, \psi(x) = \frac{x}{5} - 3$.

41) Sejam $\varphi(x) = \frac{2x - 1}{7}$, $\psi(x) = x^2 - 2x + 1$, $\sigma(x) = |x|$ e $\lambda(x) = 2^x - 5$ funções de $\mathbb{R}$, em $\mathbb{R}$. Determinar:

(a) $\varphi o \psi$ (b) $\psi o \varphi$

(c) $\varphi o \sigma$ (d) $\sigma o \lambda$

(e) $\lambda o \psi$ (f) $\lambda o \sigma$.

Seja $\varphi: A \to B$ uma função e consideremos $C \subseteq A$ e $D \subseteq B$. Lembrando: a *imagem direta* de C pela função φ é o conjunto $\varphi(C) = \{\varphi(c) \ / \ c \in C\}$ e a *imagem inversa* de D pela função φ é o conjunto $\varphi^{-1}(D) = \{a \in A \ / \ \varphi(a) \in D\}$.

42) Sejam $\varphi: A \to B$ uma função e $D, E \subseteq A$. Mostrar que:

(a) Se $D \subseteq E$, então $\varphi(D) \subseteq \varphi(E)$

(b) $\varphi(D \cup E) = \varphi(D) \cup \varphi(E)$

(c) $\varphi(D \cap E) \subseteq \varphi(D) \cap \varphi(E)$

(d) $\varphi(\emptyset) = \emptyset$

(e) $\varphi(D \cap E) = \varphi(D) \cap \varphi(E)$ nem sempre ocorre.

43) Sejam $\varphi: A \to B$ uma função e $D, E \subseteq B$. Mostrar que:

(a) Se $D \subseteq E$ então $\varphi^{-1}(D) \subseteq \varphi^{-1}(E)$

(b) $\varphi^{-1}(D \cup E) = \varphi^{-1}(D) \cup \varphi^{-1}(E)$

(c) $\varphi^{-1}(D \cap E) = \varphi^{-1}(D) \cap \varphi^{-1}(E)$

(d) $\varphi^{-1}(\emptyset) = \emptyset$

(e) $\varphi(\varphi^{-1}(D)) \subseteq D$

(f) $\varphi(\varphi^{-1}(D)) = D$ não vale

(g) $C \subseteq \varphi^{-1}(\varphi(C))$

(h) $C = \varphi^{-1}(\varphi(C))$ não vale.

44) Sejam $A = \{-4, -3, -2, -1, 0, 1, 2, 3, 4\}$ e $B = \{-1, 0, 2, 3, 5, 6, 8, 13, 15\}$ dois conjuntos e $\varphi: A \to B$ a função definida por $\varphi(x) = x^2 - 1$. Para os conjuntos $C = \{0, 2, -2\}$, $D = \{-1, 1\}$, $E = \{2, 5, 6\}$, $F = \{0, 2, 3\}$ e $G = \{-1, 0, 3, 15\}$ encontrar, quando for possível, os seguintes conjuntos:

(a) $\varphi(C)$ (b) $\varphi^{-1}(B)$

(c) $\varphi(D)$ (d) $\varphi(A)$

(e) $\varphi^{-1}(E)$ (f) $\varphi(F)$

(g) $\varphi^{-1}(F)$ (h) $\varphi^{-1}(G)$.

45) Sejam A um conjunto finito e $\varphi: A \to A$ uma função. Mostrar que φ é injetiva se, e somente se, φ é sobrejetiva.

46) Determinar a função inversa de $\varphi: \mathbb{R} \to \mathbb{R}$, tal que $\varphi(x) = 3x + 1$.

47) Seja $\psi: \mathbb{R} \to \mathbb{R}$, tal que $\psi(x) = x^2$. Encontrar:

(a) $\psi(\{1, 2, 3\})$ (b) $\psi([0, 2])$

(c) $\psi((-1, 3])$ (d) $\psi^{-1}(\{0, 4, 16\})$

(e) $\psi^{-1}([1, 9])$ (f) $\psi^{-1}(\mathbb{R}_-)$.

Sejam A e B conjuntos ordenados e $\varphi: A \to B$ uma função. A função φ é *crescente* quando: $(\forall x, z \in A)\ (x \leq z \Rightarrow \varphi(x) \leq \varphi(z))$. A função φ é *decrescente* quando: $(\forall x, z \in A)\ (x \leq z \Rightarrow \varphi(x) \geq \varphi(z))$. Uma função crescente ou decrescente é também chamada *monótona*. A função φ é *estritamente crescente* [*decrescente*] quando: $(\forall x, z \in A)\ (x < z \Rightarrow \varphi(x) < \varphi(z))$ [>, na relação entre $\varphi(x)$ e $\varphi(z)$].

EXERCÍCIO:

48) Dar dois exemplos de funções crescentes, dois de funções decrescentes e dois de funções que não são nem crescentes nem decrescentes.

4.4. FAMÍLIAS

Nesta seção, continuaremos a tratar das funções, mas precisaremos introduzir o axioma da escolha, usado em duas versões equivalentes, porém distintas. No capítulo treze mostraremos essas equivalências.

4.4.1. Famílias

Há situações em que ao tratarmos com certas funções é maior o interesse no conjunto imagem do que na lei que define a função e ainda buscamos controlar a função investigada por um conjunto de índices. O conceito de família nos auxiliará nesse contexto.

Seja I um conjunto cujos elementos são denominados *índices*. Podemos indicar os elementos de I ou índices por i, j, k $\in$ I.

Dado um conjunto não vazio A, uma *família* $\mathbb{F}$ de elementos de A com índices em I é uma função φ: I $\rightarrow$ A.

Para cada i $\in$ I, podemos denotar $\varphi(i)$ por φ_i e, assim, a família $\mathbb{F}$ pode ser indicada por $\{\varphi_i \,/\, i \in I\}$ ou ainda por $\{\varphi_i\}_{i \in I}$.

Seja I = {0, 1} o conjunto de índices e A um conjunto não vazio. Uma família de elementos de A com índices em I é uma função φ: {0, 1} $\rightarrow$ A e os valores da função φ nos pontos 0 e 1 são dados por φ_0 e φ_1. Desse modo, o conjunto indexado $\{\varphi_0, \varphi_1\}$ deve ser entendido como o par ordenado (φ_0, φ_1). Por outro lado, para cada par ordenado (a_0, a_1) de pontos de A está determinada uma família φ: {0, 1} $\rightarrow$ A.

De um modo geral, podemos entender pares ordenados de elementos de A como famílias de elementos de A com índices em I = {0, 1}. O produto cartesiano $A^2 = A \times A$ é o conjuntos de todas as famílias φ: {0, 1} $\rightarrow$ A e o produto cartesiano $A_0 \times A_1$ é o conjunto das famílias φ: {0, 1} $\rightarrow A_0 \cup A_1$, de maneira que $\varphi_0 \in A_0$ e $\varphi_1 \in A_1$.

Essa concepção pode naturalmente ser estendida para qualquer conjunto finito de índices I = {0, 1, 2, ..., n} e cada família φ: I $\rightarrow$ A é uma *n-upla* de elementos de A. Nesse caso, uma n-upla $\varphi = (\varphi_i)_{i \in I}$ é usualmente denotada como uma sequência finita $\varphi = (\varphi_0, \varphi_1, ..., \varphi_n)$ e o termo φ_k é a k-ésima coordenada da n-upla $\varphi = (\varphi_0, \varphi_1, ..., \varphi_n)$.

Dado um conjunto de índices I, se para cada i $\in$ I fazemos corresponder um conjunto A_i, então $\mathbb{F} = \{A_i\}_{i \in I}$ é uma *família de conjuntos* com índices em I.

Se $\mathbb{F}$ é uma família de conjuntos, podemos definir a união e a interseção, dos elementos de $\mathbb{F}$, da mesma forma que definimos a união e interseção de dois conjuntos:

$$\cup\mathbb{F} = \{x \mathbin{/} x \in A_i, \text{ para algum } i \in I\}$$

$$\cap\mathbb{F} = \{x \mathbin{/} x \in A_i, \text{ para todo } i \in I\}.$$

Certamente $\cup\mathbb{F}$ e $\cap\mathbb{F}$ são conjuntos.

Ao usarmos a notação $\mathbb{F} = \{\varphi(i) \mathbin{/} i \in I\}$, podemos escrever:

$$\cup_{i\in I}\, \varphi(i) = \cup\{\varphi(i) \mathbin{/} i \in I\} = \{x \mathbin{/} x \in \varphi(i), \text{ para algum } i \in I\}$$

$$\cap_{i\in I}\, \varphi(i) = \cap\{\varphi(i) \mathbin{/} i \in I\} = \{x \mathbin{/} x \in \varphi(i), \text{ para todo } i \in I\}.$$

Por exemplo, se $I = \{0, 1, 2\}$, então $\cup_{i\in I}\, \varphi(i) = \cup\{\varphi(0), \varphi(1), \varphi(2)\} = \varphi(0) \cup \varphi(1) \cup \varphi(2)$. O mesmo vale para a interseção, $\cap_{i\in I}\, \varphi(i) = \cap\{\varphi(0), \varphi(1), \varphi(2)\} = \varphi(0) \cap \varphi(1) \cap \varphi(2)$.

Para os conjuntos A e B podemos formar a coleção de todas as funções φ de A em B. O conjunto de todas as funções de A em B é o *conjunto potência* de A em B e é denotado por B^A:

$$B^A =_{def} \{\varphi \mathbin{/} \varphi \text{ é uma função de A em B}\}.$$

Se φ é uma função φ: A → B, então $\varphi \subseteq A\times B$ e, desse modo, $\varphi \in \mathcal{P}(A\times B)$. Logo, o conjunto de todas as funções de A em B é um subconjunto de $\mathcal{P}(A\times B)$.

Se A e B são conjuntos finitos, tais que o número de elementos de A é *a* e o de B é *b*, então B^A tem b^a elementos. De fato, na hora de se construir os elementos de B^A, ou seja, cada função φ: A → B, para cada elemento *a* de A, devemos escolher um dentre os *b* elementos de B.

Exemplos:

(a) Sejam $A = \{2, 3, 5\}$ e $B = \{1, 4\}$. O conjunto das funções de A em B é $B^A = \big\{\{\{2, 1\}, \{3, 1\}, \{5, 1\}\}; \{\{2, 4\}, \{3, 1\}, \{5, 1\}\}; \{\{2, 1\}, \{3, 4\}, \{5, 1\}\}; \{\{2, 1\}, \{3, 1\}, \{5, 4\}\}; \{\{2, 4\}, \{3, 4\}, \{5, 1\}\}; \{\{2, 1\}, \{3, 4\}, \{5, 4\}\}; \{\{2, 4\}, \{3, 1\}, \{5, 4\}\};$

$\{\{2, 4\}, \{3, 4\}, \{5, 4\}\}\}$. Nesse caso, A tem 3 elementos, B tem 2, portanto, B^A tem $2^3 = 8$ elementos.

(b) Sejam $A = \{2, 3, 5\}$ e $B = \{1, 4\}$. O conjunto das funções de B em A é $A^B = \{\{\{1, 2\}, \{4, 2\}\}; \{\{1, 2\}, \{4, 3\}\}; \{\{1, 2\}, \{4, 5\}\}; \{\{1, 3\}, \{4, 2\}\}; \{\{1, 3\}, \{4, 3\}\}; \{\{1, 3\}, \{4, 5\}\}; \{\{1, 5\}, \{4, 2\}\}; \{\{1, 5\}, \{4, 3\}\}; \{\{1, 5\}, \{4, 5\}\}\}$. Nesse caso, A e B têm, respectivamente, 3 e 2 elementos. Portanto, A^B tem $3^2 = 9$ elementos.

(c) Seja $\mathbb{N} = \{0, 1, 2, ...\}$ o conjunto dos números naturais. Então $\{0, 1\}^{\mathbb{N}}$ é o conjunto de todas as possíveis funções $\sigma: \mathbb{N} \to \{0, 1\}$. Cada tal função σ é uma sequência infinita $(\sigma(0), \sigma(1), \sigma(2), ...)$ de zeros e de uns, como as funções constantes $(0, 0, 0, ...)$ e $(1, 1, 1, ...)$ ou qualquer outra $(0, 1, 1, 1, 0, 1, ...)$. Veremos como tratar a quantidade de elementos de $\{0, 1\}^{\mathbb{N}}$ mais adiante.

(d) Para um conjunto não vazio A, temos $\emptyset^A = \emptyset$. Isso ocorre porque uma função não pode ter um domínio não vazio e contradomínio vazio, ou seja, não existe função definida nessas condições. Por outro lado, $A^\emptyset = \{\emptyset\}$ a *função vazia*, pois para qualquer conjunto A, existe uma única função com domínio vazio $\emptyset: \emptyset \to A$. Como um caso especial, temos que $\emptyset^\emptyset = \{\emptyset\}$.

4.4.2. Produto Cartesiano Infinito

Além dos produtos cartesianos finitos, podemos formar algo como o produto cartesiano de uma família infinita $\mathbb{F} = \{A_i \mid i \in I\}$ e I é infinito:

$$\Pi_{i\in I} A_i = \{\varphi: I \to \cup_{i\in I} A_i \mid \varphi \text{ é função e } \varphi(i) \in A_i\}.$$

Notemos que $\Pi_{i\in I} A_i$ é um conjunto, pois cada função $\varphi: I \to \cup_{i\in I} A_i$ é um elemento de $\mathcal{P}(I \times \cup_{i\in I} A_i)$.

Contudo, nada nos garante que esse conjunto não seja vazio. A única garantia de que esse conjunto não seja vazio é por uma versão do axioma da escolha. Existem muitas versões equivalentes do axioma da escolha e veremos algumas dessas equivalências no capítulo treze.

Para o entendimento das famílias infinitas interessa-nos a seguinte versão do axioma da escolha:

Axioma da escolha (AE_2): O produto cartesiano de uma família não vazia de conjuntos não vazios é, ainda, não vazio:

Para qualquer conjunto de índices I e toda família $\{A_i\}_{i \in I}$, se, para todo $i \in I$, $A_i \neq \emptyset$, então $\Pi_{i \in I} A_i \neq \emptyset$.

O axioma da escolha afirma que se $\{A_i \mathbin{/} i \in I\}$ é uma família de conjuntos, então existe uma função $\varphi: I \to \cup_{i \in I} A_i$ tal que $\varphi(i) \in A_i$, isto é, existe uma forma de escolher um elemento de cada conjunto A_i.

A seguir, usaremos a seguinte versão do *axioma da escolha*:

(AE_1): para toda relação R, existe uma função $\varphi \subseteq R$, tal que $Dom(\varphi) = Dom(R)$.

O axioma da escolha é um instrumento poderoso quando trabalhamos com famílias infinitas. A partir dele, podemos provar muitos resultados da Matemática como a existência de uma base para espaços vetoriais de dimensão infinita.

A aceitação desse axioma é um tanto polêmica. Por um lado, ele é muito usado para a obtenção de importantes teoremas. Mas por outro lado, esse axioma apresenta resultados um tanto contraintuitivos como o paradoxo de Banach[22]-Tarski[23]. Esse paradoxo estabelece que seja possível dividir uma esfera sólida e tridimen-

22 Stefan Banach [Nascimento: 30/03/1892 em Kraków, Império Austro-Húngaro (agora Polônia). Morte: 31/08/1945 em Lvov, (agora Ucrania)].

23 Alfred Tarski [Nascimento: 14/01/1902 em Varsóvia, Império Russo (agora Polônia). Morte: 26/10/1983 em Berkeley, California, USA].

sional em um número finito de pedaços, exatamente cinco pedaços, e com esses pedaços construir duas esferas com o mesmo tamanho da esfera original. Trata-se de um resultado existencial, porém não construtivo, ou seja, diz que é possível, mas não diz como fazê-lo.

Além disso, resultados de Gödel de 1939/1940 e de Cohen[24] de 1963 (Bell, 2008) mostram a independência do axioma da escolha de ZF e, assim, tanto o próprio axioma, como sua negação, poderiam ser tomados como axioma, o que geraria duas teorias concorrentes de Teoria dos Conjuntos.

Nos próximos resultados, trataremos uma relação como conjunto de pares ordenados, de modo que os primeiros elementos determinam o Dom(R). O que impede R de ser uma função é o fato de um primeiro elemento poder estar associado a mais de um segundo elemento da Im(R). Mas o axioma da escolha nos permite escolher apenas um dentre tais pares, de modo a termos uma função ϕ definida a partir da relação R.

Teorema 4.15: Seja $\varphi: A \to B$ uma função e A não vazio. Então:

(i) existe uma função $\psi: B \to A$ tal que $\psi o \varphi$ é a função identidade i_A de A se, e somente se, φ é injetiva.

(ii) existe uma função $\sigma: B \to A$ tal que $\varphi o \sigma$ é a função identidade i_B de B se, e somente se, φ é sobrejetiva.

Demonstração:

(i) ($\Rightarrow$) Assumamos que existe uma função ψ tal que $\psi o \varphi = i_A$. Se $\varphi(x) = \varphi(y)$, então aplicando ψ nos dois termos, segue $x = \psi(\varphi(x)) = \psi(\varphi(y)) = y$ e, desse modo, φ é injetiva.

($\Leftarrow$) Seja φ injetiva. Então φ^{-1} é uma função de Im(φ) em A. A ideia é estender φ^{-1} para uma função ψ definida sobre todo o conjunto B. Desde que A seja não vazio, podemos fixar $a \in A$. Assim, se x

24 Paul Joseph Cohen [Nascimento: 02/04/1934 em Long Branch, New Jersey, USA].

$\in$ B−Im(φ), então ψ(x) = *a* e se x $\in$ Im(ψ), então ψ(x) = φ^{-1}(x). Logo, ψ = $\varphi^{-1} \cup$ ((B−Im(φ)) × {*a*}) e, portanto, ψ é uma função sobrejetiva de B em A, com Dom(ψoφ) = A e, para cada x em A, segue que ψ(φ(x)) = φ^{-1}(φ(x)) = x. Portanto, ψoφ = i_A.

(ii) (⇒) Assumamos que existe uma função σ tal que φoσ = i_B. Então, para todo y $\in$ B, temos que y = φ(σ(y)). Assim, y $\in$ Im(φ) e, portanto, a Im(φ) = B.

(⇐) Seja φ sobrejetiva, isto é, Im(φ) = B. Em geral φ^{-1} não é uma função. A ideia, agora, é que para cada y $\in$ B escolhemos algum x em A, de modo que φ(x) = y e então definimos σ(y) = x. Como y $\in$ Im(φ) e φ é sobrejetiva, existe x tal que φ(x) = y. Para cada y existe um x apropriado, mas não é suficiente para termos uma função σ. O axioma da escolha, na versão (AE_1), indica que existe uma função σ, tal que σ $\subseteq$ φ^{-1} e que Dom(σ) = Dom(φ^{-1}) = B. A função σ satisfaz a condição exigida, pois dado y $\in$ B, temos que (y, σ(y)) $\in$ φ^{-1} e, consequentemente, (σ(y), y) $\in$ φ, portanto, φ(σ(y)) = y. ■

No caso do teorema anterior a função ψ é uma *inversa à esquerda* φ e σ é uma *inversa à direita* de φ.

Teorema 4.16: Sejam φ: A → B uma função e C $\subseteq$ $\mathcal{P}$(A). Então:

(i) a imagem de uma união é a união das imagens, isto é:

$$\varphi(\cup C) = \cup\{\varphi(A) \ / \ A \in C\}.$$

(ii) a imagem de uma interseção está inclusa na interseção das imagens, ou seja:

$$\varphi(\cap C) \subseteq \cap\{\varphi(A) \ / \ A \in C\}.$$

Quando C é não vazio e φ é injetiva, então vale a igualdade.

(iii) a imagem de uma diferença inclui a diferença das imagens, isto é, se A, B ∈ C então:

$$\varphi(A) - \varphi(B) \subseteq \varphi(A-B).$$

Se φ é injetiva, então vale a igualdade.

Demonstração:

(i) $y \in \varphi(\cup C) \Leftrightarrow (\exists x \in \cup C)(\varphi(x) = y) \Leftrightarrow (\exists x \in A)(\varphi(x) = y)$, para algum $A \in C \Leftrightarrow y \in \varphi(A)$, para algum $A \in C \Leftrightarrow y \in \cup\{\varphi(A) / A \in C\}$.

(ii) $y \in \varphi(\cap C) \Leftrightarrow (\exists x \in \cap C)(\varphi(x) = y) \Leftrightarrow (\exists x \in A)(\varphi(x) = y)$, para todo $A \in C \Rightarrow y \in \varphi(A)$, para todo $A \in C \Leftrightarrow y \in \cap\{\varphi(A) / A \in C\}$. Quando φ é injetiva então $(\exists x \in A)(\varphi(x) = y)$, para todo $A \in C \Leftrightarrow y \in \varphi(A)$, para todo $A \in C$.

(iii) $y \in (\varphi(A) - \varphi(B)) \Leftrightarrow y \in \varphi(A)$ e $y \notin \varphi(B) \Leftrightarrow (\exists x \in A)(\varphi(x) = y)$ e $\neg(\exists z \in B)(\varphi(z) = y) \Rightarrow (\exists x \in A-B)(\varphi(x) = y) \Leftrightarrow y \in \varphi(A-B)$. Quando φ é injetiva, se $y \in \varphi(A\text{-}B)$, então é único o $x \in A\text{-}B$ tal que $\varphi(x) = y$. Desse modo, $x \in A$ e $y \in \varphi(A) - \varphi(B)$. ■

Exemplo:

(a) Sejam $\varphi: \mathbb{R} \rightarrow \mathbb{R}$ definida por $\varphi(x) = x^2$, $A = [-2, 0]$ e $B = [1, 2]$. Assim, $A = \{x \in \mathbb{R} / -2 \leq x \leq 0\}$ e $B = \{x \in R / 1 \leq x \leq 2\}$. Então $\varphi(A) = [0, 4]$ e $\varphi(B) = [1, 4]$. Esse exemplo ilustra os itens (ii) e (iii) acima, em que $\varphi(A \cap B) = \varphi(\emptyset) = \emptyset$, enquanto $\varphi(A) \cap \varphi(B) = [1, 4]$ e $\varphi(A) - \varphi(B) = [0, 1)$, ao passo que $\varphi(A-B) = \varphi(A) = [0, 4]$.

Desde que a inversa de uma função seja sempre uma relação um para um, temos como consequência imediata do teorema 4.15 que uniões, interseções e complementos relativos são sempre preservados sob imagem inversa.

Corolário 4.17: Dados os conjuntos A, B e C, para qualquer função ψ temos:

(i) $\psi^{-1}(\cup C) = \cup\{\psi^{-1}(D) \ / \ D \in C\}$

(ii) $\psi^{-1}(\cap C) = \cap\{\psi^{-1}(D) \ / \ D \in C\}$, para $C \neq \emptyset$

(iii) $\psi^{-1}(A-B) = \psi^{-1}(A) - \psi^{-1}(B)$. ∎

4.5. OPERAÇÕES

Cada estrutura algébrica é determinada por um conjunto não vazio com operações definidas sobre esse conjunto. Essas operações definidas na estrutura e as propriedades respeitadas em cada operação caracterizam cada estrutura algébrica como Grupos, Anéis e Corpos, entre outras. Essas operações algébricas, em geral, são generalizações naturais das operações aritméticas dos conjuntos numéricos. A seguir, veremos o conceito de operação e algumas propriedades.

Seja A um conjunto não vazio. Uma *operação* em A é uma função $\#: A \times A \rightarrow A$.

Exemplos e contraexemplos:

(a) A adição em $\mathbb{R}$ é uma operação. Naturalmente a adição é operação em cada um dos seguintes conjuntos numéricos: $\mathbb{N}$, $\mathbb{Z}$, $\mathbb{Q}$ e $\mathbb{C}$.

(b) A subtração não é uma operação em $\mathbb{N}$, pois $3 \in \mathbb{N}$ e $5 \in \mathbb{N}$, mas $3\text{-}5 \notin \mathbb{N}$.

(c) Para cada n inteiro positivo, a adição e o produto de matrizes reais quadradas de ordem n são operações no conjunto dessas matrizes.

(d) Sejam A um conjunto não vazio e $C = \{\varphi: A \rightarrow A \ / \ \varphi$ é função bijetiva$\}$. A composição de funções de C é uma operação em C.

(e) Definamos a seguinte relação em $\mathbb{C}$: para $a+bi$, $c+di \in \mathbb{C}$ definimos $a+bi \cong c+di$ se, e somente se, $a = c$. Podemos facilmente verificar que essa é uma relação de equivalência. Para $a+bi \in \mathbb{C}$, denotamos a classe de equivalência desse elemento por $[a+bi] = [a]$.

Seja A o conjunto quociente de $\mathbb{C}$ por essa relação e tentemos definir em A a seguinte operação:

$$[a+bi] \otimes [c+di] = [(a+bi).(c+di)].$$

Vejamos o que segue. Por um lado, $[1+i] \otimes [2+i] = [(1+i).(2+i)] = [1+3i] = [1]$. Porém, $[1] = [1+i]$ e $[2] = [2+i]$, mas $[1] \otimes [2] = [2]$, enquanto $[1+i] \otimes [2+i] = [1] \neq [2]$. Assim, a candidata à operação $\otimes$ não está bem definida, pois ao ser aplicada em elementos idênticos, fornece resultados distintos, mostrando não se tratar de uma operação como definido acima.

O exemplo acima indica que para definirmos uma operação num conjunto quociente, precisamos sempre verificar se a função candidata à operação está bem definida, isto é, se é uma função.

4.5.1. Propriedades de uma Operação

Seja $\#: A \times A \to A$ uma operação. A seguir definiremos algumas propriedades que podem ou não ser satisfeitas por operações e apresentaremos exemplos e contraexemplos.

P1 Propriedade associativa: a operação # é *associativa* quando para todos x, y, z ∈ A, tem-se que $x\#(y\#z) = (x\#y)\#z$.

Exemplos e contraexemplos:

(a) As operações usuais de adição e multiplicação em $\mathbb{N}$, $\mathbb{Z}$, $\mathbb{Q}$, $\mathbb{R}$ e $\mathbb{C}$ são associativas.

(b) A adição de matrizes em $M_{m \times n}(\mathbb{R})$, o conjunto das matrizes reais $m \times n$ é associativa.

(c) A composição de funções de $\mathbb{R}$ em $\mathbb{R}$ é associativa.

(d) A potenciação em $\mathbb{N}$ não é associativa, pois $2^{(3^4)} = 2^{81}$ e $(2^3)^4 = 2^{12}$.

(e) A divisão em $\mathbb{R}^*$ não é associativa, pois $(24:4):2 = 6:2 = 3$ e $24:(4:2) = 24:2 = 12$.

Quando a operação é associativa não precisamos de cuidados com os parênteses, mas no caso contrário sim.

P2 Propriedade comutativa: a operação # é *comutativa* quando para todos x, y ∈ A, tem-se que x#y = y#x.

Exemplos e contraexemplos:

(a) As operações usuais de adição e de multiplicação em $\mathbb{N}$, $\mathbb{Z}$, $\mathbb{Q}$, $\mathbb{R}$ e $\mathbb{C}$ são comutativas.

(b) A adição de matrizes em $M_{m\times n}(\mathbb{R})$ é comutativa.

(c) A multiplicação de polinômios com coeficientes reais é comutativa.

(d) A potenciação em $\mathbb{N}$ não é comutativa, pois $2^3 = 8$ e $3^2 = 9$.

(e) A divisão em $\mathbb{R}^*$ não é comutativa, pois $1:5 = 0{,}2$ enquanto $5:1 = 5$.

(f) A multiplicação de matrizes em $M_m(\mathbb{R})$, o conjunto das matrizes quadradas reais m×m, não é comutativa.

P3 Elemento Neutro: a operação # tem um *elemento neutro* "e" quando para todo x ∈ A tem-se que x#e = x = e#x.

Quando vale a primeira igualdade acima, dizemos que e é um elemento neutro à direita; e quando vale a segunda dizemos que e é um elemento neutro à esquerda. Se uma das igualdades vale e a operação é comutativa, então vale também a segunda.

Exemplos e contraexemplos:

(a) As operações usuais de multiplicação em $\mathbb{N}$, $\mathbb{Z}$, $\mathbb{Q}$, $\mathbb{R}$ e $\mathbb{C}$ têm o elemento 1 como neutro.

(b) A adição de matrizes em $M_{m\times n}(\mathbb{R})$ tem como elemento neutro a matriz nula $m\times n$.

(c) Para a subtração em $\mathbb{Z}$, para todo x, tem-se que $x-0 = x$, isto é, 0 é um elemento neutro à direita. Contudo não é elemento neutro à esquerda, pois $0-2 = -2 \neq 2$.

EXERCÍCIO:

49) Mostrar que se uma operação # admite elemento neutro, então ele é único.

50) Indicar o elemento neutro da multiplicação de matrizes em $M_m(\mathbb{R})$ e da composição de funções em $\{f: \mathbb{R} \to \mathbb{R} \,/\, \varphi \text{ é função}\}$.

51) Dar outros exemplos de elementos neutros à direita, mas não à esquerda.

52) Dar exemplo de operação com elemento neutro à esquerda, mas não à direita.

P4 Elemento Simetrizável: um elemento x de A é *simetrizável*, segundo a operação #, quando existe $x' \in A$ tal que $x\#x' = e = x'\#x$, em que e é o elemento neutro para a operação #.

Quando vale a primeira igualdade acima temos um *elemento simétrico à direita*; e quando vale a segunda, temos um *elemento simétrico à esquerda*. Em alguns casos, na adição o elemento simétrico é chamado de *oposto* ou *inverso aditivo*, e denotado por $-x$, para a multiplicação o elemento simétrico é chamado *inverso* ou *inverso multiplicativo* é denotado por x^{-1}.

Exemplos e contraexemplos:

(a) O número 2 é um elemento simetrizável para a adição em ℤ e seu simétrico é -2, pois (-2)+2 = 0 = 2+(-2).

(b) O número 2 é um elemento simetrizável para a multiplicação em ℚ e seu simétrico é ½, pois (½).2 = 1 = 2.(½).

(c) O número 2 não é simetrizável para a multiplicação em ℤ, pois não existe x' ∈ ℤ tal que x'.2 = 1. Nesse caso, 0 (zero) não é simetrizável para a multiplicação, pois não existe x' tal que x'.0 = 1.

Exercício:

53) Seja # uma operação associativa e com elemento neutro. Mostrar que se x tem inverso segundo #, então ele é único.

54) A multiplicação de matrizes em $M_m(\mathbb{R})$ admite tem elementos que não são simetrizáveis. Qual é a condição para que uma matriz quadrada de ordem m seja simetrizável para a multiplicação de matrizes?

55) Qual é a condição para a composição de funções de {f: ℝ → ℝ / φ é função} ser simetrizável??

56) Seja # uma operação com elemento neutro. Mostrar que:

(a) se x é simetrizável, então x' também é simetrizável e (x')' = x;

(b) se # é associativa e x, y ∈ A são simetrizáveis, então (x#y) é simetrizável e (x#y)' = y'#x'.

57) Seja # uma operação com elemento neutro. Mostrar que, para #, existe pelo menos um elemento simetrizável.

P5 Elemento Regular: um elemento x de A é *regular*, segundo a operação #, quando para todos y, z ∈ A tem-se que: [1] x#y = x#z ⇒ y = z e [2] y#x = z#x ⇒ y = z.

Quando vale [1] o elemento x é *regular à esquerda* e quando vale [2] x é *regular à direita*. Se # é comutativa, as condições [1] e [2] são equivalentes.

Exemplos e contraexemplos:

(a) O número 3 é regular para a adição em $\mathbb{Z}$, pois para todos x, y ∈ $\mathbb{Z}$, 3+x = 3+y ⇒ x = y.

(b) O número 0 (zero) não é regular para a multiplicação em $\mathbb{Q}$, pois 0.3 = 0.(-7), contudo 3 ≠ -7.

EXERCÍCIO:

58) Se $M_2(\mathbb{R})$ é o conjunto das matrizes quadradas de ordem 2, mostrar que:

(a) $\begin{pmatrix} 1 & 2 \\ 3 & 4 \end{pmatrix}$

(b) $\begin{pmatrix} 0 & 0 \\ 0 & 1 \end{pmatrix}$ não é regular para a multiplicação.

59) Seja # uma operação associativa e com elemento neutro. Mostrar que se x é simetrizável, então x é regular.

P5 Propriedade Distributiva: sejam # e • duas operações em A. A operação • é distributiva em relação a # quando para todos x, y, z ∈ A valem:

[1] $x \bullet (y \# z) = (x \bullet y) \# (x \bullet z)$ e [2] $(y \# z) \bullet x = (y \bullet x) \# (z \bullet x)$.

Quando vale [1], a operação • é *distributiva à esquerda* de # e quando vale [2] a operação • é *distributiva à direita* de #. Quando • é comutativa, as condições [1] e [2] são equivalentes.

Exemplos e contraexemplos:

(a) Em $\mathbb{R}$, a multiplicação é distributiva em relação à adição.

(b) Em $M_n(\mathbb{R})$, a multiplicação é distributiva em relação à adição.

(c) Em $\mathbb{N}$ a potenciação é distributiva à direita em relação à multiplicação, pois para x, y, n ∈ $\mathbb{N}$, temos que $(x.y)^n = x^n.y^n$, mas não é distributiva à esquerda, pois $2^{3.4} \neq 2^3.2^4$.

Para conjuntos com poucos elementos, as tabelas de dupla entrada podem dar informação rápida e segura.

Exemplos:

(a) Seja E = {-1, 0, 1} e consideremos (E, .):

.	-1	0	1
-1	1	0	-1
0	0	0	0
1	-1	0	1

(b) Dado um conjunto A, uma *permutação* de A é uma função bijetiva φ: A → A. Denotemos por S(A) o conjunto de todas as permutações de A. Assim, a composição é uma operação em S(A).

Quando A = {1, 2, 3} todas as permutações de A são dadas por:

$$\varphi_0 = \begin{pmatrix} 1 & 2 & 3 \\ 1 & 2 & 3 \end{pmatrix}, \quad \varphi_1 = \begin{pmatrix} 1 & 2 & 3 \\ 1 & 3 & 2 \end{pmatrix},$$

$$\varphi_2 = \begin{pmatrix} 1 & 2 & 3 \\ 2 & 1 & 3 \end{pmatrix}, \quad \varphi_3 = \begin{pmatrix} 1 & 2 & 3 \\ 2 & 3 & 1 \end{pmatrix},$$

$$\varphi_4 = \begin{pmatrix} 1 & 2 & 3 \\ 3 & 1 & 2 \end{pmatrix} \text{ e } \varphi_5 = \begin{pmatrix} 1 & 2 & 3 \\ 3 & 2 & 1 \end{pmatrix}.$$

Portanto

$$\varphi_1 o \varphi_2(1) = \varphi_1(\varphi_2(1)) = \varphi_1(2) = 3,$$

$$\varphi_1 o \varphi_2(2) = \varphi_1(\varphi_2(2)) = \varphi_1(1) = 1,$$

$$\text{e } \varphi_1 o \varphi_2(3) = \varphi_1(\varphi_2(3)) = \varphi_1(3) = 2.$$

Em resumo, $\varphi_1 o \varphi_2 = \varphi_4$. Na tabela temos:

o	φ_0	φ_1	φ_2	φ_3	φ_4	φ_5
φ_0	φ_0					
φ_1			φ_4			
φ_2						
φ_3						
φ_4						
φ_5						

EXERCÍCIO:

60) Completar a tabela acima.

61) Determinar se há elemento neutro em (S(A), o).

62) A partir da tabela, estudar as propriedades de (S(A), o).

63) Seja B = $\{a, b\}$. Fazer uma tabela para ($\mathcal{P}$(B), ∩) e ($\mathcal{P}$(B), ∪).

4.6. ESTRUTURAS MATEMÁTICAS

Nesta seção introduziremos as estruturas matemáticas, caracterizadas particularmente por suas constantes, relações e funções em uma versão bastante geral.

Sejam I, J, K ⊆ ℕ*, tal que não ocorre que I = J = ∅. Uma *estrutura* $\mathcal{A}$ é determinada pelo seguinte:

(i) um conjunto não vazio **A**, denominado o *universo* ou *domínio* de $\mathcal{A}$

(ii) uma família $\{R_i^{\mathcal{A}}\}_{i \in I}$ de relações sobre **A**, em que para cada relação $R_i^{\mathcal{A}}$ n-ária, $R_i^{\mathcal{A}} \subseteq \mathbf{A}^n$

(iii) uma família $\{f_j^{\mathcal{A}}\}_{j \in J}$ de operações sobre **A**, ou seja, para $f_j^{\mathcal{A}}$ n-ária, $f_j^{\mathcal{A}}: \mathbf{A}^n \rightarrow \mathbf{A}$

(iv) uma família $\{a_k^{\mathcal{A}}\}_{k \in K}$ de constantes de **A**.

Usamos as letras $\mathcal{A}$, $\mathcal{B}$, $\mathcal{C}$, ... para indicar as estruturas e as letras **A, B, C**, ..., respectivamente, para denotar seus universos.

Indicamos uma estrutura $\mathcal{A}$ por $\mathcal{A} = (\mathbf{A}, \{R_i^{\mathcal{A}}\}_{i \in I}, \{f_j^{\mathcal{A}}\}_{j \in J}, \{a_j^{\mathcal{A}}\}_{k \in K})$.

Sejam $\mathcal{A}$ e $\mathcal{B}$ duas estruturas de mesmo tipo, isto é, com relações, operações e constantes na mesma quantidade e mesma aridade. A estrutura $\mathcal{A}$ é uma *subestrutura* de $\mathcal{B}$ ou $\mathcal{B}$ é uma *extensão* de $\mathcal{A}$ quando:

(i) $\mathbf{A} \subseteq \mathbf{B}$;

(ii) $R_i^{\mathcal{A}}(a_1, ..., a_n) \Leftrightarrow R_i^{\mathcal{B}}(a_1, ..., a_n)$, para todos $a_1, ..., a_n \in \mathbf{A}$ e todo i ∈ I.

(iii) $f_j^{\mathcal{A}}(a_1, ..., a_n) = f_j^{\mathcal{B}}(a_1, ..., a_n)$, para todos $a_1, ..., a_n \in \mathbf{A}$ e todo $j \in J$.

(iv) $a_k^{\mathcal{A}} = a_k^{\mathcal{B}}$, para todo $a_k \in \mathbf{A}$.

Sejam $\mathcal{A}$ e $\mathcal{B}$ duas estruturas de mesmo tipo e $\varphi: \mathcal{A} \to \mathcal{B}$ uma função. A função φ é um *homomorfismo* de $\mathcal{A}$ em $\mathcal{B}$ quando valem as seguintes condições:

(i) se $R_i^{\mathcal{A}}(a_1, ..., a_n)$, então $R_i^{\mathcal{B}}(\varphi(a_1), ..., \varphi(a_n))$, para todos $a_1, ..., a_n \in \mathbf{A}$ e todo $i \in I$.

(ii) se $f_j^{\mathcal{A}}(a_1, ..., a_n) = a$, então $f_j^{\mathcal{B}}(\varphi(a_1), ..., \varphi(a_n)) = \varphi(a)$, para todos $a_1, ..., a_n \in \mathbf{A}$ e todo $j \in J$.

(iv) $\varphi(a_k^{\mathcal{A}}) = a_k^{\mathcal{B}}$, para todo $a_k \in \mathbf{A}$.

Exemplos de estruturas:

(a) Uma estrutura de *ordem parcial* é do tipo $\mathcal{A} = (\mathbf{A}, \leq)$, em que $\mathbf{A}$ é um conjunto não vazio e $\leq$ é uma relação binária sobre $\mathbf{A}$ tal que:

$O\mathcal{P}_1$ $\forall x\ (x \leq x)$

$O\mathcal{P}_2$ $\forall x\ \forall y\ ((x \leq y \land y \leq x) \to (x = y))$

$O\mathcal{P}_3$ $\forall x\ \forall y\ \forall z\ ((x \leq y \land y \leq z) \to (x \leq z))$.

Esse é um exemplo de estrutura relacional que conta apenas com o domínio $\mathbf{A}$ e uma relação binária $\leq$, mas não tem constante ou função envolvida.

(b) Uma estrutura de *ordem linear* ou *total* é do tipo $\mathcal{A} = (\mathbf{A}, \leq)$ em que vale:

OP1-OP3

OL_4 $\forall x\ \forall y\ (x \leq y \lor y \leq x)$.

(c) *Ordens lineares densas*, são ordens totais $\mathcal{A} = (\mathbf{A}, \leq)$ em que vale:

OLD_5 $\forall x \forall y ((x \leq y \land x \neq y) \rightarrow \exists z (x \leq z \land z \leq y \land x \neq z \land z \neq y))$.

(d) *Ordens lineares densas não limitadas*, são ordens lineares densas $\mathcal{A} = (\mathbf{A}, \leq)$ em que valem:

$OLDI_6$ $\forall x \exists y (x \leq y \land y \neq x)$

$OLDI_7$ $\forall x \exists y (y \leq x \land y \neq x)$.

(e) Estruturas de *equivalência* são do tipo $\mathcal{B} = (\mathbf{B}, \equiv)$, em que **B** é um conjunto não vazio e $\equiv$ é uma relação binária sobre **B** tal que:

EQ_1 $\forall x (x \equiv x)$

EQ_2 $\forall x \forall y ((x \equiv y) \rightarrow (y \equiv x))$

EQ_3 $\forall x \forall y \forall z ((x \equiv y \land y \equiv z) \rightarrow (x \equiv z))$.

(f) *Grupos* são estruturas $\mathcal{G} = (G, *, e)$, em que G é um conjunto não vazio e $*$ é uma operação binária sobre G tal que:

G_1 $\forall x \forall y \forall z ((x * y) * z) = (x * (y * z))$

G_2 $\forall x (x * e = x \land e * x = x)$

G_3 $\forall x \exists y (x * y = e \land y * x = e)$.

Um grupo é comutativo quando vale G_4 $\forall x \forall y (x * y = y * x)$.

Esse é um exemplo de estrutura algébrica que conta com uma operação $*$, logo uma função, e uma constante e.

(g) *Anéis* são estruturas $\mathcal{A} = (\mathbf{A}, +, ., 0)$, em que $(\mathbf{A}, +, 0)$ é um grupo comutativo e '.' é uma operação binária sobre **A** tal que:

M_1 $\forall x \forall y \forall z\ ((x . y) . z) = (x . (y . z))$

D_1 $\forall x \forall y \forall z\ (x.(y + z)) = (x.y) + (x.z)$

D_2 $\forall x \forall y \forall z\ ((y + z) . x) = (y.x) + (z.x)$.

Um anel comutativo é um anel em que a operação "." é comutativa. Um anel com unidade "1" é tal que $1 \in A$, e é um elemento neutro para a multiplicação ".".

(h) *Domínios de integridade* são estruturas $\mathcal{D} = (D, +, . , 0, 1)$ em que $(D, +, . , 0, 1)$ é anel comutativo com unidade e vale:

D_9 $\forall x \forall y\ ((x.y = 0) \to (x = 0 \vee y = 0))$.

(i) *Corpos* são domínios de integridade $(K, +, . , 0, 1)$ em que valem:

C_{10} $\forall x\ (x \neq 0 \to \exists y\ (x.y = 1))$

C_{11} $0 \neq 1$.

Pesquisar na literatura matemática para responder as questões seguintes.

EXERCÍCIO:

64) Exemplificar estruturas de grupos Abelianos ou comutativos.

65) Exemplificar as estruturas de corpos ordenados completos tal como $(\mathbb{R}, \leq, +, . , 0, 1)$.

66) Exemplificar as estruturas de reticulados, reticulados distributivos, reticulados complementados e álgebras de Boole.

5. OS NÚMEROS NATURAIS

Ao propormos uma teoria para os números naturais, poderíamos nos remeter ao trabalho de Peano[25], que introduziu, pela primeira vez, um conjunto de axiomas específicos para os números naturais, ou fazê-lo dentro de nossa teoria dos conjuntos. Naturalmente escolhemos essa segunda vertente, mas teremos a oportunidade de compará-la com a versão de Peano.

5.1. Conjuntos Indutivos

Neste capítulo, definiremos os números naturais como conjuntos adequados e convenientes. Embora os números não pareçam, à primeira vista, serem conjuntos, pois são conceitos gerais, abstratos e difíceis de ser manuseados, construiremos conjuntos específicos que servirão, perfeitamente bem, como números.

Isso pode ser feito por diversos caminhos. Em 1908, Zermelo propôs usar a sequência $\emptyset$, $\{\emptyset\}$, $\{\{\emptyset\}\}$, ... como números naturais. Mais tarde, von Neumann[26] propôs uma alternativa que tem algumas vantagens e tem sido o padrão. O princípio da construção de von Neumann é fazer com que cada número natural seja o conjunto de todos os números naturais menores do que ele. Assim, definimos os primeiros cinco números naturais como segue:

$$0 =_{\text{def}} \emptyset,$$

$$1 =_{\text{def}} \{0\} =_{\text{def}} \{\emptyset\},$$

$$2 =_{\text{def}} \{0, 1\} =_{\text{def}} \{\emptyset, \{\emptyset\}\},$$

$$3 =_{\text{def}} \{0, 1, 2\} =_{\text{def}} \{\emptyset, \{\emptyset\}, \{\emptyset, \{\emptyset\}\}\},$$

$$4 =_{\text{def}} \{\emptyset; \{\emptyset\}; \{\emptyset, \{\emptyset\}\}; \{\emptyset, \{\emptyset\}, \{\emptyset, \{\emptyset\}\}\}\}.$$

25 Giuseppe Peano [Nascimento: 27/08/1858 em Cuneo, Piemonte, Itália. Morte: 20/04/1932 em Turin, Itália].

26 John von Neumann [Nascimento: 28/12/1903 em Budapest, Hungria. Morte: 08/02/1957 em Washington D. C., USA].

Desse modo, notamos que o conjunto 3 tem três elementos. Esse conjunto foi selecionado da classe de todos os conjuntos com três elementos para representar o tamanho dos conjuntos daquela classe.

Essa construção dos números naturais, como conjuntos, envolve algumas propriedades um pouco surpreendentes.

Por exemplo:

$$0 \in 1 \in 2 \in 3 \in \ldots \quad \text{e} \quad 0 \subseteq 1 \subseteq 2 \subseteq 3 \subseteq \ldots$$

Embora essas propriedades possam ser vistas como efeitos colaterais ou acidentais da definição, elas não trazem nenhum dano e serão convenientes em alguns momentos.

Apresentamos acima os primeiros cinco números naturais, mas ainda não temos uma definição de número natural, isto é, ainda não definimos o conjunto de todos os números naturais.

Para um conjunto a, seu *sucessor*, denotado por a^+, é definido por:

$$a^+ = a \cup \{a\}.$$

Dado que $a \in a^+$, fica claro que não existe conjunto a cujo sucessor seja $\emptyset$.

Um conjunto A é *indutivo* quando $\emptyset \in A$ e é fechado para a operação sucessor, isto é, se $a \in A$, então $a^+ \in A$.

Segundo a operação sucessor, os primeiros números naturais podem ser caracterizados da seguinte maneira:

$$0 =_{def} \emptyset,\ 1 =_{def} \emptyset^+,\ 2 =_{def} \emptyset^{++},\ 3 =_{def} \emptyset^{+++},\ \ldots, \text{ ou seja,}$$

$$0 = \emptyset,\ 1 = 0^+,\ 2 = 1^+,\ 3 = 2^+,\ \ldots,$$

em que, para todo conjunto a, $a^{++} = (a^+)^+$, $a^{+++} = (a^{++})^+$ e assim sucessivamente.

Embora ainda não tenhamos uma definição cabal de infinito, podemos perceber, informalmente, que qualquer conjunto indutivo é infinito. Também não temos axiomas que determinem a existência de conjuntos infinitos. Assim sendo, ainda não podemos verificar que exista algum conjunto indutivo.

Então, introduzimos o *axioma do infinito* que afirma a existência de um conjunto indutivo, ou seja:

(Ax7) Axioma do infinito: 'Existe um conjunto indutivo':

$$\exists a \, (\emptyset \in a \land \forall x \, (x \in a \rightarrow x^+ \in a))$$

O axioma do infinito garante a existência de pelo menos um conjunto indutivo e com esse axioma podemos introduzir o conceito de número natural:

Cada *número natural* é um conjunto que pertence a todo conjunto indutivo.

Teorema 5.1: Existe um conjunto cujos elementos são exatamente os números naturais.

Demonstração: Pelo axioma do infinito, sabemos que existe um conjunto indutivo A. Pelo axioma esquema da compreensão, existe um conjunto ω tal que para todo x, $x \in \omega \leftrightarrow x \in A \land$ (x pertence a todos os outros conjuntos indutivos). Assim, $x \in \omega$ se, e somente se, x pertence a todo conjunto indutivo. ■

O conjunto dos números naturais, principalmente nos contextos em que estão em destaque os números ordinais, é denotado pela letra ômega ω. Contudo, usaremos a notação usual dos números naturais como um conjunto numérico, a saber, $\mathbb{N}$.

Com isso, $x \in \mathbb{N}$ se, e somente se, x é um número natural. Isto é, se, e somente se, x pertence a todo conjunto indutivo.

A seguir, algumas vezes, usaremos a expressão 'see' no lugar de 'se, e somente se'. Trata-se apenas de uma escolha econômica.

Teorema 5.2: O conjunto $\mathbb{N}$ é indutivo e é um subconjunto de todos os outros conjuntos indutivos.

Demonstração: O conjunto $\emptyset$ pertence a $\mathbb{N}$, pois $\emptyset$ pertence a todo conjunto indutivo. Além disso, se $a \in \mathbb{N}$, então, por definição, a pertence a todo conjunto indutivo e, daí, a^+ pertence a todo conjunto indutivo. Logo, $a^+ \in \mathbb{N}$. Desse modo, $\mathbb{N}$ é indutivo e, por definição, $\mathbb{N}$ está incluído em todos os outros conjuntos indutivos. ■

Desde que $\mathbb{N}$ é indutivo e o conjunto 0 $(= \emptyset)$ está em $\mathbb{N}$, o conjunto 1 $(= \emptyset^+)$ está em $\mathbb{N}$, assim como 2 $(= 1^+)$, 3 $(= 2^+)$ estão em $\mathbb{N}$, então 0, 1, 2 e 3 são números naturais.

Princípio de Indução

Decorre da definição de $\mathbb{N}$ o *Princípio da Indução* para o conjunto $\mathbb{N}$, que afirma: "todo subconjunto indutivo de $\mathbb{N}$ coincide com $\mathbb{N}$". Isso significa que, se $B \subseteq \mathbb{N}$ é tal que $0 \in B$ e se $a \in B$ implica $a^+ \in B$, então $B = \mathbb{N}$.

De fato, seja B um subconjunto indutivo de $\mathbb{N}$. Assim, temos $B \subseteq \mathbb{N}$ e, de acordo com o Teorema 5.2, $\mathbb{N} \subseteq B$. Portanto, $B = \mathbb{N}$.

Teorema 5.3: Todo número natural, com exceção do 0, é sucessor de algum número natural.

Demonstração: Seja $B = \{n \in \mathbb{N} \ / \ n = 0 \lor (\exists p \in \mathbb{N})\ (n = p^+)\}$. Então $0 \in B$ e se $n \in B$, então $n^+ \in B$. Assim, pelo princípio da indução, $B = \mathbb{N}$. Também temos que $0 = p^+$ é falso, pois não existe p cujo sucessor seja $\emptyset$. ■

Em muitas situações, para se demonstrar que uma propriedade referente aos números naturais vale para todos eles, podemos aplicar o princípio da indução, ou seja, comprovamos que o conjunto dos naturais que verificam essa propriedade é indutivo. Esse procedimento é frequentemente utilizado em demonstrações e recebe o nome de *indução matemática*. De forma explícita, para provar que para todo $n \in \mathbb{N}$ vale $Q(n)$, basta verificar que:

(i) Q(0) é válida; e

(ii) se vale Q(n), para $n \in \mathbb{N}$, então também vale $Q(n^+)$.

5.2. Os Postulados de Peano

Em 1889, Peano publicou um trabalho em que os números naturais são apresentados em uma versão axiomática. O trabalho mostra como as propriedades dos números naturais podem ser desenvolvidas a partir de um pequeno número de axiomas. Peano atribuiu essa formulação de axiomas a Dedekind, mas esse sistema de axiomas é conhecido como "postulados de Peano".

Seja s uma função e A é um subconjunto do Dom(s). O conjunto A é *fechado* segundo s (ou para s) quando: $x \in A \Rightarrow s(x) \in A$.

Assim, se A é fechado para s, então $s(A) \subseteq A$.

Um *sistema de Peano* é uma terna (N, s, c) em que N é um conjunto, s é uma função $s: N \to N$ e c é um elemento de N, tal que:

(i) $c \notin Im(s)$;

(ii) s é injetiva;

(iii) qualquer subconjunto A de N que contém c e é fechado segundo s coincide com o conjunto N.

A condição (iii) é conhecida como "postulado da indução de Peano".

A função s e o elemento c determinam uma sequência única: c, s(c), s(s(c)), s(s(s(c))), ...

O postulado da indução permite a substituição do "e assim por diante", dado pelos três pontos ..., por uma condição precisa da teoria dos conjuntos, a qual estabelece que nenhum subconjunto próprio dos naturais contém c e é fechado segundo s.

A seguir, verificamos que $\mathbb{N}$ com o elemento zero "0" e a operação sucessor determinam um sistema de Peano.

Um conjunto A é *transitivo* quando todo elemento de um elemento de A é também elemento de A, isto é:

$$x \in a \wedge a \in A \Rightarrow x \in A.$$

Proposição 5.4: As condições abaixo são equivalentes para um conjunto A:

(i) A é transitivo

(ii) $\cup A \subseteq A$;

(iii) $a \in A \Rightarrow a \subseteq A$;

(iv) $A \subseteq \mathcal{P}(A)$;

(v) $\cup(A^+) = A$.

Demonstração: Fica como exercício. ■

EXERCÍCIO:

1) Demonstrar a Proposição 5.4.

2) Mostrar que o conjunto $\emptyset$ é transitivo.

Contraexemplos:

(a) O conjunto $\{\emptyset, \{\{\emptyset\}\}\}$ não é transitivo, pois $\{\emptyset\} \in \{\{\emptyset\}\} \in \{\emptyset, \{\{\emptyset\}\}\}$, mas $\{\emptyset\} \notin \{\emptyset, \{\{\emptyset\}\}\}$.

(b) O conjunto $\{0, 1, 5\}$ não é transitivo, desde que $4 \in 5 \in \{0, 1, 5\}$, enquanto $4 \notin \{0, 1, 5\}$.

Teorema 5.5: Cada número natural é um conjunto transitivo.

Demonstração: Demonstração por indução.

Seja $B = \{n \in \mathbb{N} \mid n$ é um conjunto transitivo$\}$. Devemos mostrar que B é indutivo, ou seja, $B = \mathbb{N}$.

Do exercício (2), acima, $0 \in B$. Agora, se $n \in B$, então n é transitivo e, pela Proposição 5.4 (v), $\bigcup(n^+) = n$, em que segue $\bigcup(n^+) \subseteq n^+$ e, daí, pela Proposição 5.4 (ii), temos que $n^+ \in B$. Assim, B é indutivo. ■

Seja σ a operação de sucessor para $\mathbb{N}$:

$$\sigma : \mathbb{N} \to \mathbb{N}, \sigma(n) = n^+$$

Proposição 5.6: A terna $(\mathbb{N}, \sigma, 0)$ é um sistema de Peano.

Demonstração: Desde que $\mathbb{N}$ é indutivo, temos que $0 \in \mathbb{N}$ e $\sigma: \mathbb{N} \to \mathbb{N}$ está bem definida. (iii) O postulado da indução de Peano segue do princípio da indução de $\mathbb{N}$, que quando aplicado a $(\mathbb{N}, \sigma, 0)$, afirma que todo subconjunto A de $\mathbb{N}$ que contém 0 e é fechado segundo σ coincide com o próprio $\mathbb{N}$. (i) Claramente $0 \notin \mathrm{Im}(\sigma)$, pois $n^+ \neq \emptyset$. (ii) Resta mostrar que σ é injetiva. Se $m^+ = n^+$ para $m, n \in \mathbb{N}$, então $\bigcup(m^+) = \bigcup(n^+)$. Mas, como m e n são conjuntos transitivos, da Proposição 5.4 (v), temos que $\bigcup(m^+) = m$ e $\bigcup(n^+) = n$ e, dessa maneira, $m = n$, ou seja, σ é injetiva. ■

Teorema 5.7: O conjunto $\mathbb{N}$ é transitivo.

Demonstração: Para mostrarmos que $\mathbb{N}$ é transitivo usaremos a Proposição 5.4 (iii), ou seja, provaremos que: $(\forall n \in \mathbb{N})\ (n \subseteq \mathbb{N})$. Essa demonstração será feita com ajuda do princípio da indução.

Seja $B = \{n \in \mathbb{N} \ / \ n \subseteq \mathbb{N}\}$. Certamente $0 \in B$, pois $\emptyset \subseteq \mathbb{N}$. Agora, se $n \in B$, então $n \in \mathbb{N}$ e $n \subseteq \mathbb{N}$. De $n \in \mathbb{N}$ obtemos $\{n\} \subseteq \mathbb{N}$, e sendo $n \subseteq \mathbb{N}$ e $\{n\} \subseteq \mathbb{N}$ conclui-se que $n^+ = n \cup \{n\} \subseteq \mathbb{N}$, ou seja, $n^+ \in B$. Logo, B é indutivo e, portanto, coincide com $\mathbb{N}$. ■

Segue do teorema anterior que cada número natural é o conjunto de todos os números naturais menores que ele.

5.3. RECURSÃO EM $\mathbb{N}$

Seja A um conjunto não vazio. Poderíamos tentar definir uma função $\sigma: \mathbb{N} \rightarrow A$ da seguinte maneira: (i) fornecendo $a \in A$ tal que $\sigma(0) = a$, (ii) indicando uma função $\varphi: A \rightarrow A$ tal que, para todo $n \in \mathbb{N}$, $\sigma(n^+) = \varphi(\sigma(n))$. De fato, teríamos $\sigma(0) = a$, $\sigma(1) = \varphi(\sigma(0)) = \varphi(a)$, $\sigma(2) = \varphi(\sigma(1)) = \varphi(\varphi(a))$ e assim sucessivamente.

Exemplo:

(a) Seja $A = \mathbb{Q}$ o conjunto dos racionais. Dados $a = 1/3 \in A$ e $\varphi = \{(x, x/2) \ / \ x \in \mathbb{Q}\}$, teríamos $\sigma(0) = 1/3$, $\sigma(1) = \varphi(1/3) = 1/6$, $\sigma(2) = \varphi(1/6) = 1/12$, $\sigma(3) = \varphi(1/12) = 1/24$, e assim sucessivamente. Nesse caso é possível mostrar que $\sigma = \{(n, 1/(3.2^n)) \ / \ n \in \mathbb{N}\}$.

O teorema seguinte estabelece que o procedimento que acabamos de descrever realmente define uma função σ em $\mathbb{N}$.

Teorema 5.8: (*Teorema da recursão sobre* $\mathbb{N}$) Seja A um conjunto, $a \in A$ e $\varphi: A \rightarrow A$ uma função. Então existe uma única função $\sigma: \mathbb{N} \rightarrow A$ tal que: $\sigma(0) = a$ e, para todo n em $\mathbb{N}$, $\sigma(n^+) = \varphi(\sigma(n))$.

Demonstração: Denominamos aqui uma função ψ de *enumerativa* quando ψ satisfaz: (i) $(0, a) \in \psi$; (ii) $\mathrm{Dom}(\psi) \subseteq \mathbb{N}$; (iii) $\mathrm{Im}(\psi) \subseteq A$; (iv) se $n^+ \in \mathrm{Dom}(\psi)$, então $n \in \mathrm{Dom}(\psi)$ e $\psi(n^+) = \varphi(\psi(n))$.

Seja D a coleção de todas as funções enumerativas. Como $\{(0, a)\}$ é uma função *enumerativa*, então $D \neq \emptyset$. Seja $\sigma = \cup D$. Temos que $(n, y) \in \sigma$ se, e somente se, para alguma função enumerativa ψ, $(n, y) \in \psi$. Isto é, se, e somente se, para alguma função enumerativa ψ, $\psi(n) = y$. Temos também que $Dom(\psi) \subseteq \mathbb{N}$ e $Im(\psi) \subseteq A$.

Mostraremos que σ é a função procurada, ou seja, (1) σ é uma função; (2) σ é enumerativa; (3) $Dom(\sigma) = \mathbb{N}$ e (4) unicidade.

(1) σ é uma função.

Seja $B = \{n \in \mathbb{N}$ / existe no máximo um y tal que $(n, y) \in \sigma\}$.

Verificamos que B é indutivo. Certamente, há pelo manos um y tal que $(0, y) \in \sigma$, pois $\{(0, a)\}$ é uma função enumerativa.

Agora, se $(0, y) \in \sigma$ e $(0, z) \in \sigma$, então existem ψ_1 e ψ_2 enumerativas tais que $\psi_1(0) = y$ e $\psi_2(0) = z$. Mas por (i), segue que $y = a = z$ e, portanto, $0 \in B$.

Consideremos que $k \in B$, portanto, existe ψ enumerativa tal que $k \in Dom(\psi)$. Se $k^+ \notin Dom(\psi)$, podemos definir uma função enumerativa ψ_1 por $\psi_1 = (k^+, y) \cup \psi$, para algum $y \in A$. Assim, $(k^+, y) \in \sigma$. Se $(k^+, y) \in \sigma$ e $(k^+, z) \in \sigma$, devem existir ψ_1 e ψ_2 enumerativas tais que $\psi_1(k^+) = y$ e $\psi_2(k^+) = z$. Pela condição (iv), segue que: $y = \psi_1(k^+) = \varphi(\psi_1(k))$ e $z = \psi_2(k^+) = \varphi(\psi_2(k))$. E como $k \in B$, então $\psi_1(k) = \psi_2(k)$. Assim, $y = \varphi(\psi_1(k)) = \varphi(\psi_2(k)) = z$, ou seja, $\psi_1(k^+) = \psi_2(k^+)$ e, portanto, $y = z$. Isso mostra que $k^+ \in B$ e, por isso, B é indutivo, como $B \subseteq \mathbb{N}$, pelo Teorema 5.2, B coincide com $\mathbb{N}$ e, consequentemente, σ é uma função.

(2) A função σ é enumerativa.

Já vimos que $(0, a) \in \sigma$, $\mathrm{Dom}(\sigma) \subseteq \mathbb{N}$ e $\mathrm{Im}(\sigma) \subseteq A$. Se $n^+ \in \mathrm{Dom}(\sigma)$, então existe alguma função enumerativa ψ com $\psi(n^+) = \sigma(n^+)$. Como ψ é enumerativa, temos que $n \in \mathrm{Dom}(\psi)$ e $\psi(n^+) = \varphi(\psi(n))$. Além disso, desde que $(n, \psi(n)) \in \sigma$, temos que $\sigma(n)$ existe. Daí, $\sigma(n^+) = \psi(n^+) = \varphi(\psi(n)) = \varphi(\sigma(n))$.

(3) $\mathrm{Dom}(\sigma) = \mathbb{N}$. Está feito em (1).

(4) Unicidade.

Suponhamos que, além de $\sigma = \cup D$, existe $\sigma_1 : \mathbb{N} \to A$ tal que $\sigma_1(0) = a$ e, para todo $n \in \mathbb{N}$, vale $\sigma 1(n^+) = \varphi(\sigma_1(n))$. Seja B o conjunto no qual σ_1 e σ_2 coincidem, ou seja, $B = \{n \in \mathbb{N} \, / \, \sigma_1(n) = \sigma_2(n)\}$. A comprovação de que B é indutivo fica como exercício.

Assim, $B = \mathbb{N}$ e, portanto, $\sigma_1 = \sigma_2$. ■

Exercício:

3) Completar o item (4) acima.

Teorema 5.9: Se (N, s, c) é um sistema de Peano, então existe uma função bijetiva σ de $\mathbb{N}$ em N que preserva a operação sucessor e o elemento zero, isto é, $\sigma(n^+) = s(\sigma(n))$ e $\sigma(0) = c$.

Demonstração: Pelo Teorema da Recursão, existe uma única função $\sigma : \mathbb{N} \to N$ tal que $\sigma(0) = c$ e, para todo $n \in \mathbb{N}$, $\sigma(n^+) = s(\sigma(n))$.

Para mostrarmos que Im(σ) = N, usamos o postulado da indução para (N, s, c). Certamente, c ∈ Im(σ). Além disso, se x ∈ Im(σ), então existe algum n tal que x = σ(n) e, como $s(x) = \sigma(n^+)$, então s(x) ∈ Im(σ). Portanto, pelo postulado da indução de Peano aplicado para Im(σ), temos que Im(σ) = N.

Para mostrarmos que σ é injetiva usamos indução em ℕ. Seja B = {n ∈ ℕ / para todo m ∈ ℕ, se m ≠ n, então σ(m) ≠ σ(n)}.

Verifiquemos que 0 ∈ B. Faremos isso por redução ao absurdo. Suponhamos que existe $m \in \mathbb{N}^*$ tal que σ(m) = σ(0). De acordo com o Teorema 5.3, existe p ∈ ℕ tal que $m = p^+$. Portanto, $s(\sigma(p)) = \sigma(p^+) = \sigma(m) = \sigma(0) =$ c. Isso contradiz o primeiro postulado de Peano, o qual estabelece que c ∉ Im(s). Portanto, não existe número natural m ≠ 0 tal que σ(m) = σ(0), ou seja, 0 ∈ B.

Agora verificaremos que sempre que n ∈ B vale $n^+ \in B$. Seja n ∈ B, isto é, para todo m ∈ ℕ, se σ(m) = σ(n), então m = n. Precisamos provar que, para todo q ∈ ℕ, se σ(q) = $\sigma(n^+)$, então $q = n^+$. Isso é válido para q = 0, pois σ(0) = $\sigma(n^+)$ significa $n^+ = 0$, que é falso. Por outro lado, se q ≠ 0, então existe p ∈ ℕ tal que $q = p^+$. Portanto, $\sigma(p^+) = \sigma(n^+)$, ou seja, s(σ(p)) = s(σ(n)). Consequentemente, como s é injetiva, σ(p) = σ(n). E levando em conta que n ∈ B, concluímos que p = n. Finalmente, obtemos $q = p^+ = n^+$.

Concluindo, B é indutivo e, portanto, coincide com ℕ e, consequentemente, σ é injetiva. ■

5.4. A Aritmética de ℕ

Agora aplicamos o teorema da recursão para definirmos diversas operações sobre ℕ.

Por exemplo, se queremos uma função A_5: $\mathbb{N} \rightarrow \mathbb{N}$, tal que $A_5(n) = 5 + n$, então A_5 deve satisfazer as condições: $A_5(0) = 5$, $A_5(n^+) = (A_5(n))^+$, para cada $n \in \mathbb{N}$. Nesse caso, de acordo com o teorema da recursão, φ é a função sucessor e σ é a função A_5.

Esse teorema nos garante a existência de uma única função satisfazendo a condição desejada. Em geral, para cada $m \in \mathbb{N}$, existe uma única função A_m: $\mathbb{N} \rightarrow \mathbb{N}$, para a qual:

$$A_m(0) = m$$

$$A_m(n^+) = (A_m(n))^+, \text{ para } n \text{ em } \mathbb{N}.$$

A *adição* em $\mathbb{N}$ é a operação binária "+" que para quaisquer m, $n \in \mathbb{N}$ tem-se:

$$m+n = A_m(n).$$

Com isso, podemos escrever a adição como uma relação:

$$+ = \{((m, n), p) \;/\; m, n \in \mathbb{N} \text{ e } p = A_m(n)\}.$$

Como é usual, escrevemos $m+n$ em lugar de $+(m, n)$ ou $((m, n), A_m(n))$.

Teorema 5.10: Para os números naturais m e n valem:

(A_1) $m+0 = m$

(A_2) $m+n^+ = (m+n)^+$. ■

Esse teorema é uma consequência imediata da construção de A_m. Também, (A_1) e (A_2) servem para caracterizar a operação binária + de modo recursivo.

Exemplo:

(a) Temos $2+2 = 4$, como os cálculos seguintes demonstram: $2+0 = 2$, por (A_1), e então por (A_2), $2+1 = 2+0^+ = (2+0)^+ = 2^+ = 3$ e $2+2 = 2+1^+ = (2+1)^+ = 3^+ = 4$.

A operação de multiplicação é definida de modo semelhante. Primeiro aplicamos o teorema da recursão para obtermos as funções $M_m: \mathbb{N} \to \mathbb{N}$, nas quais $M_m(n)$ é o resultado da multiplicação de m por n. Especificamente, para cada $m \in \mathbb{N}$ existe, segundo o teorema da recursão, uma única função $M_m: \mathbb{N} \to \mathbb{N}$, tal que:

$$M_m(0) = 0$$

$$M_m(n^+) = M_m(n)+m, \text{ para n em } \mathbb{N}.$$

A *multiplicação* em $\mathbb{N}$ é uma operação binária tal que, para todos $m, n \in \mathbb{N}$:

$$m.n = M_m(n).$$

Teorema 5.11: Para os números naturais m e n:

(M_1) $m.0 = 0$

(M_2) $m.n^+ = m.n+m$. ■

As funções M_m foram usadas para definir a operação "." de multiplicação, e não aparecerão novamente no restante da teoria.

A operação de *exponenciação* sobre $\mathbb{N}$ é definida por:

(E_1) $m^0 = 1$ e $0^m = 0$, para todo $m \in \mathbb{N}^*$.

(E_2) $m^{n^+} = m^n.m$, para quaisquer $m, n \in \mathbb{N}$, com $m \neq 0$ ou $n \neq 0$.

Conhecidas as operações básicas da aritmética, verificamos algumas leis esperadas da aritmética dos números naturais.

Lema 5.12:

(i) $0 + n = n$, para todo $n \in \mathbb{N}$;

(ii) $m^+ + n = (m+n)^+$, para todos m e $n \in \mathbb{N}$.

Demonstração:

(i) Seja $B = \{n \in \mathbb{N} \ / \ 0+n = n\}$. Mostraremos, por indução, que $B = \mathbb{N}$. Por (A_1), $0 \in B$. Agora, consideremos que $n \in B$. Assim, por (A_2), $0+n^+ = (0+n)^+ = n^+$, pois $n \in B$. Logo, $n^+ \in B$ e, portanto B é indutivo e, assim, $B = \mathbb{N}$.

(ii) Seja $m \in \mathbb{N}$ e $B = \{n \in \mathbb{N} \ / \ m^+ + n = (m+n)^+\}$. Novamente, mostraremos que $B = \mathbb{N}$, por indução. Se $n = 0$, então, por (A_1), $m^+ + 0 = m^+ = (m+0)^+$. Assim, $0 \in B$. Além disso, se $n \in B$, então por (A_2), $m^+ + n^+ = (m^+ + n)^+ = (m+n)^{++} = (m+n^+)^+$. Isso quer dizer que $n^+ \in B$ e, assim, B é indutivo, portanto, $B = \mathbb{N}$. ■

Teorema 5.13: As seguintes identidades são válidas para todos os números naturais:

(i) Associatividade de +: $m+(n+p) = (m+n)+p$;

(ii) Comutatividade de +: $m+n = n+m$;

(iii) Distributividade de . para +: $m.(n+p) = (m.n)+(m.p)$;

(iv) Associatividade de . : $m.(n.p) = (m.n).p$;

(v) Comutatividade de . : $m.n = n.m$.

Demonstração: Cada item é obtido por indução. De um modo geral, quando uma função é construída pelo teorema da recursão, as propriedades gerais da função podem ser verificadas por indução.

(i) Faremos a demonstração por indução sobre p, isto é, consideraremos números naturais m e n quaisquer. Consideremos o conjunto $B = \{p \in \mathbb{N} \ / \ m+(n+p) = (m+n)+p\}$. Primeiro verificamos que $0 \in B$. De fato, $m+(n+0) = m+n = (m+n)+0$. Se $p \in B$, ou seja, $m+(n+p) = (m+n)+p$, então $(m+n)+p^+ = ((m+n)+p)^+ = (m+(n+p))^+ = m+(n+p)^+ = m+(n+p^+)$. Assim, $p^+ \in B$, B é um conjunto indutivo e, portanto, $B = \mathbb{N}$.

(ii) Demonstraremos a propriedade comutativa por indução sobre m, isto é, consideraremos qualquer $n \in \mathbb{N}$ e analisaremos o conjunto $C = \{m \in \mathbb{N} \ / \ m+n = n+m\}$. Pelo lema anterior, $0+n = n = n+0$. Logo, $0 \in C$. Agora, quando $m \in C$, temos $m+n = n+m$ e, pelo lema anterior, que $m^{+}+n = (m+n)^{+} = (n+m)^{+} = n+m^{+}$. Desse modo, $m \in C \Rightarrow m^{+} \in C$. Conclui-se que C é um conjunto indutivo e, portanto, $C = \mathbb{N}$.

(iii) Apresentamos uma demonstração por indução sobre p. Para isso, consideraremos quaisquer m e n em $\mathbb{N}$ e analisaremos o conjunto $B = \{p \in \mathbb{N} \ / \ m.(n+p) = (m.n)+(m.p)\}$. Constata-se facilmente que $0 \in B$, pois, segundo (A_1) e (M_1), $m.(n+0) = m.n = (m.n)+0 = (m.n)+(m.0)$. Agora, suponhamos que $p \in B$. Então: $m.(n+p^{+}) = m.(n+p)^{+} = (m.(n+p))+m = (m.n+m.p)+m = m.n+(m.p+m) = m.n+m.p^{+}$. Isso significa que $p^{+} \in B$. Assim, B é um conjunto indutivo e, portanto, $B = \mathbb{N}$.

(iv) A propriedade será demonstrada por indução sobre p. Para quaisquer m e n em $\mathbb{N}$, analisaremos o conjunto $B = \{p \in \mathbb{N} \ / \ m.(n.p) = (m.n).p\}$. De acordo com (M_1), temos $m.(n.0) = m.0 = 0 = (m.n).0$. Portanto, $0 \in B$. Agora, se $p \in B$, então, $m.(n.p) = (m.n).p$ e $m.(n.p^{+}) = m.(n.p+n) = m.(n.p)+m.n = (m.n).p+ (m.n) = (m.n).p^{+}$. Dessa forma, $p \in B \Rightarrow p^{+} \in B$. Conclui-se que B é um conjunto indutivo e, portanto, $B = \mathbb{N}$.

(v) Para fazer a demonstração, são consideradas válidas as seguintes proposições: [1] $0.n = 0$, para todo $n \in \mathbb{N}$, e [2] $m^{+}.n = m.n + n$, para quaisquer $m, n \in \mathbb{N}$. A verificação da validade delas é deixada como exercício ao leitor.

Faremos a prova por indução sobre m. Sejam $n \in \mathbb{N}$ e $C = \{m \in \mathbb{N} \ / \ m.n = n.m\}$. Segundo [1] e (M_1),

$0.n = 0 = n.0$. Logo, $0 \in C$. Agora, quando $m \in C$, tem-se que $m.n = n.m$ e, de acordo com [2], $m^+.n = m.n+n = n.m+n = n.m^+$. Desse modo, $m^+ \in C$, o conjunto C é indutivo e, finalmente, $C = \mathbb{N}$. ■

EXERCÍCIO:

4) Mostrar que valem: [1] $0.n = 0$, para todo $n \in \mathbb{N}$, e [2] $m^+.n = m.n + n$, para quaisquer $m, n \in \mathbb{N}$.

5.5. A ORDEM DE $\mathbb{N}$

Os números naturais são definidos de modo que um número menor sempre pertence a outro maior, por exemplo, $4 \in 7$. Com isso, temos uma definição simples de ordem sobre $\mathbb{N}$.

Dados dois números naturais m e n, o número m é *menor que* n quando $m \in n$. O número m é *menor ou igual* a n quando $m \in n$ ou $m = n$.

Denotamos essas relações por $<$ e $\leq$ e, assim,

i) $m < n \Leftrightarrow m \in n$ e

ii) $m \leq n \Leftrightarrow m < n$ ou $m = n$.

Exercício:

5) Sejam p e k números naturais. Mostrar que:

(a) $p < k^+ \Leftrightarrow p \leq k$

(b) $p < k \Leftrightarrow p^+ \leq k$.

A partir do exercício acima podemos estabelecer o seguinte fato: todo número natural é o conjunto de todos os números naturais menores que ele, isto é, $n = \{x \in \mathbb{N} \ / \ x < n\}$.

Desde que $\mathbb{N}$ é um conjunto transitivo, temos que $x \in n \in \mathbb{N} \Rightarrow x \in \mathbb{N}$.

Assim, temos uma relação de ordem estrita sobre $\mathbb{N}$. É a relação dada pelo conjunto dos pares ordenados $\in_{\mathbb{N}}$ definido por:

$$\in_{\mathbb{N}} = \{(m, n) \in \mathbb{N}\times\mathbb{N} \ / \ m \in n\}.$$

Como cada número natural é um conjunto transitivo, temos para $m, n, p \in \mathbb{N}$:

$$m \in n \text{ e } n \in p \Rightarrow m \in p, \text{ ou seja,}$$

$$m < n \text{ e } n < p \Rightarrow m < p.$$

É imediato que também valem:

(i) $m \leq n$ e $n \leq p \Rightarrow m \leq p$;

(ii) $m \leq n$ e $n < p \Rightarrow m < p$;

(iii) $m < n$ e $n \leq p \Rightarrow m < p$.

Proposição 5.14:

(i) Para todos m, n $\in \mathbb{N}$: $m < n \Leftrightarrow m^+ < n^+$;

(ii) Nenhum número natural é elemento de si mesmo.

Demonstração:

(i) ($\Leftarrow$) Lembrando que $m < n \Leftrightarrow m \in n$, consideremos que $m^+ < n^+$. Então, $m < m^+ \leq n$ e, portanto, $m < n$.

($\Rightarrow$) Demonstração por indução sobre n. Consideremos $m \in \mathbb{N}$, e $B = \{n \in \mathbb{N} \mid m < n \Rightarrow m^+ < n^+\}$.

Certamente $0 \in B$, pois $m < 0$ é falso para todo $m \in \mathbb{N}$. Agora, seja $n \in B$. Devemos mostrar que $n^+ \in B$, ou seja, sempre que $m < n^+$, vale $m^+ < n^{++}$.

Seja $m < n^+$. Temos então $m = n$ ou $m < n$. Se $m < n$, como $n \in B$ então $m^+ < n^+ < n^{++}$, logo, $m^+ < n^{++}$. Se $m = n$ então $m^+ = n^+ < n^{++}$. Assim, nos dois casos, temos que $m^+ < n^{++}$, portanto, $n^+ \in B$. Desse modo, B é indutivo, portanto coincide com $\mathbb{N}$.

(ii) Seja $B = \{n \in \mathbb{N} \mid n \notin n\}$.

Como 0 não tem elementos, temos $0 \in B$. E pela parte (i), se $n \notin n$, então $n^+ \notin n^+$. Portanto, B é indutivo e coincide com $\mathbb{N}$. ■

Teorema 5.15: (*Lei da tricotomia para* $\mathbb{N}$) Para quaisquer números naturais m e n, vale exatamente uma das três condições seguintes: (i) $m < n$, (ii) $m = n$, (iii) $n < m$.

Demonstração: Apenas uma condição pode ser válida, pois se $m < n$ e $m = n$, então $m < m$, ou seja, $m \in m$, o que contraria a proposição anterior. Também, se $m < n < m$, pela transitividade temos que $m < m$, ocasionando a mesma contradição.

Resta mostrar que pelo menos uma das condições vale. Mais uma vez será feito por indução em n. Sejam $m \in \mathbb{N}$ e $B = \{n \in \mathbb{N} \mid m < n \text{ ou } m = n \text{ ou } n < m\}$.

Para mostrarmos que $0 \in B$, verificamos que $0 \leq m$, para todo m. Isso será feito mediante indução em m. Claramente $0 \leq 0$ e se $0 \leq m$, como $0 < 0^+$ e, pela proposição anterior, $0^+ < m^+$. Assim, pela transitividade, $0 < m^+$. Portanto, $0 \in B$.

Agora, seja $n \in B$. Então, temos $m \leq n < n^+$ ou $n < m$. Se $n < m$, então pela proposição anterior $n^+ < m^+$ e, assim, $n^+ \leq m$. Assim, em qualquer caso, $m < n^+$ ou $n^+ = m$ ou $n^+ < m$. Logo, $n^+ \in B$ e B é indutivo e, portanto $B = \mathbb{N}$. ■

Relembrando, um conjunto A é um *subconjunto próprio* de B se A é um subconjunto de B e A é diferente de B.

Denotamos isso por: $A \subset B \Leftrightarrow A \subseteq B$ e $A \neq B$.

A ordem de $\mathbb{N}$, definida anteriormente, pode também ser caracterizada pela relação de inclusão (subconjunto).

Proposição 5.16: Para todos os números naturais m e n:

(i) $m \leq n \Leftrightarrow m \subseteq n$;

(ii) $m < n \Leftrightarrow m \subset n$.

Demonstração:

(i) Desde que n é um conjunto transitivo: $m \leq n \Leftrightarrow m \in n$ ou $m = n \Leftrightarrow m \subseteq n$, pela Proposição 5.4. (ii) Se $m < n$, então a inclusão é própria conforme a Proposição 5.14. Por outro lado, se $m \subset n$, então $m \neq n$. Pela tricotomia, ou $m < n$ ou $n < m$. Porém, se $n < m$, então $n \in m$. Como m é transitivo, obtemos $n \subseteq m$, o que contradiz a suposição $m \subset n$. Assim, $m < n$. ■

Pela proposição anterior, como $0 = \emptyset \subseteq n$, para todo $n \in \mathbb{N}$, então 0 é o menor elemento de $\mathbb{N}$. O teorema seguinte mostra que a adição e a multiplicação em $\mathbb{N}$ preservam a ordem.

Teorema 5.17: Para quaisquer números naturais $m, n, p \in \mathbb{N}$:

(i) $m < n \Leftrightarrow m+p < n+p$,

(ii) Para todo $p \neq 0$, $m < n \Leftrightarrow m.p < n.p$.

Demonstração:

(i) Faremos a prova por indução em p. Seja $B = \{p \in \mathbb{N} \mathbin{/} m < n \Leftrightarrow m+p < n+p\}$. De acordo com (A_1), $0 \in B$. Além disso, se $p \in B$, então $m < n \Leftrightarrow m+p < n+p$, mas pela Proposição 5.14 e (A_2), $m+p < n+p \Leftrightarrow (m+p)^+ < (n+p)^+ \Leftrightarrow m+p^+ < n+p^+$. Assim $m < n \Leftrightarrow m+p^+ < n+p^+$, ou seja, $p^+ \in B$. Portanto, $B = \mathbb{N}$.

(ii) $(\Rightarrow)$ Faremos a prova por indução em p, supondo que $m < n$. Seja $B = \{p \in \mathbb{N} \mathbin{/} p = 0 \text{ ou } m.p < n.p\}$. É imediato que $0 \in B$. Além disso, se $p \in B$ e $p \neq 0$, então $m.p < n.p$, mas pelo item (i), $m.p < n.p \Leftrightarrow m.p+m < n.p+m$ e, e pelo item (i) e pela comutatividade da adição, $m < n \Leftrightarrow n.p+m < n.p+n$. Agora, pela transitividade, $m.p+m < n.p+n$, ou seja, $m.p^+ < n.p^+$, por (M_2). Assim $p^+ \in B$, completando a indução.

$(\Leftarrow)$ Sejam m, n e p naturais, $p \neq 0$ tais que $m.p < n.p$. Temos que $m \neq n$ e se $n < m$ então, por $(\Rightarrow)$, $n.p < m.p$, o que contradiz a suposição $m.p < n.p$. Pela tricotomia, $m < n$. ■

Proposição 5.18: A seguinte lei de cancelamento é válida para m, n e $p \in \mathbb{N}$:

(i) $m+p = n+p \Rightarrow m = n$

(ii) $p \neq 0$ e $m.p = n.p \Rightarrow m = n$.

Demonstração: Aplicar a tricotomia e o teorema anterior. ■

Teorema 5.19: (*Boa ordem de* $\mathbb{N}$) O par $(\mathbb{N}, \leq)$ é uma boa ordem, ou seja, se A é um subconjunto não vazio de $\mathbb{N}$, então A tem um elemento mínimo.

Demonstração: Se $0 \in A$, então 0 é o menor elemento de A. Agora, se $0 \notin A$, seja $B = \{m \in \mathbb{N} \ / \ m < n$ para todo $n \in A\}$. Como por hipótese, $A \neq \emptyset$, então existe $n \in A$. Logo, $n \notin B$ e, portanto, $B \neq \mathbb{N}$. Além disso, como $0 < n$, para todo $n \in A$, então $0 \in B$. Desde que $B \neq \mathbb{N}$, então B não é um subconjunto indutivo de $\mathbb{N}$ e, portanto, não ocorre que $m \in B \Rightarrow m^+ \in B$. Assim, existe $m \in B$ tal que $m^+ \notin B$, ou seja, m é menor que todo elemento de A e existe $n \in A$ tal que $n \geq m^+$. Agora, $m < n$ e, pelo Exercício 4 (b), $m^+ \leq n$. Segue daí que $m^+ = n \in A$ e, para todo $p \in A$, $m^+ \leq p$, isto é, m^+ é o elemento mínimo de A. ■

O teorema anterior afirma que qualquer subconjunto não vazio de $\mathbb{N}$ tem um menor elemento ou elemento mínimo.

Corolário 5.20: Não existe função $\varphi: \mathbb{N} \to \mathbb{N}$ tal que $\varphi(n^+) < \varphi(n)$, para todo $n \in \mathbb{N}$.

Demonstração: Em caso contrário, a imagem de φ seria um subconjunto não vazio de $\mathbb{N}$ sem o menor elemento, o que contradiz a boa ordem de $\mathbb{N}$. ■

A ordenação de $\mathbb{N}$ pode ser usada em um segundo princípio da indução.

Teorema 5.21: (*Princípio da indução forte para* $\mathbb{N}$) Seja A um subconjunto de $\mathbb{N}$ que satisfaz:

(i) $0 \in A$;

(ii) para cada $m \in \mathbb{N}$, se $n \in A$ para todo $n < m$, então que $m \in A$.

Então $A = \mathbb{N}$.

Demonstração: Suponhamos o contrário, que $A \neq \mathbb{N}$. Então $\mathbb{N}-A \neq \emptyset$ e, pela boa ordem é $\mathbb{N}$, existe um menor número m de $\mathbb{N}-A$. Desde que m é o mínimo de $\mathbb{N}-A$, então todos os números menores do que m estão em A. Pela hipótese do teorema, $m \in A$ o que contradiz o fato que $m \in \mathbb{N}-A$. ■

O princípio da boa ordem oferece uma alternativa para as demonstrações por indução. Suponhamos que queremos mostrar que uma afirmação vale para todo número natural. Em vez de formarmos o conjunto dos números para os quais a afirmação é verdadeira, consideramos o conjunto de números para os quais ela é falsa, isto é, o conjunto C de contraexemplos. Com isso, para se mostrar que $C = \emptyset$, é suficiente verificar que C não pode ter um menor elemento.

EXERCÍCIOS:

6) Para $m, n, r, s \in \mathbb{N}^*$, mostrar que:
   (a) $n^r \in \mathbb{N}$ (b) $n^r.n^s = n^{r+s}$
   (c) $n^r.m^r = (n.m)^r$ (d) $(n^r)^s = n^{r.s}$

7) Mostrar que não existe $n \in \mathbb{N}$, tal que $0 < n < 1$. [Sugestão: Considerar $S = \{n \in \mathbb{N} \ / \ 0 < n < 1\}$ e supor $S \neq \emptyset$. Tomar s como o menor elemento de S e verificar que $s^2 < s$ e $s^2 \in S$].

8) Seja a um conjunto transitivo. Mostrar que são transitivos os conjuntos a^+, $\mathcal{P}(a)$ e $\bigcup a$.

9) Mostrar que se $\mathcal{P}(a)$ é transitivo, então a é transitivo.

10) Se $m, n \in \mathbb{N}$ são tais que $m.n = 0$, então mostrar que $m = 0$ ou $n = 0$.

11) Mostrar que nenhum número natural é subconjunto de qualquer de seus elementos.

12) Quando m, p $\in \mathbb{N}$, mostrar que $m < m+p^+$.

13) Sejam m, n $\in \mathbb{N}$ tais que $m < n$. Mostrar que existe p $\in \mathbb{N}$ tal que $m+p^+ = n$.

14) Sejam m, n, p, q $\in \mathbb{N}$ tais que $m + n = p + q$. Mostrar que $m < p \Leftrightarrow q < n$.

6. OS NÚMEROS INTEIROS

Neste capítulo estendemos o conjunto dos números naturais $\mathbb{N}$ para o conjunto dos números inteiros $\mathbb{Z}$.

Embora, usualmente, entendemos que o conjunto dos números naturais está incluso no conjunto dos números inteiros, segundo a construção que faremos, observaremos uma interpretação particular para essa extensão, pois $\mathbb{N}$ não é exatamente um subconjunto de $\mathbb{Z}$, mas o conjunto $\mathbb{Z}$ deve incluir uma 'cópia isomórfica' de $\mathbb{N}$.

O conjunto dos números naturais tem algumas limitações. Por exemplo, para $x \in \mathbb{N}$, a equação $3 + x = 2$ não tem solução. Faremos então a construção de um conjunto $\mathbb{Z}$, o conjunto dos inteiros $\mathbb{Z} = \{..., -3, -2, -1, 0, 1, 2, 3, ...\}$, que inclui além dos naturais $\{0, 1, 2, 3, ...\}$, também números negativos, tal que para todo par de elementos $m, n \in \mathbb{Z}$, a equação $m + x = n$ sempre tenha solução. A construção desse conjunto é feita a partir do conjunto dos números naturais.

Um número inteiro negativo pode ser determinado a partir de dois números naturais por meio da subtração, do seguinte modo: $5-6$, $3-8$, etc. Diante disso, podemos entender o inteiro -1 como o par de números naturais $(5, 6)$ e o inteiro -5 como o par $(3, 8)$. Contudo, existem muitas ocorrências de pares ordenados que geram o mesmo valor, pois -1 poderia ser calculado por:

$$2-3 = 5-6 \text{ e } (2, 3) \neq (5, 6).$$

Para resolver tal situação, definiremos uma relação de equivalência $\equiv$, tal que $(2, 3) \equiv (5, 6) \equiv (0, 1) \equiv ...$ e, daí, teremos a classe de equivalência $[(2, 3)] = [(0, 1)]$.

A seguir, por questão de simplicidade notacional, indicaremos a classe $[(m, n)]$ apenas por $[m, n]$.

Nesse contexto, o inteiro -1 é uma classe de equivalência e o conjunto $\mathbb{Z}$ de todos os números inteiros, coincide com o conjunto de todas essas classes de equivalência, isto é:

$$\mathbb{Z} = \mathbb{N}\times\mathbb{N}/\equiv.$$

Ao vermos um par ordenado como uma diferença e considerarmos a equivalência mencionada, a qual será definida em seguida, temos que os pares (m, n) e (p, q) são equivalentes se, e somente se, $m - n = p - q$ se, e somente se, $m+q = p+n$. Desde que a subtração não está definida em $\mathbb{N}$, então não podemos utilizá-la formalmente, mas apenas, intuitivamente.

Assim, definimos a relação $\equiv$ sobre $\mathbb{N}\times\mathbb{N}$:

$$(m, n) \equiv (p, q) \Leftrightarrow m+q = p+n.$$

Teorema 6.1: A relação $\equiv$ é uma relação de equivalência sobre $\mathbb{N}\times\mathbb{N}$.

Demonstração: Certamente $\equiv$ é reflexiva e simétrica. Para a transitividade, consideremos que $(m, n) \equiv (p, q)$ e $(p, q) \equiv (r, s)$, isto é, $m+q = p+n$ e $p+s = q+r$. Daí, $m+q+p+s = p+n+r+q$ e, pelo cancelamento, obtemos $m+s = r+n$, ou seja, $(m, n) \equiv (r, s)$. Convém notarmos que foram usadas a associatividade e comutatividade da adição de $\mathbb{N}$. ■

6.1. A ARITMÉTICA DE $\mathbb{Z}$

O conjunto $\mathbb{Z}$ dos *números inteiros* é o conjunto $\mathbb{Z} = \mathbb{N}\times\mathbb{N}/\equiv$ das classes de equivalência de pares de naturais conforme a relação $\equiv$ definida acima.

Observemos que $[m, n] = [p, q] \Leftrightarrow (m, n) \equiv (p, q) \Leftrightarrow m+q = p+n$.

Pretendemos que o inteiro 2 seja a classe de equivalência $[2, 0] = \{(2, 0), (3, 1), (4, 2), ...\}$ e o inteiro -3 seja a classe de equivalência $[0, 3] = \{(0, 3), (1, 4), (2, 5), ...\}$. Assim, $[2, 0] = [3, 1] = ...$ e $[0, 3] = [1, 4] = ...$.

Agora, precisamos dotar $\mathbb{Z}$ de uma operação de adição $+$ que opere do modo usual.

Como, a seguir, trataremos de outros conjuntos numéricos, precisamos deixar claro que embora falemos, por exemplo, da adição dos naturais e da adição dos inteiros, que são distintas e, dessa forma, deveriam ser denotadas de modo distinto, como $+_{\mathbb{N}}$ e $+_{\mathbb{Z}}$, em geral não o faremos, pois dividimos os conjuntos numéricos em capítulos. Contudo, os leitores devem ter essa atenção, pois estaremos definindo a adição dos inteiros $\mathbb{Z}$ a partir da adição dos naturais $\mathbb{N}$ e o mesmo vale para os demais conjuntos numéricos e respectivas operações.

Para dois inteiros $a = [m, n]$ e $b = [p, q]$ a *adição* é definida por:

$$a + b= [m, n] + [p, q] = [m+p, n+q].$$

Precisamos verificar que a adição está bem definida, ou seja, que a escolha de outros representantes (m', n') e (p', q') das classes de a e b resultam na mesma classe de equivalência para a soma.

Proposição 6.2: Se $[m, n] = [m', n']$ e $[p, q] = [p', q']$, então $[m + p, n + q\} = \{m' + p', n' + q']$.

Demonstração:

Por hipótese temos que $m+n' = m'+n$ e $p+q' = p'+q$ e, daí, somando termo a termo, temos $m+p+n'+q' = m'+p'+n+q$, ou seja, $[m+p, n+q] = [m'+p', n'+q']$. ■

As propriedades familiares da adição tais como a comutatividade e a associatividade seguem das propriedades correspondentes à adição dos números naturais.

Teorema 6.3: A operação de adição $+$ é comutativa e associativa, ou seja, para todos $a, b, c \in \mathbb{Z}$: (i) $a+b = b+a$ e (ii) $(a+b)+c = a+(b+c)$.

Demonstração: Sejam $a = [m, n]$ e $b = [p, q]$, para m, n, p, q $\in \mathbb{N}$. Então, pela comutatividade da adição de $\mathbb{N}$, temos $a+b = [m, n] + [p, q] = [m+p, n+q] = [p+m, q+n] = [p, q] + [m, n] = b+a$. ■

EXERCÍCIO:

1) Justificar a associatividade.

O elemento *zero* dos inteiros é a classe $0_z = [0, 0]$.

É imediato que $[0, 0] = [n, n]$, para todo n natural.

Teorema 6.4:

(i) 0_z é o único *elemento neutro* para a adição dos inteiros, isto é, $a + 0_z = a$, para todo $a \in \mathbb{Z}$;

(ii) Para todo inteiro a, existe um inteiro b tal que $a+b = 0$.

Demonstração:

(i) Se e é outro elemento neutro para a adição, então $e = e + o_z = o_z$.

(ii) Dado um inteiro $a = [m, n]$, considerando-se $b = [n, m]$, temos que $a+b = [m+n, n+m] = [0, 0] = 0_z$. ■

Dado um inteiro a, o inteiro b tal que $a+b = 0_z$ é chamado *inverso aditivo* ou *oposto* de a.

Os teoremas anteriores indicam que $\mathbb{Z}$ com a operação de adição + e o elemento neutro 0_z constituem um *grupo comutativo* ou *abeliano*.

O conceito de grupo comutativo é fundamental para a álgebra abstrata, pois neles podemos resolver as primeiras equações algébricas.

Proposição 6.5: O oposto de cada inteiro é único.

Demonstração: Queremos verificar que se $a+b = 0_z$ e $a+b' = 0_z$, então $b = b'$. Basta então observarmos que:

$$b = b + 0_z = b + (a + b') = (b + a) + b' = 0_z + b' = b'. \blacksquare$$

O oposto de a é denotado por $-a$.

Como $[m, n] = -[n, m]$, podemos introduzir a seguinte definição:

A operação de *subtração* de b por a é dada por:

$$b - a = b + (-a).$$

Agora desejamos definir a multiplicação de $\mathbb{Z}$. Para que coincida com a noção usual de multiplicação, queremos que ocorra:

$$(m-n).(p-q) = (m.p+n.q) - (m.q+n.p).$$

Assim, para dois inteiros $a = [m, n]$ e $b = [p, q]$ a *multiplicação* é definida por:

$$a \,.\, b = [m, n] \,.\, [p, q] = [m.p + n.q, m.q + n.p].$$

A partir desse momento, em muitas ocasiões nesse texto, indicaremos um produto $a.b$ penas por ab.

Mais uma vez, devemos verificar que a multiplicação está bem definida sobre as classes de equivalência.

Proposição 6.6: Se $[m, n] = [m', n']$ e $[p, q] = [p', q']$, então $(mp + nq, mq + np) \equiv (m'p'+ n'q', m'q' + n'q')$.

Demonstração: Por hipótese, temos [1] $m+n' = m'+n$ e [2] $p+q' = p'+q$:

Multiplicando [1] por p: $mp+n'p = m'p+np$

Multiplicando [1] por q: $mq+n'q = m'q+nq$

Somando de forma cruzada, obtemos [3]: mp+n'p+m'q+nq = m'p+np+mq+n'q

Multiplicando [2] por m': m'p+m'q' = m'p'+m'q

Multiplicando [2] por n': n'p+n'q' = n'p'+n'q

Somando de modo cruzado, fica [4]: m'p+m'q'+n'p'+n'q = m'p'+m'q+n'p+n'q'

Somando [3] e [4] e simplificando: mp+nq+m'q'+n'p' = m'p'+n'q'+mq+np.

Logo, (mp+nq, mq+np) ≡ (m'p'+n'q', m'q'+n'p'). ■

Do mesmo modo como para a adição, também devemos mostrar as propriedades básicas da multiplicação.

Teorema 6.7: A operação de multiplicação "." é comutativa, associativa e distributiva em relação à adição +, isto é, para todos a, b, $c \in \mathbb{Z}$:

(i) $a.b = b.a$

(ii) $(a.b).c = a.(b.c)$

(iii) $a.(b+c) = (a.b)+(a.c)$.

Demonstração:

(i) Seja a = [m, n] e b = [p, q]. Para a lei comutativa de $\mathbb{N}$, temos: $a.b$ = [mp+nq, mq+np] = [pm+qn, pn+qm] = $b.a$.
Similarmente obtemos (ii) e (iii), ao considerarmos c = [r, s]. ■

Exercício:

2) Completar a demonstração do Teorema 6.7.

O elemento neutro da multiplicação ou o *um* é a classe $1_z =_{def}$ [1, 0].

Teorema 6.8:

(i) O inteiro 1_z é o único elemento neutro multiplicativo, isto é, $a.\ 1_z = a$, para todo inteiro a.

(ii) $0_z \neq 1_z$.

Demonstração: O item (i) é um cálculo trivial. Para (ii), basta verificarmos que $[0, 0] \neq [1, 0]$, pois em $\mathbb{N}$, $0 + 0 \neq 0 + 1$. ■

Na terminologia algébrica, o conjunto $\mathbb{Z}$ com as operações + e ., e as constantes 0_z e 1_z determinam um *domínio de integridade*. Isso significa que:

(i) $(\mathbb{Z}, +, 0_z)$ é um grupo comutativo.

(ii) A multiplicação "." é comutativa, associativa e distributiva em relação à adição.

(iii) 1_z é a identidade multiplicativa, distinta de 0_z, e não existe divisor próprio do zero, ou seja, se $a.b = 0_z$, então $a = 0_z$ ou $b = 0_z$. Esse resultado será mostrado mais adiante.

6.2. A Ordem de Z

A seguir, apresentamos a relação de ordem usual sobre $\mathbb{Z}$.

A *relação de ordem* em $\mathbb{Z}$ é definida por:

$$[m, n] < [p, q] \Leftrightarrow m+q < p+n.$$

Devemos observar que $[m, n] < [0, 0] \Leftrightarrow m < n$; $[m, n] = [0, 0] \Leftrightarrow m = n$ e $[0, 0] < [m, n] \Leftrightarrow n < m$.

Precisamos checar que essa condição fornece uma boa definição para a relação de ordem sobre $\mathbb{Z}$.

Segundo a definição acima, para $a = [m, n]$ e $b = [p, q]$, temos que $a < b$ se, e somente se, $m+q < p+n$, quando m, n, p e $q \in \mathbb{N}$. Embora tenhamos uma infinidade de possíveis escolhas, devemos verificar que temos sempre o mesmo resultado para cada escolha.

Lema 6.9: Se $[m, n] = [m', n']$ e $[p, q] = [p', q']$, então $m+q < p+n \Leftrightarrow m'+q' < p'+n'$.

Demonstração: A hipótese nos fornece as equações: $m+n' = m'+n$ e $p+q' = p'+q$.

Assim, $m+q < p+n \Leftrightarrow m+q+n'+q' < p+n+n'+q' \Leftrightarrow m+n'+q+q' < p+q'+n+n' \Leftrightarrow m'+n+q+q' < p'+q+n+n' \Leftrightarrow m'+q' < p'+n'$. ■

Teorema 6.10: A relação $<$ em $\mathbb{Z}$ é transitiva e obedece a lei da tricotomia.

Demonstração: Para a transitividade, consideramos os inteiros $a = [m, n]$, $b = [p, q]$ e $c = [r, s]$. Então: $a < b$ e $b < c \Rightarrow m+q < p+n$ e $p+s < r+q \Rightarrow m+q+s < p+n+s$ e $p+s+n < r+q+n \Rightarrow m+q+s < r+q+n \Rightarrow m+s < r+n \Leftrightarrow a < c$.

Agora, para a tricotomia, devemos obter exatamente uma das afirmações seguintes: $a < b$, $a = b$ ou $b < a$. Mas isso quer dizer que vale exatamente uma das condições $m+q < p+n$, $m+q = p+n$ ou $p+n < m+q$ e isso decorre da tricotomia dos números naturais. ■

A relação $>$ entre inteiros define-se como a relação inversa de $<$, isto é, para quaisquer inteiros a e b: $a > b \Leftrightarrow b < a$.

Um inteiro b é *positivo* quando $b > 0_z$.

É imediato que $b < 0_z$ se, e somente se, $-b > 0_z$. Assim, uma consequência da tricotomia é o fato que para qualquer inteiro b, exatamente uma das três alternativas vale: b é positivo, b é zero ou $-b$ é positivo.

Quando $-b$ é positivo dizemos que b é *negativo*.

Se $b = [r, s] > 0_z$, então r > s. Logo, existe t natural tal que $r = s + t^+$. Assim, $[r, s] = [s+ t^+, s] = [t^+, 0]$. Com isso temos que se $b > 0_z$, então podemos tomar $b = [r, 0]$, com r > 0. Analogamente, se $b < 0_z$, podemos tomar $b = [0, r]$, com r > 0.

O próximo resultado mostra-nos que a adição de um inteiro e a multiplicação por um inteiro positivo preservam a ordem.

Proposição 6.11: Para todos inteiros a, b e c temos:

(i) $a < b \Leftrightarrow a + c < b + c$

(ii) se $c > 0_z$, então $a < b \Leftrightarrow a.c < b.c$

(iii) se $c < 0_z$, então $a < b \Leftrightarrow a.c > b.c$

(iv) $(-a).b = a.(-b) = -(a.b)$

(v) $a.0_z = 0_z$

(vi) Se $a.b = 0_z$, então $a = 0_z$ ou $b = 0_z$

(vii) $a \leq b \Leftrightarrow a - b \leq 0_z$.

Demonstração: Sejam $a = [m, n]$, $b = [p, q]$ e $c = [r, s]$.

(i) $a < b \Leftrightarrow m+q < p+n \Leftrightarrow m+r+q+s < p+r+n+s \Leftrightarrow a + c < b + c$.

(ii) Se $c > 0_z$, podemos considerar $c = [r, 0]$ e r > 0. Assim, $a < b \Leftrightarrow m+q < p+n \Leftrightarrow (m + q).r < (p + n).r \Leftrightarrow m.r + q.r < p.r + n.r \Leftrightarrow [m.r, n.r] < [p.r, q.r] \Leftrightarrow a.c < b.c$.

(iii, iv, v e vii) ficam como exercícios.

(vi) Pela contra-positiva, se $a \neq 0_z$ e $b \neq 0_z$, então $a.b \neq 0_z$. Temos de considerar dois casos para a: $a < 0_z$ ou $a > 0_z$ e dois casos para b: $b < 0_z$ ou $b > 0_z$ e obtermos, desse modo, quatro possibilidades. Se $a < 0_z$ e $b < 0_z$, então $(-a) > 0_z$ e, por (ii), obtemos $(-a).b < (-a).\ 0_z = 0_z$, ou seja, $-(a.b) < 0_z$. Logo, $a.b > 0_z$ e $a.b \neq 0_z$. As justificativas dos outros casos são análogas. ■

EXERCÍCIO:

3) Demonstrar as proposições (iii), (iv), (v) e (vii) do Teorema 6.11.

Corolário 6.12: Para todos inteiros a, b e c vale a lei do cancelamento:

(i) $a + c = b + c \Rightarrow a = b$;

(ii) $a.c = b.c$ e $c \neq 0 \Rightarrow a = b$.

Demonstração: Fica como exercício. ■

EXERCÍCIO:

4) Demonstrar o corolário anterior.

6.3. A Identificação de $\mathbb{N}$ e $\mathbb{Z}_+$

Embora $\mathbb{N}$ não seja realmente um subconjunto de $\mathbb{Z}$, o conjunto dos inteiros $\mathbb{Z}$ tem um subconjunto que pode ser identificado com $(\mathbb{N}, +, . , <)$.

Consideremos a função $\varphi: \mathbb{N} \to \mathbb{Z}_+$ definida por $\varphi(n) = [n, 0]$, em que $\mathbb{Z}_+ = \{[n, 0] / n \in \mathbb{N}\}$. Como já vimos, $[n, 0] > [0,0] \Leftrightarrow n > 0$ e $[n, 0] = [0, 0] \Leftrightarrow n = 0$. Assim, dizemos que $\mathbb{Z}_+$ é o conjunto dos inteiros não negativos, lembrando que um inteiro $[n, m]$, com $n < m$, é um inteiro negativo.

Por exemplo, $\varphi(0) = [0, 0]$, $\varphi(1) = [1, 0]$, $\varphi(2) = [2, 0]$ ...

Teorema 6.13: A função $\varphi: \mathbb{N} \to \mathbb{Z}_+$ definida acima é bijetiva e, para todos os números naturais m e n, satisfaz as seguintes propriedades:

(i) $\varphi(m+n) = \varphi(m) + \varphi(n)$.

(ii) $\varphi(m.n) = \varphi(m) . \varphi(n)$.

(iii) $m < n \Leftrightarrow \varphi(m) < \varphi(n)$.

Demonstração: Por definição φ é sobrejetiva e de fato $\mathbb{Z}_+$ é a imagem de φ. A função φ é injetiva, pois $\varphi(m) = \varphi(n) \Rightarrow [m, 0] = [n, 0] \Rightarrow m + 0 = n + 0 \Rightarrow m = n$. Os itens (i), (ii) e (iii) ficam como exercício. ■

Exercício:

5) Mostrar que valem (i), (ii) e (iii) do Teorema 6.13.

O teorema anterior nos diz que a função φ é um *isomorfismo,* isto é, φ é bijetiva e preserva as operações de adição e multiplicação e também preserva a ordem da estrutura $(\mathbb{N}, +, . , <)$ na estrutura

($\mathbb{Z}_+$, +, . , <). Diante disso, consideramos $\mathbb{Z}_+$ como uma cópia de $\mathbb{N}$ em $\mathbb{Z}$, ou seja, consideramos $\mathbb{N}$ como um subconjunto de $\mathbb{Z}$ ao identificarmos $\mathbb{N}$ com $\mathbb{Z}_+$.

Agora podemos dar um complemento preciso para a nossa motivação de que a classe [m, n] seria a diferença m−n. Para quaisquer m, n naturais, $[m, n] = [m, 0] + [0, n] = [m, 0] - [n, 0] = \varphi(m) - \varphi(n)$.

Doravante, identificaremos $\mathbb{N}$ com $\mathbb{Z}_+$ e, para todo n natural, denotaremos [n, 0] por n e [0, n] por −n. Assim, se $n \in \mathbb{N}^*$, então n denota um inteiro positivo, -n um inteiro negativo e 0 é o 0_z.

No capítulo anterior vimos que $\mathbb{N}$ com sua ordem natural é uma boa ordem. No entanto, a ordem definida acima para $\mathbb{Z}$ não é uma boa ordem. De fato, para todo inteiro a existe outro inteiro $b = a$-1 que é menor que a. Portanto, $\mathbb{Z}$ não tem elemento mínimo. Mesmo assim, dado um conjunto não vazio de inteiros, se esse conjunto é *limitado inferiormente*, isto é, se existe um inteiro menor que todos os elementos desse conjunto, então ele tem elemento mínimo. Como exemplos desse tipo de subconjuntos de $\mathbb{Z}$ temos os conjunto $\mathbb{N}$ e $\{-4, -1\} \cup \mathbb{N}$. No próximo capítulo veremos que o conjunto dos números racionais, lá introduzido, não partilha essa propriedade.

Teorema 6.14: Todo subconjunto de $\mathbb{Z}$ não vazio e limitado inferiormente tem elemento mínimo.

Demonstração: Seja $\emptyset \neq A \subseteq \mathbb{Z}$ e limitado inferiormente. Então, existe $c \in \mathbb{Z}$, tal que $c \leq a$, para todo $a \in A$. Seja $S = \{a\text{-}c \mid a \in A\}$. Então, $\emptyset \neq S \subseteq \mathbb{Z}_+ = \mathbb{N}$ e, pela boa ordem de $\mathbb{N}$, S tem o elemento mínimo a_0-c, com $a_0 \in A$. Daí, para todo $a \in A$, temos que $a_0 - c \leq a - c$ e, portanto, $a_0 \leq a$, ou seja, a_0 é o mínimo de A. ■

Exercícios:

6) Para $a, b \in \mathbb{Z}$, mostrar que:

(a) $a > b \Leftrightarrow a-b > 0$ (b) $a > 0 \Leftrightarrow -a < 0$

(c) $a > b \Leftrightarrow -a < -b$ (d) $-(a+b) = -a-b$

(e) $-(-a) = a$ (f) $(-a)(-b) = ab$.

7) Mostrar que $\mathbb{Z}$ é arquimediano, isto é, dados $a, b \in \mathbb{Z}$, com $a \neq 0$, existe $d \in \mathbb{Z}$, tal que $d.a > b$.

Para $n \in \mathbb{Z}^*$ e $r \in \mathbb{Z}_+$, a *potência* de n é definida recursivamente por: $n^0 = 1$ e $n^{r+1} = n^r.n$, quando n^r está definido.

Exercícios:

8) Mostrar, por indução, que $n^p \in \mathbb{Z}$, quaisquer que sejam $n, p \in \mathbb{Z}$, com $p \geq 0$.

9) Para $m, n, r, s \in \mathbb{Z}$, com $r \geq 0$ e $s \geq 0$, mostrar que:

(a) $n^r.n^s = n^{r+s}$ (b) $n^r.m^r = (n.m)^r$

(c) $(n^r)^s = n^{r.s}$ (d) $n^{2r} \geq 0$

(e) $n^{2r+1} > 0 \Leftrightarrow n > 0$.

10) Mostrar que para todo $m \in \mathbb{Z}$, $m. 0 = 0$.

11) Mostrar que para $m, n \in \mathbb{Z}$: $m.(-n) = (-m).n = - m.n$.

7. OS NÚMEROS RACIONAIS

De maneira semelhante à que estendemos o conjunto dos naturais $\mathbb{N}$ para obtermos o conjunto dos inteiros $\mathbb{Z}$, também estendemos o conjunto dos inteiros para atingirmos o conjunto dos números racionais $\mathbb{Q}$.

Na construção dos números inteiros, os números negativos foram introduzidos com o objetivo de dar solução às equações da forma $m + x = n$, em que $m, n \in \mathbb{N}$. Entretanto, equações da forma $m.x = n$, com $m, n \in \mathbb{Z}$ e $m \neq 0$, nem sempre têm soluções em $\mathbb{Z}$. Um dos objetivos da construção seguinte é ampliar o conjunto dos números inteiros de forma que tais equações tenham sempre solução. Assim, acrescentamos, ao conjunto dos números inteiros, os números fracionários.

Procedemos, de maneira intuitiva, no sentido de associar o par (s, m) com a solução da equação $m.x = s$, isto é, associar (s, m) com a fração s/m.

Um número racional será determinado a partir de dois números inteiros e uma divisão da seguinte maneira: $1/2$, $-3/4$, $8/4$. Do mesmo modo que na construção dos inteiros, cada racional tem uma multiplicidade de representantes, por exemplo, $1/3 = 3/9 = 5/15$.

Uma *fração* é um par ordenado de inteiros em que o primeiro componente é o *numerador* e o segundo componente é o *denominador*, o qual tem que ser diferente de 0.

Para um par de frações (1, 2) e (6, 12) definimos uma relação de equivalência ~, em que (1, 2) ~ (6, 12). Para que $a/b = c/d$ precisamos ter $a.d = c.b$ e, desse modo, essa é a relação escolhida para ~.

Sejam $\mathbb{Z}^* = \mathbb{Z} - \{0\}$ o conjunto dos inteiros distintos de zero e $\mathbb{Z} \times \mathbb{Z}^*$ o conjunto de todas as frações. A relação ~ sobre $\mathbb{Z} \times \mathbb{Z}^*$ é definida por:

$$(a, b) \sim (c, d) \Leftrightarrow a.d = c.b.$$

Teorema 7.1: A relação $\sim$ é uma equivalência sobre $\mathbb{Z}\times\mathbb{Z}^*$.

Demonstração: A relação $\sim$ é claramente reflexiva e simétrica. Para a transitividade, consideremos que $(a, b) \sim (c, d)$ e $(c, d) \sim (e, f)$. Daí, $a.d = c.b$ e $c.f = e.d$. Multiplicando a primeira equação por f e a segunda por b, obtemos $a.d.f = c.b.f$ e $c.f.b = e.d.b$. Disso concluímos que $a.d.f = e.d.b$ e, portanto, $a.f = e.b$. Assim, $(a, b) \sim (e, f)$. ■

O conjunto $\mathbb{Q}$ dos *números racionais* é o conjunto $(\mathbb{Z}\times\mathbb{Z}^*)/_\sim$ de todas as classes de equivalência da relação $\sim$ de $\mathbb{Z}\times\mathbb{Z}^*$.

Denotamos a classe de equivalência do elemento (a, b) por $a/b = \{(c, d) \ / \ (c, d) \sim (a, b)\}$. Assim, $a/b = c/d \Leftrightarrow a.d = b.c$ e desde que $1.8 = 4.2$, então $1/2 = 4/8$.

O racional *zero* é a classe $0_\mathbb{Q} = 0/1$ e o racional *um* é a classe $1_\mathbb{Q} = 1/1$. É imediato verificar que para todo $n \neq 0$ inteiro, $0/n = 0_\mathbb{Q}$ e $n/n = 1_\mathbb{Q}$.

Esses dois números racionais são distintos, pois $0.1 \neq 1.1$.

7.1. A ARITMÉTICA DE $\mathbb{Q}$

Como já sabemos o que são os números racionais, devemos agora determinar as operações de adição e multiplicação de racionais e verificar que coincidem com a concepção usual que temos sobre os números racionais.

A *adição* de dois racionais a/b e c/d é definida por:

$$a/b + c/d = (ad + cb)/bd.$$

Desde que $b \neq 0$ e $d \neq 0$, então $b.d \neq 0$ e, portanto, $(ad+cb, bd)$ é uma fração. Como usualmente, devemos verificar que a operação de adição $+$ está bem definida para as classes de equivalência.

Proposição 7.2: Se $(a, b) \sim (a', b')$ e $(c, d) \sim (c', d')$, então $(ad+cb, bd) \sim (a'd'+c'b', b'd')$.

Demonstração: De $(a, b) \sim (a', b')$ e $(c, d) \sim (c', d')$, temos $ab' = a'b$ e $cd' = c'd$. Multiplicando, respectivamente, por dd' e bb', obtemos $ab'dd' = a'bdd'$ e $cd'bb' = c'dbb'$. Dessa maneira, $ab'dd' + bb'cd' = a'bdd' + bb'c'd$ e, daí, $(ad + cb).b'd' = (a'd'+c'b').bd$, ou seja, $(ad+cb, bd) \sim (a'd'+c'b', b'd')$. ■

Em $\mathbb{Q}$, temos que $1/4 + 2/3 = (1.3 + 2.4)/4.3 = 11/12$.

Teorema 7.3:

(i) A adição + é associativa: $(q+r)+s = q+(r+s)$;

(ii) A adição + é comutativa: $r+s = s+r$;

(iii) O zero $0_{\mathbb{Q}}$ é um elemento neutro para a adição +: para todo $r \in \mathbb{Q}$, $r+0_{\mathbb{Q}} = r$;

(iv) Todo elemento de $\mathbb{Q}$ admite um elemento oposto: para todo $r \in \mathbb{Q}$ existe $s \in \mathbb{Q}$, tal que $r + s = 0_{\mathbb{Q}}$.

Demonstração:

(i) Consideremos três números racionais a/b, c/d e e/f. Então $(a/b + c/d) + e/f = (ad + cb)/bd + e/f = ((ad + cb)f + e(bd))/(bd)f = (adf + cbf + ebd)/ bdf$. Por outro lado, $a/b + (c/d + e/f) = a/b + (cf + ed)/df = (a(df) + (cf + ed)b)/b(df) = (adf + cfb + edb)/bdf$, o que coincide com o cálculo anterior.

(ii) Para a comutatividade: $a/b + c/d = (ad + cb)/bd = (cb + ad)/db = c/d + a/b$, pela comutatividade de $\mathbb{Z}$.

(iii) Dado $r = a/b$, temos que $r + 0_{\mathbb{Q}} = a/b + 0/1 = (a.1 + 0.b)/b.1 = a/b = r$.

(iv) Para $r = a/b$, seja $s = -a/b$. Então $r + s = (a.b - a.b)/bb = 0/bb = 0_{\mathbb{Q}}$. ■

Decorre da proposição anterior que $(\mathbb{Q}, +, 0_\mathbb{Q})$ é um grupo abeliano e, como em todo grupo abeliano, o elemento inverso de r é único, então será denotado por $-$r e, assim, $-(a/b) = -a/b$.

A *multiplicação* de dois racionais a/b e c/d é definida por:

$$a/b \,.\, c/d = (ac)/(bd).$$

Agora, verificamos que essa operação de multiplicação está bem definida.

Proposição 7.4: Se $a/b = a'/b'$ e $c/d = c'/d'$, então $(ac)/(bd) = (a'c')/(b'd')$.

Demonstração:

Como $ab' = a'b$ e $cd' = c'd$, então $(ab').(cd') = (a'b).(c'd)$, ou seja, $(ac).(b'd') = (a'c').(bd)$. ■

Exemplo:

(a) Lembrando que $1_\mathbb{Q} = 1/1$, podemos ver que 1 é um elemento neutro da multiplicação, isto é, $r \,.\, 1_\mathbb{Q} = r$, para todo número racional r. Seja $r = a/b$, então $r \,.\, 1_\mathbb{Q} = a/b \,.\, 1/1 = a.1/b.1 = a/b = r$. Também verificamos que $r.\, 0_\mathbb{Q} = a/b \,.\, 0/1 = 0/b = 0_\mathbb{Q}$.

Teorema 7.5: Sejam p, q, r $\in \mathbb{Q}$:

(i) A multiplicação de racionais é associativa: (p.q).r = p.(q.r);

(ii) A multiplicação de racionais é comutativa: q.r = r.q;

(iii) A multiplicação é distributiva em relação à adição: p.(q+r) = (p.q)+(p.r).

Demonstração:

(iii) Sejam $p = a/b$, $q = c/d$ e $r = e/f$ três números racionais. Então $p.(r+s) = a/b.(c/d + e/f) = a/b.\, (cf + ed)\ /df = (acf + aed)\ /bdf = (acbf + aebd)\ /bdbf$

$= ac/bd + ae/bf = (a/b \,.\, c/d) + (a/b \,.\, e/f) = (p.q) + (p.r)$. ■

Exercício:

1) Fazer a demonstração de (i) e (ii).

Segue dos resultados anteriores que $(\mathbb{Q}, +, ., 0_{\mathbb{Q}}, 1_{\mathbb{Q}})$ é um anel comutativo com elemento unidade $1_{\mathbb{Q}}$. Uma nova propriedade dos racionais é a existência de inversos.

Proposição 7.6: Em $\mathbb{Q}$, para todo $r \neq 0_{\mathbb{Q}}$, existe um $q \neq 0_{\mathbb{Q}}$, tal que, $r.q = 1_{\mathbb{Q}}$.

Demonstração: Como $r \neq 0_{\mathbb{Q}}$, existem inteiros $a \neq 0$ e $b \neq 0$ tais que $r = a/b$. Se $q = b/a$, então $q \neq 0_{\mathbb{Q}}$ e $r.q = ab/ab = 1/1 = 1_{\mathbb{Q}}$. ■

Corolário 7.7: Se r e s são números racionais distintos de zero, então r.s é também diferente de zero.

Demonstração: Como $r \neq 0_{\mathbb{Q}}$ e $s \neq 0_{\mathbb{Q}}$, existem inteiros $a \neq 0$, $b \neq 0$, $c \neq 0$ e $d \neq 0$ tais que $r = a/b$ e $s = c/d$. Portanto, $r.s = a.c/b.d \neq 0/1 = 0_{\mathbb{Q}}$ ■

Esse corolário indica que o conjunto dos números racionais distintos de zero é fechado para a multiplicação. Portanto, os racionais distintos de zero e a operação de multiplicação determinam um grupo abeliano. Mais uma vez, como em todo grupo abeliano, o elemento inverso de r é único, então o inverso multiplicativo de r será denotado por r^{-1}.

Assim, $(a/b)^{-1} =_{\text{def}} b/a$.

A existência dos inversos fornece uma operação de divisão de racionais quando o segundo racional é diferente de $0_{\mathbb{Q}}$.

Dados dois racionais s = c/d e r = a/b, com r $\neq 0_{\mathbb{Q}}$, a *divisão* de s por r é:

$$s : r =_{def} s \,.\, r^{-1}.$$

Assim, $(c/d) : (a/b) = c/d \,.\, b/a = cb/da$.

Finalmente, a estrutura algébrica $(\mathbb{Q}, +, ., 0_{\mathbb{Q}}, 1_{\mathbb{Q}})$ é um corpo por se tratar de um domínio de integridade sobre o qual todo elemento não nulo admite o inverso multiplicativo.

O mesmo procedimento que usamos para estender $\mathbb{Z}$ para $\mathbb{Q}$ pode ser aplicado para ampliar qualquer domínio de integridade para um corpo. Esse procedimento é conhecido como o processo das extensões.

7.2. A ORDEM USUAL DE $\mathbb{Q}$

Como fizemos para $\mathbb{Z}$, agora introduzimos a relação de ordem usual de $\mathbb{Q}$.

Dados os racionais a/b e c/d, a ordem estrita entre a/b e c/d é definida por:

$$a/b < c/d \Leftrightarrow_{def} abd^2 < cdb^2.$$

Observar que $ab/b^2 = a/b < c/d = cd/d^2$.

Vejamos que a relação está bem definida.

Proposição 7.8: Se $a/b = a'/b'$ e $c/d = c'/d'$, com $b, b', d, d' \in \mathbb{Z}^*$, então $abd^2 < cdb^2 \Leftrightarrow a'b'(d')^2 < c'd'(b')^2$.

Demonstração: a/b = a'/b' e c/d = c'/d' $\Leftrightarrow a.b' = a'.b$ e $c.d' = c'.d$. Consequentemente, $abd^2 < cdb^2 \Leftrightarrow abd^2(b'd')^2 < cdb^2(b'd')^2 \Leftrightarrow (ab')bd^2b'(d')^2 < (cd')db^2d'(b')^2 \Leftrightarrow (a'b)bd^2b'(d')^2 < (c'd)db^2d'(b')^2 \Leftrightarrow a'b'(d')^2(bd)^2 < c'd'(b')^2(bd)^2 \Leftrightarrow a'b'(d')^2 < c'd'(b')^2$. ■

Assim, não importa a escolha do representante da classe de equivalência quando se deseja saber se $r < s$.

Exemplo:

(a) Para verificarmos que $0_{\mathbb{Q}} < 1_{\mathbb{Q}}$, escolhemos as frações (0, 1) $\in 0_{\mathbb{Q}}$ e (1, 1) $\in 1_{\mathbb{Q}}$. Daí, desde que $0.1.1^2 < 1.1.1^2$, temos $0 < 1$. Mas, poderíamos também ter escolhido as frações (0, 4) $\in 0_{\mathbb{Q}}$ e (3, 3) $\in 1_{\mathbb{Q}}$ e, também, $0.4.3^2 < 3.3.4^2$, ou seja, $0_{\mathbb{Q}} < 1_{\mathbb{Q}}$.

Teorema 7.9: A relação $<$ satisfaz a tricotomia em $\mathbb{Q}$.

Demonstração: Se $r = a/b$ e $s = c/d$, então a tricotomia de $\mathbb{Z}$ indica que vale exatamente um dos três casos $abd^2 < cdb^2$, $abd^2 = cdb^2$ ou $abd^2 > cdb^2$. Portanto, em $\mathbb{Q}$, vale exatamente um dos três casos $r < s$, $r = s$, ou $r > s$. ■

Exemplos:

(a) $2/3 < 5/7$, pois $2.3.7^2 < 5.7.3^2$.

(b) $-1/2 > -3/5$, pois $-1.2.5^2 > -3.5.2^2$.

Como fizemos para os inteiros, dizemos que um número racional r é positivo quando $r > 0_{\mathbb{Q}}$, e que r é negativo quando $r < 0_{\mathbb{Q}}$. Mais especificamente, para $r = a/b$, r é positivo $\Leftrightarrow a.b > 0$ e r é negativo $\Leftrightarrow a.b < 0$.

Como consequência da tricotomia de $\mathbb{Q}$, para todo número racional r, vale exatamente uma das três alternativas seguintes: r é positivo, r é zero ou r é negativo. O conjunto dos racionais não negativos é denotado por $\mathbb{Q}_+$ e os racionais não positivos por $\mathbb{Q}_-$. Como em convenção já estabelecida, o asterisco exclui o elemento zero.

A relação de ordem preserva a adição e multiplicação por um fator positivo.

Teorema 7.10: Se r, s e t $\in \mathbb{Q}$, então:

(i) $r < s \Leftrightarrow r+t < s+t$.

(ii) se $t > 0$, então $r < s \Leftrightarrow r.t < s.t$.

(iii) se $t < 0$, então $r < s \Leftrightarrow r.t > s.t$.

Demonstração:

(i) Sejam $r = a/b$, $s = c/d$ e $t = f/g$, com $b, d, g \in \mathbb{Z}^*$. Então: $r+t < s+t \Leftrightarrow (ag + bf)/bg < (cg + df)/dg \Leftrightarrow (ag + bf)bg(dg)^2 < (cg + df)dg(bg)^2 \Leftrightarrow (ag + bf)bgd^2 < (cg + df)dgb^2 \Leftrightarrow agbgd^2 < cgdgb^2 \Leftrightarrow abd^2 < cdb^2 \Leftrightarrow r < s$. ■

EXERCÍCIO:

2) Demonstrar os itens (ii) e (iii) do Teorema 7.10.

Segue do resultado anterior que $(\mathbb{Q}, +, ., 0_{\mathbb{Q}}, 1_{\mathbb{Q}}, <)$ é um corpo ordenado.

O *valor absoluto* do número racional x, que é indicado por $|x|$, é definido por: se $x \geq 0$, então $|x| = x$; se $x < 0$, então $|x| = -x$.

Segue dessa definição que para todo $r \in \mathbb{Q}$, $|r| \geq 0$.

Teorema 7.11: A seguinte lei do cancelamento é válida para todos os números racionais:

(i) $r+t = s+t \Rightarrow r = s$.

(ii) $r.t = s.t$ e $t \neq 0 \Rightarrow r = s$.

Demonstração:

(i) Se $r+t = s+t$, adicionamos $-t$ em ambos os termos e obtemos $r = s$.

(ii) Se r.t = s.t e t $\neq$ 0, então multiplicamos os dois termos por t^{-1} e obtemos r = s. ■

7.3. A Inclusão de $\mathbb{Z}$ em $\mathbb{Q}$

Como fizemos no capítulo anterior com $\mathbb{N}$ e $\mathbb{Z}$, mostramos que embora $\mathbb{Z}$ não seja exatamente um subconjunto de $\mathbb{Q}$, o conjunto dos números racionais $\mathbb{Q}$ possui um subconjunto que identificamos com $\mathbb{Z}$, a saber, o subconjunto $\mathbb{Q}_i = \{a/1 \ / \ a \in \mathbb{Z}\}$.

Para isso, definimos uma função $\varphi: \mathbb{Z} \to \mathbb{Q}$ tal que $\varphi(a) = a/1$. Verificaremos que φ preserva a ordem (portanto é injetiva) e a imagem de φ é justamente $\mathbb{Q}_i$. Assim, identificamos $\mathbb{Z}$ com o conjunto $\mathbb{Q}_i \subseteq \mathbb{Q}$ e podemos, desse modo, considerar $\mathbb{Z}$ como um subconjunto de $\mathbb{Q}$.

Teorema 7.12: A função $\varphi: \mathbb{Z} \to \mathbb{Q}_i$ é bijetiva e satisfaz as seguintes condições:

(i) $\varphi(a + b) = \varphi(a) + \varphi(b)$;

(ii) $\varphi(a.b) = \varphi(a) \,.\, \varphi(b)$;

(iii) $\varphi(0_{\mathbb{Z}}) = 0_{\mathbb{Q}}$ e $\varphi(1_{\mathbb{Z}}) = 1_{\mathbb{Q}}$;

(iv) $a < b \Leftrightarrow \varphi(a) < \varphi(b)$.

Demonstração: Claramente, φ é sobrejetiva, pois sua imagem é o próprio contradomínio $\mathbb{Q}_i$. Também, φ é injetiva: $\varphi(a) = \varphi(b) \Rightarrow a/1 = b/1 \Rightarrow a.1 = b.1 \Rightarrow a = b$.

(i) $\varphi(a) + \varphi(b) = a/1 + b/1 = (a+b)/1 = \varphi(a+b)$

(ii) $\varphi(a).\varphi(b) = a/1 \,.\, b/1 = a.b/1 = \varphi(a.b)$

(iii) De acordo com as definições de $0_{\mathbb{Q}}$ e $1_{\mathbb{Q}}$.

(iv) $\varphi(a) < \varphi(b) \Leftrightarrow a/1 < b/1 \Leftrightarrow a.1.1^2 < b.1.1^2 \Leftrightarrow a < b$. ■

Desde que $b \neq 0_{\mathbb{Q}}$, temos que $\varphi(b) = b/1 \neq 0/1$ e, com isso, obtemos também a seguinte relação entre frações e divisão:

$$a/b = \varphi(a) : \varphi(b).$$

Proposição 7.13: O corpo dos racionais $\mathbb{Q}$ é arquimediano, isto é, para todos r, s $\in \mathbb{Q}$, com r $\neq$ 0, existe n $\in \mathbb{Z}$, tal que n.r > s.

Demonstração: Sejam r = (a, b) e s = $(c, d) \in \mathbb{Z}\times\mathbb{Z}^*$. Como $\mathbb{Z}$ é arquimediano e abd^2, $cdb^2 \in \mathbb{Z}$, então existe n $\in \mathbb{Z}$ tal que n.$abd^2 > cdb^2$. Logo, n/1.$a/b > c/d$, ou seja, n.r > s. ■

Veremos, agora, uma propriedade da relação de ordem de $\mathbb{Q}$ que contrasta com a ordem usual de $\mathbb{Z}$. Sabemos que entre os inteiros 0 e 1 não há outro inteiro. Contudo, a proposição seguinte nos mostra que essa sentença nunca vale para quaisquer dois racionais distintos.

Proposição 7.14: (*Densidade dos racionais*) Quaisquer que sejam os números racionais r e s, com r < s, existe t $\in \mathbb{Q}$ tal que r < t < s.

Demonstração: Seja t o número racional (r+s)/2. Pelo item (i) do Teorema 7.10, r < s ⇒ r + r < r + s < s + s, ou seja, 2.r < 2.t < 2.s. Então, pelo item (ii) do mesmo teorema, (1/2).(2.r) < (1/2).(2.t) < (1/2).(2.s). Logo, pela associatividade da multiplicação em $\mathbb{Q}$, r < t < s. ■

O racional que está entre r e s, na demonstração precedente, é a média aritmética entre r e s. Contudo, esse não é o é único racional entre r e s. De fato, o mesmo artifício pode ser usado para r e t, gerando um novo racional (r+t)/2 que também está entre r e t e, portanto, entre r e s. Assim, pode ser gerada uma infinidade de racionais entre r e s.

No capítulo anterior, vimos que o conjunto dos números inteiros com a ordem usual não é bem ordenado. Porém, verificamos que todo conjunto não vazio de inteiros e limitado inferiormente, tem elemento mínimo. Agora veremos que os racionais não apresentam essa propriedade.

Proposição 7.15: Existem conjuntos não vazios de racionais que são limitados inferiormente e não têm elemento mínimo.

Demonstração: Seja $S(r) = \{s \in \mathbb{Q} \,/\, r < s\}$. Assim, qualquer que seja o elemento s de S(r), pela Proposição 7.14, existe um racional t que satisfaz $r < t < s$. Portanto, para todo $s \in S(r)$, existe $t \in S(r)$, com $t < s$. Logo, S(r) não tem elemento mínimo. ■

Quando definimos o conjunto dos números naturais, entendemos como sucessor de um conjunto a o conjunto $a^+ = a \cup \{a\}$. Consideramos importante ressaltar aqui que essa ideia de sucessor não é apropriada para outros conjuntos numéricos, tais como $\mathbb{Q}$. Uma noção mais geral de sucessor pode ser estabelecida a partir da relação de ordem.

Seja $(A, \leq)$ uma ordem. Dado $r \in A$, o *sucessor* de r em A é, caso exista, o elemento mínimo do conjunto $S(r) = \{s \in A \,/\, r < s\}$.

Proposição 7.16: Considerando a relação de ordem usual de $\mathbb{Q}$, nenhum número racional tem sucessor.

Demonstração: Como vimos na demonstração da Proposição 7.15, qualquer que seja $r \in \mathbb{Q}$, o conjunto $S(r) = \{s \in A \,/\, r < s\}$ não tem elemento mínimo. Logo, r não tem sucessor em $\mathbb{Q}$. ■

Apesar de que, para todo racional r, $S(r) = \{t \in A \,/\, r < t\}$ não tem elemento mínimo, o conjunto S(r) possui ínfimo, que é o próprio r. De fato, r é evidentemente um limitante inferior de S(r) e para todo racional $s > r$, existe $t \in \mathbb{Q}$ tal que $r < t < s$. Nesse caso, $t \in S(r)$ e $t < s$. Portanto, s não é limitante inferior de S(r). Assim r é o maior racional que é limitante inferior de S(r), ou seja, r é o ínfimo de S(r). Contudo, como veremos no Capítulo 9, nem todo conjunto não vazio de racionais que seja limitado inferiormente possui ínfimo em $\mathbb{Q}$. Essa *incompletude* será superada posteriormente ao construirmos o conjunto dos números reais.

Para concluirmos o capítulo, veremos um modo de definirmos a potenciação em $\mathbb{Q}$.

Se r = $a/b \in \mathbb{Q}$ e $n \in \mathbb{Z}$, a *n-ésima potência* de r é definida por:

$$r^n = \begin{cases} 1 & \text{quando } n = 0 \text{ e } r \neq 0 \\ a^n/b^n & \text{quando } n > 0 \\ b^{-n}/a^{-n} & \text{quando } n < 0 \text{ e } r \neq 0. \end{cases}$$

Decorre da definição que quando $r = 0$ e $n \leq 0$, a potência r^n não está definida. Assim, não estão definidas as potências 0^0 e 0^{-2}, dentre outras.

EXERCÍCIOS:

3) Sejam $m, n \in \mathbb{Z}$, $p, q \in \mathbb{Q}$, $p \neq 0$ e $q \neq 0$. Mostrar que:

   (a) $q^m.q^n = q^{m+n}$ (b) $p^m.q^m = (pq)^m$

   (c) $(q^n)^m = q^{m.n}$ (d) $q^{2n} > 0$

   (e) $q^{2n+1} > 0 \Leftrightarrow q > 0$.

4) Provar as unicidades do zero, do um e dos elementos inversos aditivo e multiplicativo em $\mathbb{Q}$.

5) Sejam $r, s \in \mathbb{Q}$. Mostrar que se $r.s = 0$, então $r = 0$ ou $s = 0$.

6) Dados os racionais a/b e c/d, a ordem entre a/b e c/d é definida por:

$$a/b \leq c/d \Leftrightarrow abd^2 \leq cdb^2.$$

Verificar que $\leq$ é uma relação de ordem total em $\mathbb{Q}$.

7) Sejam r, s, t, u $\in \mathbb{Q}$. Mostrar que valem:

(a) $r < s$ e $t < u \Rightarrow r + t < s + u$

(b) $r < s \Leftrightarrow r - s < 0$

(c) $r < s \Leftrightarrow -s < -r$

(d) $r < 0 \Leftrightarrow 0 < -r$.

8. CONJUNTOS ENUMERÁVEIS

Neste capítulo procuramos contar os elementos de um conjunto. Para conjuntos finitos isso é bastante simples, mas para conjuntos com infinitos elementos precisamos de algumas novas reflexões.

8.1. CONJUNTOS EQUIPOTENTES

Dois conjuntos A e B são *equipotentes* quando existe uma função bijetiva $\varphi: A \to B$. Denota-se a equipotência de A e B por $A \approx B$.

Exemplos:

(a) $3 = \{0, 1, 2\}$ e $\{7, 5, -2\}$

(b) $\mathbb{N}$ e $A = \{x \in \mathbb{N} \ / \ x \text{ é par}\}$, pois a função $\varphi: \mathbb{N} \to A$, definida por $\varphi(x) = 2x$ é bijetiva.

Proposição 8.1: A equipotência é uma relação de equivalência. ■

EXERCÍCIO:

1) Fazer a demonstração da proposição anterior.

Proposição 8.2: Dados dois conjuntos C e D, existem dois conjuntos A e B de modo que $A \approx C$, $B \approx D$ e $A \cap B = \emptyset$.

Demonstração: Basta tomarmos $A = C \times \{a\}$ e $B = D \times \{b\}$, com $a \neq b$. ■

Dados dois conjuntos A e B, o conjunto de todas as funções de B em A é denotado por A^B.

Proposição 8.3: Sejam A e B dois conjuntos. Então:

(i) $A \approx B$ e $C \approx D \Rightarrow A^C \approx B^D$

(ii) $B \cap C = \emptyset \Rightarrow A^{B \cup C} \approx A^B \times A^C$

(iii) $(A \times B)^C \approx A^C \times B^C$

(iv) $(A^B)^C \approx A^{B \times C}$. ■

EXERCÍCIO:

2) Fazer a demonstração da proposição acima.

Proposição 8.4: Se A é um conjunto, então $\mathcal{P}(A) \approx 2^A$.

Demonstração: Para $B \subseteq A$, seja $\chi_B: A \to 2 = \{0, 1\}$ a função característica de B, isto é, $\chi_B(a) = \begin{cases} 0, \text{ se } a \notin B \\ 1, \text{ se } a \in B \end{cases}$. A função $\varphi: \mathcal{P}(A) \to 2^A$ definida por $\varphi(B) = \chi_B$ é bijetiva. ■

Teorema 8.5 (*Cantor*): Se A é um conjunto, então A não é equipotente a $\mathcal{P}(A)$.

Demonstração: Suponhamos que $A \approx \mathcal{P}(A)$. Assim, existe uma função bijetiva $\varphi: A \to \mathcal{P}(A)$. Consideremos agora o conjunto $B = \{a \in A \,/\, a \notin \varphi(a)\}$. Por definição, $B \in \mathcal{P}(A)$. Desde que φ seja sobrejetiva, então existe $b \in A$ tal que $\varphi(b) = B$. Assim, temos que $b \in B \Leftrightarrow b \notin B$, o que é uma contradição. ■

Para a demonstração do Teorema 8.5 usou-se apenas a sobrejetividade de φ. Naturalmente, para cada conjunto A existe uma função injetiva $\psi: A \to \mathcal{P}(A)$ dada por $\psi(a) = \{a\}$.

Quando há uma função injetiva de A em B indicamos por $A \preccurlyeq B$ e quando há função injetiva e $A \not\approx B$ indicamos por $A \prec B$.

Assim, para cada conjunto A vale $A \prec \mathcal{P}(A)$.

Como consequência do Teorema 4.15 e, portanto, do axioma da escolha, existe uma função injetiva de A em B se, e somente se, existe uma função sobrejetiva de B em A. Assim:

$A \preccurlyeq B \Leftrightarrow$ existe uma função injetiva $\varphi: A \to B \Leftrightarrow$

existe uma função sobrejetiva $\psi: B \to A$.

Lema 8.6: Se $C \subseteq A$ e $A \preccurlyeq C$, então $A \approx C$.

Demonstração: Seja $\varphi: A \to C$ uma função injetiva e consideremos $A_0 = A - C$, $A_1 = \varphi(A_0)$ e, em geral, $A_{n+1} = \varphi(A_n)$.

Definimos uma função $\psi: A \to C$ e mostramos que ψ é bijetiva: $\psi(a) = \begin{cases} a, & \text{se } a \notin \cup_{n \in \mathbb{N}} A_n \\ \varphi(a), & \text{se } a \in \cup_{n \in \mathbb{N}} A_n. \end{cases}$ Mostraremos que ψ é bijetiva:

(a) ψ é injetiva: Sejam $a, b \in A$ com $a \neq b$.

Se $a \notin \cup A_n$ e $b \notin \cup A_n$, então $\psi(a) = a$ e $\psi(b) = b$. Logo, $\psi(a) \neq \psi(b)$.

Se $a \notin \cup A_n$ e $b \in \cup A_n$, então $\psi(a) = a$ e $\psi(b) = \varphi(b)$. Daí, $\psi(a) = a \notin \cup A_n$ e $\psi(b) = \varphi(b) \in \cup A_n$. Logo, $\psi(a) \neq \psi(b)$.

Se $a \in \cup A_n$ e $b \notin \cup A_n$, como no caso anterior, temos que $\psi(a) \neq \psi(b)$.

Se $a \in \cup A_n$ e $b \in \cup A_n$ então $\psi(a) = \varphi(a)$ e $\psi(b) = \varphi(b)$. Desde que φ seja injetiva, então $\psi(a) \neq \psi(b)$ e ψ também é injetiva.

(b) ψ é sobrejetiva: Seja $c \in C$.

Se $c \notin \cup A_n$, então $\psi(c) = c$.

Se $c \in \cup A_n$, como $c \notin A - C = A_0$, então $c \in A_j$, para algum $j \geq 1$. Daí existe $b \in A_{j-1}$ tal que $c = \varphi(b) = \psi(b)$.

Concluindo, ψ é bijetiva. ■

Teorema 8.7 (*Schroeder-Berstein*): Dados dois conjuntos A e B, se $A \preccurlyeq B$ e também $B \preccurlyeq A$, então $A \approx B$.

Demonstração: Sejam $\varphi: A \rightarrow B$ e $\psi: B \rightarrow A$ funções injetivas. Então $B \approx Im(\psi) \subseteq A$ e $\psi o \varphi$ é uma função injetiva de A em $Im(\psi)$. Portanto, $A \preccurlyeq Im(\psi)$ e $Im(\psi) \subseteq A$. Pelo Lema 8.6, $A \approx Im(\psi)$. Como $B \approx Im(\psi)$, segue que $A \approx B$. ■

EXERCÍCIO:

3) Mostrar que $\mathbb{N} \approx \mathbb{Z}$.

O conceito de cardinalidade de conjuntos, denotado por $|A|$, advém naturalmente do conceito de equipotência e tem a incumbência, na teoria dos conjuntos, de indicar a quantidade de elementos do conjunto A. Para conjuntos finitos essas concepções são bastante intuitivas, mas o mesmo não se dá para conjuntos *transfinitos*, que vão além do infinito.

Dois conjuntos A e B têm a mesma *cardinalidade* quando $A \approx B$.

Assim, $|A| = |B|$ se $A \approx B$.

A cardinalidade de A é menor ou igual à cardinalidade de B, $|A| \leq |B|$, quando há uma função injetiva de A em B. Também $|A| < |B|$ quando $|A| \leq |B|$ e $|A| \neq |B|$.

A Proposição 8.1 mostra que a relação $|A| = |B|$ é uma relação de equivalência. A proposição seguinte indica que a relação $|A| \leq |B|$ é uma relação de ordem para a equipotência.

Proposição 8.8:

(i) $|A| \leq |A|$

(ii) Se $|A| \leq |B|$ e $|A| = |C|$, então $|C| \leq |B|$

(iii) Se $|A| \leq |B|$ e $|B| = |C|$, então $|A| \leq |C|$

(iv) Se $|A| \leq |B|$ e $|B| \leq |C|$, então $|A| \leq |C|$

(v) Se $|A| \leq |B|$ e $|B| \leq |A|$, então $|A| = |B|$.

Demonstração: Segue das propriedades de composição de funções. ■

EXERCÍCIOS:

4) Fazer a demonstração da proposição anterior.

5) Mostrar que se $A \subseteq B$, então $|A| \leq |B|$.

6) Mostrar que:

(a) $|A \times B| = |B \times A|$

(b) Se $B \neq \emptyset$, então $|A| \leq |A \times B|$.

8.2. CONJUNTOS FINITOS

Um conjunto A é *finito* quando é equipotente a algum número natural, isto é, existe $n \in \mathbb{N}$ tal que $A \approx n$. Um conjunto é *infinito* quando não é finito.

Quando A é finito, isto é, A é equipotente a algum $n \in \mathbb{N}$, temos que $|A| = n$. Nesse caso, dizemos que A tem n elementos.

Os números cardinais de conjuntos finitos coincidem com os números naturais e $|n| = n$, para cada $n \in \mathbb{N}$.

Proposição 8.9:

(i) Se $n \in \mathbb{N}$, então não existe função injetiva φ de n em algum subconjunto próprio de n.

(ii) Se A é um conjunto finito, então não existe função injetiva φ de A em algum subconjunto próprio de A.

Demonstração:

(i) Por indução sobre n.

Para $n = 0$, como o resultado não pode ser falso, então vale.

Hipótese de indução: Consideremos que o resultado vale para $n \in \mathbb{N}$.

Suponhamos que o resultado não vale para n+1. Ou seja, que existe uma função injetiva $\varphi: n+1 \to A \subset n+1$ e seja $k \in n+1$, tal que $k \notin A$. Temos 3 casos a considerar:

(Caso 1) $n \notin A$: Nesse caso, $A \subseteq n$, portanto, $A - \{\varphi(n)\} \subset n$. Assim, a função $\psi: n \to A - \{\varphi(n)\} \subset n$, definida por $\psi(i) = \varphi(i)$ é injetiva de n em um subconjunto próprio de n.

(Caso 2) $n \in A$ e $\varphi(n) = n$: A função $\psi: n \to n - \{k\}$, definida por $\psi(i) = \varphi(i)$ é injetiva de n em um subconjunto próprio de n.

(Caso 3) $n \in A$ e $\varphi(j) = n$, para $j < n$: A função $\psi: n \to n - \{k\}$ definida por: $\psi(i) = \begin{cases} \varphi(i), \text{ se } \varphi(i) = n \\ \varphi(n), \text{ se } \varphi(i) \neq n \end{cases}$

é uma função injetiva de n em um subconjunto próprio de n.

Nos três casos chegamos a uma contradição com a hipótese de indução. Logo, o resultado vale para n+1.

Assim, pelo princípio de indução, o resultado vale para todo $n \in \mathbb{N}$. ■

EXERCÍCIO:

7) Fazer a demonstração do item (ii) da proposição anterior.

Corolário 8.10:

(i) Sejam $m, n \in \mathbb{N}$. Se $n \neq m$, então $m \not\approx n$

(ii) Se $|A| = n$ e $|A| = m$, então $n = m$

(iii) $\mathbb{N}$ é infinito.

Demonstração:

(i) Desde que $m, n \in \mathbb{N}$, se $m \neq n$ então $m \subset n$ ou $n \subset m$. Pela proposição anterior, $m \not\approx n$. Logo, $m \neq n$.

(ii) Decorre de (i).

(iii) Suponhamos que $\mathbb{N}$ é um conjunto finito, digamos $|\mathbb{N}| = n$, e seja $\varphi: n \rightarrow \mathbb{N}$ uma função bijetiva. Como a função sucessor $s(a) = a+1$ é uma função bijetiva de $\mathbb{N}$ em $\mathbb{N}$-{0}, então a função $s \circ \varphi$ é uma bijeção de n em $\mathbb{N}$-{0}. Definindo a função $\psi: n+1 \rightarrow \mathbb{N}$ por $\psi(i) = s\circ\varphi(i)$, se $i < n$; e $\psi(n) = 0$, temos que ψ é bijetiva. Assim, $|\mathbb{N}| = n$ e $|\mathbb{N}| = n+1$, o que contradiz (ii). Logo, $\mathbb{N}$ é infinito.■

Se A é um conjunto e $n \in \mathbb{N}$, uma função bijetiva $\varphi: n \rightarrow A$ indica uma enumeração dos elementos de A:

$$a_0 = \varphi(0), a_1 = \varphi(1), \ldots, a_{n-1} = \varphi(n-1) \text{ e } A = \{a_0, a_1, \ldots, a_{n-1}\}.$$

Proposição 8.11: Se A é finito e $B \subseteq A$, então B também é finito. Além disso, $|B| \leq |A|$.

Demonstração: A demonstração segue por indução sobre $n = |A|$.

Se $n = 0$, o resultado vale.

Hipótese: suponhamos que o resultado vale quando $|A| = n$.

Consideremos agora que $|A| = n+1$ e $B \subseteq A$:

- Se $B = A$, então B é finito e $|B| = n+1 = |A|$.

- Se $B \subset A$, sejam $\varphi: A \rightarrow n+1$ uma função bijetiva e $a \in A$ tal que $\varphi(a) = n$, o último elemento de $n+1$.

Se $a \in B$, para $c \in A-B$, definimos uma função bijetiva $\psi: A \rightarrow n+1$ por $\psi(a) = \varphi(c)$, $\psi(c) = \varphi(a) = n$ e $\psi(d) = \varphi(d)$ caso $d \neq a$ e $d \neq c$. Quando restrita a B, ψ é uma função injetiva de B em n e, portanto $|B| \leq n$.

Se $a \notin B$, então $\varphi(B) = Im(B) \subseteq n$, ou seja, $B \approx Im(B) \subseteq n$. Logo, pela hipótese de indução, B é finito e $|B| \leq n < n+1 = |A|$. ■

EXERCÍCIO:

8) Mostrar que se A é um conjunto finito e φ é uma função tal que $A \subseteq Dom(\varphi)$, então $\varphi(A)$ é um conjunto finito e $|\varphi(A)| \leq |A|$.

Corolário 8.12: Seja $\varphi: A \to B$ uma função injetiva. Se B é finito, então A também é finito e $|A| \leq |B|$.

Demonstração: Segue da proposição anterior, pois $A \approx \varphi(A) \subseteq B$. ■

Corolário 8.13: Seja $\varphi: A \to B$ uma função sobrejetiva. Se A é finito, então B também é finito e $|B| \leq |A|$.

Demonstração: Definimos $\psi: B \to A$ tal que, para cada $b \in B$, $\psi(b) \in \varphi^{-1}(b)$. Assim, ψ é injetiva. Logo, pelo corolário anterior, B também é finito e $|B| \leq |A|$. ■

8.3. CONJUNTOS INFINITOS

As proposições anteriores falam de conjuntos finitos, os resultados seguintes tratam dos conjuntos infinitos.

Um conjunto é *infinito* quando não é finito.

Uma definição alternativa de conjunto infinito é dada por Dedekind: um conjunto A é infinito quando, para uma parte própria D de A, existe uma função injetiva $\varphi: A \to D$.

Exercício:

9) Dado o conjunto dos números naturais $\mathbb{N}$, usar o conjunto dos números pares para mostrar que $\mathbb{N}$ é infinito, segundo a definição de Dedekind.

Dos resultados de conjuntos finitos seguem rapidamente resultados sobre conjuntos infinitos.

Proposição 8.14:

(i) Seja φ: A → B uma função injetiva. Se A é infinito, então B é infinito.

(ii) Seja φ: B → A uma função sobrejetiva. Se A é infinito, então B é infinito.

(iii) Se $A \subseteq B$ e A é infinito, então B é infinito.

Demonstração: (i) Se B é finito, segue do Corolário 8.12 que A é finito, o que contradiz a hipótese. ■

Exercício:

10) Demonstrar os itens (ii) e (iii) da proposição anterior.

Como podemos considerar $\mathbb{N} \subseteq \mathbb{Z} \subseteq \mathbb{Q}$, segue da proposição anterior que todos esses conjuntos são infinitos.

Um conjunto $A \subseteq \mathbb{N}$ é *limitado* quando existe $k \in \mathbb{N}$ tal que para todo $a \in A$ tem-se $a \leq k$.

Proposição 8.15: Seja $\emptyset \neq A \subseteq \mathbb{N}$. As seguintes sentenças são equivalentes:

(i) A é finito

(ii) A é limitado

(iii) A possui um máximo

Demonstração:

(i) ⇒ (ii)

Seja $A = \{a_1, a_2, \dots, a_n\}$ e seja $k = a_1 + a_2 + \dots + a_n$. Assim, para todo $a \in A$ tem-se que $a \leq k$. Logo, A é limitado.

(ii) ⇒ (iii)

Seja A limitado. Daí, o conjunto $B = \{b \in \mathbb{N} \ / \text{ para todo } a \in A, a \leq b\}$ é não vazio. Pelo princípio da boa ordem de $\mathbb{N}$, existe $q \in B$, o elemento mínimo de B.

Mostraremos que $q \in A$. Suponhamos que $q \notin A$. Então para todo $a \in A$, $a < q$. Como $A \neq \emptyset$, então $1 < q$. Logo, $q = p + 1$, para algum $p \in \mathbb{N}$. Como para todo $a \in A$, $a < q$, então $a+1 \leq q = p+1$. Portanto, $a \leq p$, ou seja, $p \in B$ e $p < p + 1 = q$, o que é uma contradição, pois tomamos q sendo o menor elemento de B. Assim, $q \in A$ é o maior elemento de A.

(iii) ⇒ (i)

Seja $p = \max(A)$. Assim, $A \subseteq p$ e, pela Proposição 8.11, desde que p é finito, então A também é finito. ■

Proposição 8.16: Se $A \cap B = \emptyset$ e $|A| = m$ e $|B| = n$, então $A \cup B$ é finito e $|A \cup B| = m + n$.

Demonstração: O caso $B = \emptyset$ é imediato. Caso $B \neq \emptyset$, ou seja, se $n \geq 1$, então $n = n\text{-}1+1$ e $m + n = \{0, 1, \dots, m, m+1, \dots, m+n\text{-}1\}$. Considerando as bijeções $\varphi: m \rightarrow A$ e $\psi: n \rightarrow$

B, definimos σ: $m + n \rightarrow A \cup B$ do seguinte modo: $\sigma(i) = \varphi(i)$, se $0 \leq i < m$; e $\sigma(m+i) = \psi(i)$, se $0 \leq i < n$. Como $A \cap B = \emptyset$, é de simples verificação que σ é bijetiva. ■

EXERCÍCIO:

11) Mostrar que, na proposição acima, se não é o caso de que A e B sejam disjuntos, então $A \cup B$ é finito e $|A \cup B| < |A| + |B| = m + n$. [Sugestão: Tomar $A_1 = A - A \cap B$ e observar que $A_1 \cap B = \emptyset$ e que $A \cup B = A_1 \cup B$].

Corolário 8.17: Seja S um conjunto finito tal que todo elemento de S também é finito. Então $\cup S$ é também finito.

Demonstração: Por indução sobre o número de elementos de S.

Se $|S| = 0$, então a sentença é trivialmente verdadeira.

Hipótese de indução: Assumamos que o resultado vale para todo S tal que $|S| = n$. Seja $S = \{A_0, A_1, \ldots, A_{n-1}, A_n\}$ com n+1 elementos tal que cada A_i é finito. Pela hipótese de indução, $\cup_{0 \leq i < n} A_i$ é finito. Além disso, $\cup S = (\cup_{0 \leq i < n} A_i) \cup A_n$ também é finito, pelo exercício anterior. ■

Proposição 8.18: Se A é finito, então $\mathcal{P}(A)$ também é finito.

Demonstração: Por indução sobre $|A|$.

Se $|A| = 0$, então $A = \emptyset$ e $\mathcal{P}(A) = \{\emptyset\}$ é finito.

Hipótese de indução: assumamos que, quando $|A| = n$, $\mathcal{P}(A)$ é finito.

Seja B um conjunto com n+1 elementos, $B = \{b_0, b_2, \ldots, b_n\}$. O conjunto $C = \{b_0, b_2, \ldots, b_{n-1}\}$ tem n elementos e, por hipótese de indução, $\mathcal{P}(C)$ é finito. Finalmente, $\mathcal{P}(B) = \mathcal{P}(C) \cup D$, em que $D = \{X \subseteq B \,/\, b_n \in X\}$. A função φ: D $\rightarrow \mathcal{P}(C)$ dada por $\varphi(X) = X - \{b_n\}$ é injetiva. Assim, pelo Corolário 8.12, D é finito. Logo, pelo corolário anterior, $\mathcal{P}(B) = \mathcal{P}(C) \cup D$ é finito. ■

Proposição 8.19: Sejam $A_1, \dots, A_k$ conjuntos finitos tais que $|A_1| = m_1, \dots, |A_k| = m_k$. O produto cartesiano $A_1 \times \dots \times A_k$ é finito e $|A_1 \times \dots \times A_k| = m_1 \cdot \dots \cdot m_k$. ■

EXERCÍCIO:

12) Demonstrar a proposição acima. Sugestão: mostre o caso $k = 2$ e proceda por indução.

Proposição 8.20: Dados os conjuntos finitos A e B, com $|A| = m$ e $|B| = n$, o conjunto B^A de todas as funções $\varphi: A \rightarrow B$ é finito e $|B^A| = n^m$.

Demonstração: Seja $C = \{\varphi: m \rightarrow B \,/\, \varphi \text{ é uma função}\}$. A função $\psi: C \rightarrow B^m$, em que B^m é produto cartesiano de B por B, *m* vezes, definida por $\psi(\varphi) = (\varphi(0), \varphi(1), \dots, \varphi(m\text{-}1))$ é bijetiva. Logo, pelas Proposições 8.3 e 8.19, $|B^A| = |B^m| = n^m$. ■

Teorema 8.21: Se A é infinito, então $|A| \geq n$, para todo $n \in \mathbb{N}$.

Demonstração: Por indução sobre n.

Claramente, $|A| \geq 0$.

Agora, assumamos que $|A| \geq n$. Então, existe uma função injetiva $\varphi: n \rightarrow A$. Como A é infinito, existe $a \in A$ tal que $a \in A\text{-}Im(\varphi)$. Definamos $\psi: n+1 \rightarrow A$ por $\psi = \varphi \cup \{(n, a)\}$ que é uma função injetiva de $n+1$ em A. Assim, $n + 1 \approx Im(\varphi) \subseteq A$. Logo, $|A| \geq n + 1$ e, pelo princípio de indução, $|A| \geq n$ para todo $n \in \mathbb{N}$. ■

8.4. Conjuntos Enumeráveis

Um conjunto A é *enumerável* se A é finito ou se existe uma função bijetiva $\varphi: \mathbb{N} \to A$. Caso valha a segunda condição dizemos que A *é infinito enumerável.*

Dada uma função bijetiva $\varphi: \mathbb{N} \to A$, denotamos $x_0 = \varphi(0)$, $x_1 = \varphi(1), \ldots, x_n = \varphi(n), \ldots$ ou $A = \{x_0, x_1, \ldots, x_n, \ldots\}$ o que é chamado de enumeração dos elementos de A. Essa enumeração parece ainda indicar, principalmente, para conjuntos finitos, a contagem dos elementos de A. Por isso, em muitos textos, se $|A| = |\mathbb{N}|$, o conjunto A é dito "contável" e se $|A| \leq |\mathbb{N}|$, então A é dito "no máximo contável".

Naturalmente, se A é infinito enumerável então $A \approx \mathbb{N}$.

Exercício:

13) Mostrar que os conjuntos P dos naturais pares, I dos naturais ímpares e $\mathbb{Z}$ dos inteiros são infinitos enumeráveis.

Proposição 8.22: Cada conjunto infinito A contém um subconjunto infinito enumerável.

Demonstração: Deve-se definir uma função injetiva $\varphi: \mathbb{N} \to A$. Definimos φ indutivamente.

Seja $a_0 \in A$. Definimos $\varphi(0) = a_0$. Tendo sido definidos $\varphi(0), \varphi(1), \ldots, \varphi(n)$, seja $a_{n+1} \in A - \{\varphi(0), \varphi(1), \ldots, \varphi(n)\}$, definimos então $\varphi(n+1) = a_{n+1}$. Assim, o princípio de indução garante que φ é uma função. Resta mostrar que φ é injetiva. Sejam m, $n \in \mathbb{N}$ tais que $m \neq n$ e, sem perda de generalidade, $m < n$. Assim, $\varphi(n) \notin \{\varphi(i) \mid i < m\}$. Logo, $\varphi(n) \neq \varphi(m)$. ■

Corolário 8.23: Um conjunto A é infinito se, e somente se, existe um subconjunto próprio $B \subset A$ e uma função bijetiva $\varphi: A \to B$.

Demonstração: ($\Rightarrow$) Se A é infinito, pela proposição anterior, A contém um conjunto enumerável $B = \{b_0, b_1, \ldots, b_n, \ldots\}$. Seja $C = (A\text{-}B) \cup \{b_0, b_2, \ldots, b_{2n}, \ldots\}$. Definimos então uma função bijetiva do seguinte modo: $\varphi: A \to C$ em que $\varphi(x) = x$, se $x \notin B$; $\varphi(x) = b_{2n}$, se $x = b_n$.

($\Leftarrow$) Suponhamos que existe uma função bijetiva de A em B com $B \subset A$. Então, pela Proposição 8.9, A é um conjunto infinito. ■

Proposição 8.24: Todo subconjunto $A \subseteq \mathbb{N}$ é enumerável. ■

EXERCÍCIO:

14) Dar uma demonstração da proposição anterior.

Proposição 8.25:

(i) Um subconjunto de um conjunto enumerável é enumerável.

(ii) Se $\varphi: A \to B$ é injetiva e B é enumerável, então A também é enumerável.

(iii) Se $\varphi: A \to B$ é sobrejetiva e A é enumerável, então B é enumerável.

(iv) A é enumerável se, e somente se, existe uma função injetiva $\varphi: A \to \mathbb{N}$.

(v) A é enumerável se, e somente se, existe uma função sobrejetiva $\varphi: \mathbb{N} \to A$. ■

Exercício:

15) Demonstrar a proposição anterior.

Se $A \neq \emptyset$ é um conjunto enumerável, podemos denotar A por $\{a_n \,/\, n \in \mathbb{N}\}$, mesmo que A seja um conjunto finito, pois podemos tomar $a_n = a_{n+1}$ para todo $n \geq k$, para algum dado $k \in \mathbb{N}$.

Proposição 8.26: A união de dois conjuntos enumeráveis é um conjunto enumerável.

Demonstração: Se $A = \emptyset$ ou $B = \emptyset$ é imediato. Sejam $A = \{a_n \,/\, n \in \mathbb{N}\}$ e $B = \{b_n \,/\, n \in \mathbb{N}\}$ dois conjuntos enumeráveis. Definimos uma função sobrejetiva $\varphi: \mathbb{N} \to A \cup B$ por $\varphi(x) = a_n$, se $x = 2n$; e $\varphi(x) = b_n$, se $x = 2n+1$. Assim, pela proposição anterior, $A \cup B$ é enumerável. ■

Um número inteiro positivo é *primo* se ele tem como divisores positivos apenas 1 e ele mesmo.

A seguir, enunciamos o teorema fundamental da aritmética.

Teorema Fundamental da Aritmética: Dado um número inteiro $n > 1$, existem números primos $p_1 < p_2 < ... < p_m$ e $\alpha_1, \alpha_2, \ldots, \alpha_m \in \mathbb{N}^*$ univocamente determinados, tais que $n = p_1^{\alpha 1} . p_2^{\alpha 2} . \ldots . p_m^{\alpha m}$.

Demonstração: Ver (Nascimento e Feitosa, 2009; Hefez, 2006). ■

Teorema 8.27: Se A e B são enumeráveis, então A×B é enumerável.

Demonstração: Basta mostrar que ℕ×ℕ é enumerável, pois sendo A e B enumeráveis existem funções φ: ℕ → A e ψ: ℕ → B sobrejetivas. Portanto, σ: ℕ×ℕ → A×B dada por $\sigma(i, j) = (\varphi(i), \psi(j))$ é sobrejetiva.

Mostramos que a função φ: ℕ×ℕ → ℕ definida por $\varphi(m, n) = 2^m(2n+1) - 1$ é bijetiva.

- φ é injetiva: basta aplicar o Teorema Fundamental da Aritmética.

- φ é sobrejetiva: se a é um natural positivo, pelo Teorema Fundamental da Aritmética, $a = 2^m b$, com $m \in$ ℕ e b ímpar, isto é, $b = 2n+1$. Assim, $a = 2^m(2n+1)$, ou seja, a expressão $2^m(2n+1)$ fornece todos os naturais maiores que zero. Logo, a expressão $2^m(2n+1) - 1$ fornece todos os naturais. Assim, φ é sobrejetiva. ■

Proposição 8.28: Uma união enumerável de conjuntos enumeráveis é enumerável.

Demonstração: Seja A uma união enumerável de conjuntos enumeráveis.

Se A é uma união finita de conjuntos enumeráveis, aplicando a indução e a Proposição 8.26, temos que A é enumerável.

Se $A = \cup\{A_i \,/\, i \in$ ℕ$\}$ em que cada A_i é enumerável, sejam φ_i: ℕ → A_i funções sobrejetivas. A função φ: ℕ×ℕ → A definida por $\varphi(i, j) = \varphi_i(j)$ é sobrejetiva. Logo, $\cup\{A_i \,/\, i \in$ ℕ$\}$ é enumerável. ■

Corolário 8.29: O conjunto ℚ dos números racionais é enumerável.

Demonstração: Desde que $\mathbb{Z}$ e $\mathbb{Z}^*$ são enumeráveis, então $\mathbb{Z}\times\mathbb{Z}^*$ é enumerável. A função $\varphi: \mathbb{Z}\times\mathbb{Z}^* \to \mathbb{Q}$ definida por $\varphi(m, n) = m/n$ é sobrejetiva. Da Proposição 8.25 segue que $\mathbb{Q}$ é enumerável. ■

8.5. Conjuntos não Enumeráveis

Um conjunto não enumerável, como o próprio nome diz, é um conjunto que não é enumerável. Mais adiante veremos que o conjunto dos números reais é não enumerável.

Teorema 8.30: (*Teorema de Cantor*) O conjunto das partes de $\mathbb{N}$ é não enumerável.

Demonstração: Já vimos na demonstração do Teorema 8.5 que não existe função bijetiva de A em $\mathcal{P}(A)$, para qualquer conjunto A. Assim, $\mathcal{P}(\mathbb{N})$ não é enumerável. ■

9. OS NÚMEROS REAIS

A ênfase da Matemática na antiga Grécia foi dada à Geometria. Os números eram associados às medidas de segmentos e as operações aritméticas podiam ser realizadas a partir de construções geométricas. Mas, os pitagóricos descobriram que nem toda construção geométrica correspondia a um número racional, por exemplo, a diagonal de um quadrado de lado unitário.

Assim, desde a antiga Grécia já se sabia que nem sempre seria possível expressar o comprimento de um segmento por um número da forma a/b com a, b números inteiros, isto é, como um número racional.

No caso da diagonal de um quadrado com lado unitário, a diagonal c é a hipotenusa de um triângulo retângulo com catetos de medida 1, então $c^2 = 2$. Supondo que $c = a/b$, com a e b inteiros positivos e relativamente primos, temos $2 = c^2 = a^2/b^2$, logo, $a^2 = 2b^2$. Como a^2 é um número par, então a é par, digamos, $a = 2d$, em que d é um inteiro. Então, $4d^2 = a^2 = 2b^2$ e, daí, $2d^2 = b^2$ e, portanto, b também é par. Assim, o maior divisor comum entre a e b é um múltiplo de 2, o que contradiz a suposição inicial de que a e b são relativamente primos. Portanto, c não é um número racional.

Como vimos anteriormente, um inteiro pode ser representado por um par de números naturais e um racional por um par de inteiros. Contudo, não podemos descrever, em geral, um número real como um par de racionais, pois veremos mais adiante que a cardinalidade dos reais é maior que a dos racionais e, assim, existe uma quantidade muito grande de números reais e não há pares suficientes de racionais para associá-los. Desse modo, devemos procurar novas alternativas para a caracterização de um número real.

Existem alguns métodos que podem ser usados para a construção dos reais. Uma abordagem usual faz uso de expansões decimais, de maneira que um número real deva ser determinado por um número inteiro e uma sequência infinita de dígitos, ou seja, uma função $\varphi: \mathbb{N} \to \{0, 1, 2, ..., 9\}$.

Outro método mais comum para a construção do conjunto dos números reais $\mathbb{R}$ é a representação de cada real por uma sequência de racionais, ou seja, uma função $\varphi: \mathbb{N} \to \mathbb{Q}$ que convirja para esse número real. Nesse âmbito, podemos considerar o conjunto de todas as sequências convergentes e, então, separar por uma específica relação de equivalência as sequências que convergem para o mesmo limite. Assim, duas sequências são equivalentes quando, e somente quando, elas convergem para o mesmo limite. Esse é o processo de construção dos reais pelas sequências de Cauchy.

A construção assumida neste texto usa os cortes de Dedekind. Cada método apresenta aspectos favoráveis e desfavoráveis, mas temos que escolher um e isso recaiu sobre os cortes tendo em vista que não precisamos de pré-requisitos além dos tópicos já abordados. Essa construção tem a vantagem inicial de praticidade, ao fornecer uma definição simples dos números reais $\mathbb{R}$ e sua ordenação. Porém, a multiplicação com os cortes de Dedekind é um tanto trabalhosa.

9.1. CORTES DE DEDEKIND E A DEFINIÇÃO DE NÚMERO REAL

A concepção por detrás dos cortes de Dedekind é que cada número real pode ser representado por um conjunto infinito de racionais, todos os racionais menores do que o real a ser considerado, como é feito na definição a seguir.

Um *corte de Dedekind* é um subconjunto C de $\mathbb{Q}$ de modo que:

(i) $\emptyset \neq C \neq \mathbb{Q}$;

(ii) C é *fechado inferiormente*, isto é, se $q \in C$ e $r < q$, então $r \in C$;

(iii) C não tem elemento máximo.

Exercício:

1) Mostrar que quando C é um corte, se $t \in \mathbb{Q}$-C, então valem:

   (i) para qualquer $q \in C$, temos $q < t$;

   (ii) se $r \in \mathbb{Q}$ e $r > t$, então $r \in \mathbb{Q}$-C.

Exemplos:

(a) Se $q \in \mathbb{Q}$, o conjunto $C(q) = \{s \in \mathbb{Q} \ / \ s < q\}$ é um corte:

   (i) $C(q) \neq \emptyset$ e $C(q) \neq \mathbb{Q}$, pois q-1 $\in C(q)$ e $q+1 \in \mathbb{Q}$-$C(q)$.

   (ii) $s \in C(q) \Leftrightarrow s \in \mathbb{Q}$ e $s < q$. Portanto, se $r \in \mathbb{Q}$ e $r < s$, então, por transitividade, $r < q$, ou seja, $r \in C(q)$.

   (iii) $s \in C(q) \Leftrightarrow s \in \mathbb{Q}$ e $s < q$. Portanto, qualquer que seja $s \in C(q)$, existe $t \in \mathbb{Q}$ tal que $s < t < q$, por exemplo, $t = (s+q)/2$. Assim, existe $t \in C(q)$, com $s < t$, e, portanto, $C(q)$ não tem elemento máximo.

   Recordemos que $\mathbb{Q}_+ = \{r \in \mathbb{Q} \ /r \geq 0\}$, $\mathbb{Q}_- = \{r \in \mathbb{Q} \ / \ r \leq 0\}$, $\mathbb{Q}_+{}^* = \{r \in \mathbb{Q} \ / \ r > 0\}$ e $\mathbb{Q}_-{}^* = \{r \in \mathbb{Q} \ / \ r < 0\}$. Desses conjuntos, apenas o último é um corte. Mais adiante veremos que esse corte é o zero dos números reais.

(b) O conjunto $x = \mathbb{Q}_-{}^* \cup \{r \in \mathbb{Q}_+ \ / \ r^2 < 2\}$ é um corte:

   (i) $x \neq \emptyset$ e $x \neq \mathbb{Q}$, pois $\mathbb{Q}_-{}^* \subseteq x$ e $2 \in \mathbb{Q}$ - x;

   (ii) se $r \in x$, então temos dois casos a considerar: $r \leq 0$ ou ($r > 0$ e $r^2 < 2$). Se $r \leq 0$ e $s \in \mathbb{Q}$, com $s < r$, então, por transitividade, $s < 0$ e, portanto, $s \in \mathbb{Q}_-{}^* \subseteq x$. Quando $r > 0$, $r^2 < 2$ e $s < r$ temos dois subcasos: $s \leq 0$ ou $s > 0$. Se $s \leq 0$, é claro que $s \in$

x. Se $s > 0$, temos $0 < s < r$. Logo, $0 < s^2 < s.r < r^2 < 2$ e, portanto, $s \in x$.

(iii) Como $1 \in x$, então nenhum racional $r < 1$ é elemento máximo de x. Verificamos agora que nenhum racional $r \geq 1$ é elemento máximo de x. Consideremos que $r \geq 1$ e $r^2 < 2$.

Veremos que, para cada $r \in x$, existe $s = r + \frac{1}{n}$, com $n \in \mathbb{N}^*$, tal que $s \in x$. Precisamos encontrar $n \in \mathbb{N}^*$ de maneira que: $s^2 < 2$, ou seja, $r^2 + \frac{2r}{n} + \frac{1}{n^2} < 2$. Como $\frac{1}{n^2} \leq \frac{1}{n} r^2 + \frac{2r}{n} + \frac{1}{n} < 2$, então: $r^2 + \frac{2r}{n}$

Mas, como $\mathbb{Q}$ é arquimediano, existe $n \in \mathbb{N}^*$ de modo que $n(2-r^2) > 2r+1$, ou seja, vale [1] e, portanto, $s^2 < 2$. Resumindo, qualquer seja $r \geq 1$ em x, existe $s \in x$ tal que $s = r + \frac{1}{n} > r$. Logo, x não tem elemento máximo.

Durante a construção, a seguir, do conjunto dos números reais, veremos que o corte do exemplo (b) representa um número real que não é um racional. Notamos aqui que x contém todos os racionais positivos cujo quadrado é menor que 2, e podemos encontrar em x elementos cujo quadrado é tão próximo de 2 quanto desejado. Isso sugere que o corte em questão é $\sqrt{2}$. Usaremos essa motivação para a definição dos números reais.

O conjunto $\mathbb{R}$ dos *números reais* é o conjunto de todos os cortes de Dedekind. Um *corte racional* é um corte x cujo complementar $\mathbb{Q}$-x tem elemento mínimo. Em contraposição, se o complementar $\mathbb{Q}$-x de um corte x não tem mínimo, então x é um *corte irracional*.

Exemplos:

(a) Se $q \in \mathbb{Q}$, então $C(q) = \{r \in \mathbb{Q} \ / \ r < q\}$ é um corte racional, pois Nesse caso, $\mathbb{Q}\text{-}C(q) = \{r \in \mathbb{Q} \ / \ r \geq q\}$ e, portanto, q é o elemento mínimo de $\mathbb{Q}\text{-}C(q)$. Como o complementar de $C(q)$ tem mínimo, $C(q)$ é um corte racional.

(b) Se x é um corte racional, o conjunto $\mathbb{Q}$-x tem mínimo. Denotemos esse elemento mínimo pelo símbolo q. Assim, se $r \in \mathbb{Q}$-x, então $q \leq r$. Também, pelo exercício 1, se $q \leq r$, então $r \in \mathbb{Q}$-x. Logo, $r \in x$ se, e somente se, $r < q$. Isso significa que $x = C(q) = \{r \in \mathbb{Q} \ / \ r < q\}$.

Assim, se x é um corte racional, então existe um racional q tal que $x = C(q) = \{r \in \mathbb{Q} \ / \ r < q\}$.

(c) Seja $\mathbb{R}_r$ o conjunto dos cortes racionais. A função $\varphi: \mathbb{Q} \to \mathbb{R}_r$, que a cada racional faz corresponder o corte $C(q)$, é bijetiva:

É evidente que φ é sobrejetiva, pois seu contradomínio $\mathbb{R}_r = \{C(q) \ / \ q \in \mathbb{Q}\}$ coincide com sua imagem. Para mostrarmos que φ é injetiva, consideremos dois racionais distintos q e s. Sem perder generalidade, suponhamos que $q < s$. Pela densidade de $\mathbb{Q}$, o número racional $t = (q+s)/2$ satisfaz $q < t < s$. Portanto, $t \notin C(q)$ e $t \in C(s)$ e, daí, $C(q) \neq C(s)$. Como φ é sobrejetiva e injetiva, concluímos que φ é bijetiva.

9.2. A Relação de Ordem de $\mathbb{R}$

A ordem sobre $\mathbb{R}$ para x e y em $\mathbb{R}$ é definida por:

$$x \leq y \Leftrightarrow x \subseteq y.$$

Assim, a ordem de $\mathbb{R}$ advém da relação de inclusão de conjuntos que é uma ordem nos conjuntos, pois:

$$\leq_{\mathbb{R}} = \{(x, y) \in \mathbb{R}\times\mathbb{R} \ / \ x \subseteq y\}.$$

Naturalmente, a ordem estrita é dada por:

$$<_{\mathbb{R}} = \{(x, y) \in \mathbb{R}\times\mathbb{R} \ / \ x \subset y\} \text{ e}$$

$$x < y \Leftrightarrow x \leq y \text{ e } x \neq y.$$

Também, temos que $x \geq y \Leftrightarrow y \leq x$ e $x > y \Leftrightarrow y < x$.

Teorema 9.1: A relação $\leq$ é uma ordem total sobre $\mathbb{R}$.

Demonstração: A relação $\leq$ é reflexiva, transitiva e antissimétrica, pois essas propriedades valem para a inclusão de conjuntos. Devemos mostrar que para todos x, y $\in \mathbb{R}$: $x \leq y$ ou $y \leq x$.

Suponhamos que $x \nleq y$, isto é, $x \nsubseteq y$. Mostramos então que $y \subset x$. Seja $q \in y$. Desde que $x \nsubseteq y$, existe algum racional $r \in x$ tal que $r \notin y$. Como $q \in y$, y é um corte e $r \notin y$, então, pelo exercício 1 (i), $q < r$. Agora, desde que $r \in x$ e x é um corte, então $q \in x$. Logo, $y \subset x$. ■

Exemplo:

(a) Para quaisquer racionais r e s: $r < s \Leftrightarrow C(r) < C(s)$:

Sejam $C(r) = \{q \in \mathbb{Q} \ / \ q < r\}$ e $C(s) = \{q \in \mathbb{Q} \ / \ q < s\}$.

($\Rightarrow$) Se $r < s$, então, como $\varphi: \mathbb{Q} \to \mathbb{R}_r$ é injetiva, $C(r) \neq C(s)$. Ao mesmo tempo, se $q < r$, por transitividade, $q < s$. Portanto, $C(r) \subseteq C(s)$ e obtemos $C(r) \subset C(s)$, isto é, $C(r) < C(s)$.

($\Leftarrow$) Se $C(r) < C(s)$, então $C(r) \subset C(s)$ e, daí, existe um racional q tal que $q \notin C(r)$ e $q \in C(s)$. Assim, $r \leq q < s$ e, por transitividade, $r < s$.

Seja $A \subseteq \mathbb{R}$. O conjunto A é *limitado superiormente* quando admite algum limitante superior, isto é, existe um número real x tal que $y \leq x$, para todo y em A. O *supremo* de A, caso exista, é o menor limitante superior de A.

Teorema 9.2: Cada subconjunto $A \subseteq \mathbb{R}$ não vazio e limitado superiormente tem supremo em $\mathbb{R}$.

Demonstração: Seja $A \subseteq \mathbb{R}$, $A \neq \emptyset$ e A limitado superiormente. Mostraremos que seu supremo é $\cup A$.

Verifiquemos que $\cup A \in \mathbb{R}$. Como A é não vazio, então $\cup A \neq \emptyset$. Considerando que A é limitado superiormente, seja $z \in \mathbb{R}$ um limitante superior de A. O limitante z é um corte e, desse modo, $z \neq \mathbb{Q}$. Agora, para todo $x \in A$, tem-se que $x \subseteq z$ e, daí, $\cup A \subseteq z$. Logo, $\cup A \neq \mathbb{Q}$.

O conjunto $\cup A$ é fechado inferiormente: consideremos um racional q arbitrário. Se $q \in \cup A$, então $q \in x$ para algum $x \in A$. Como x é um corte, todo racional r, tal que $r < q$, satisfaz $r \in x \subseteq \cup A$. Logo, $r \in \cup A$.

Agora mostramos que $\cup A$ não tem um elemento máximo. Dado $q \in \cup A$, existe $x \in A$ com $q \in x$. Como x é um corte, então x não tem elemento máximo, ou seja, existe $r \in x$ com $q < r$. Logo, para $q \in \cup A$, existe $r \in \cup A$ tal que $q < r$.

Concluindo, $\cup A$ é um corte de Dedekind, ou melhor, um número real.

Pela definição de $\cup A$, temos que se $x \in A$, então $x \subseteq \cup A$. Isso significa que $\cup A$ é um limitante superior de A, ou seja, para todo $x \in A$ temos $x \leq \cup A$.

Agora, mostramos que $\cup A = \sup(A)$. Seja z um limitante superior de A, isto é, para cada $x \in A$ tem-se que $x \subseteq z$. Então, $\cup A \subseteq z$, ou seja, $\cup A \leq z$. Desse modo, $\cup A$ é o menor limitante superior de A, ou seja, $\cup A$ é o supremo de A. ■

9.3. ADIÇÃO DE NÚMEROS REAIS

A operação de adição em $\mathbb{R}$ é facilmente definida a partir da adição de racionais do seguinte modo.

Para x, y ∈ $\mathbb{R}$, a *adição* de x e y é definida por:

$$x + y =_{def} \{q + r \,/\, q \in x \text{ e } r \in y\}.$$

Proposição 9.3: A soma x + y dos números reais x e y é também um número real.

Demonstração:

(i) Claramente, x + y é um subconjunto não vazio de $\mathbb{Q}$.

(ii) Mostramos, agora, que $x + y \neq \mathbb{Q}$. Como x e y são cortes, existem $q' \in \mathbb{Q}-x$ e $r' \in \mathbb{Q}-y$. Daí, se $q \in x$ e $r \in y$, então, pelo Exercício 1 (i), $q < q'$ e $r < r'$ e, portanto, $q + r < q' + r'$. Desse modo, como todo membro q + r de x + y é estritamente menor que q' + r', então $q' + r' \notin x + y$.

(iii) O conjunto x + y é fechado inferiormente. Consideramos um $p < q + r \in x + y$, com $q \in x$ e $r \in y$. Então, adicionando −q a ambos os membros da desigualdade, temos $p-q < r \in y$. Como y é um corte, segue que $p-q \in y$. Portanto, $p = q+(p-q) \in x + y$.

(iv) x + y não tem elemento máximo, pois para $q + r \in x + y$ com $q \in x$ e $r \in y$, como x e y são cortes, então existem $q' \in x$ e $r' \in y$ tais que $q < q'$ e $r < r'$. Portanto, $q + r < q' + r' \in x + y$. ■

Exemplos:

(a) Se r, s ∈ $\mathbb{Q}$, então C(r)+C(s) = C(r+s). Para verificar esse fato, mostramos que cada membro é subconjunto do outro. Primeiro, notamos que $c \in C(r)+C(s) \Leftrightarrow$ existem $a <$ r e $b <$ s tais que $c = a + b$, enquanto $c \in C(r+s) \Leftrightarrow c < r + s$.

(⇒) $c \in C(r)+C(s) \Rightarrow c < r + s \Rightarrow c \in C(r+s)$, ou seja, $C(r)+C(s) \subseteq C(r+s)$.

(⇐) $c \in C(r+s) \Rightarrow c < r+s$.

Portanto, $d = (r+s)-c > 0$ e, nessas condições, $c = (r+s)-d = a+b$,

com $a = (r-\frac{d}{2}) < r$ e $b = (s-\frac{d}{2}) < s$.

Logo, $c \in C(r)+C(s)$, isto é, $C(r+s) \subseteq C(r)+C(s)$.

Concluindo $C(r)+C(s) = C(r+s)$ e, consequentemente, a adição de corte racionais produz um corte racional.

(b) $C(2) + C(-3) = C(-1)$.

(c) Para todo $q \in \mathbb{Q}$, $C(q)+C(0) = C(q+0) = C(q) = C(0+q) = C(0)+C(q)$.

Teorema 9.4: A adição de números reais é associativa e comutativa, ou seja, para todos $x, y, z \in \mathbb{R}$ valem:

(i) $(x+y)+z = x+(y+z)$

(ii) $x+y = y+x$.

Demonstração: Usaremos as propriedades associativa e comutativa da adição de racionais.

(i) Quaisquer que sejam x, y e z em $\mathbb{R}$ temos: $(x+y)+z = \{s+r \ / \ s \in x + y \text{ e } r \in z\} = \{(p+q)+r \ / \ p \in x, q \in y \text{ e } r \in z\} = \{p+(q+r) \ / \ p \in x, q \in y \text{ e } r \in z\} = \{p+u \ / \ p \in x, u \in y + z\} = x+(y+z)$.

(ii) Para x e y em $\mathbb{R}$ temos: $x+y = \{p+q \ / \ p \in x \text{ e } q \in y\} = \{q+p \ / \ q \in y \text{ e } p \in x \} = y+x$. ■

De acordo com o exemplo (c), temos que, qualquer que seja o corte racional $C(q)$, vale $C(q)+C(0) = C(0)+C(q) = C(q)$. Em seguida, estabelecemos que o mesmo aplica-se para todos os cortes. Isso significa que C(0) é o elemento neutro da adição de números reais e justifica o uso do símbolo $0_{\mathbb{R}}$, que denota o *zero dos reais*. Quando não houver como confundir o zero dos reais com o dos racionais, escreveremos 0 em lugar de $0_{\mathbb{R}}$.

Teorema 9.5:

(i) Para todo $x \in \mathbb{R}$, temos $x+0_{\mathbb{R}} = x$.

(ii) $x > 0_{\mathbb{R}} \Leftrightarrow (\exists\, q \in x)(q > 0)$;

(iii) $x < 0_{\mathbb{R}} \Rightarrow (q < 0)$(para todo $q \in x$).

Demonstração:

(i) Devemos demonstrar que $x + C(0)= x$. Se $c \in x + C(0)$, então $c = a + b$, com $a \in x$ e $b < 0$. Assim $c < a$ e como x é fechado inferiormente e $a \in x$, então $c \in x$. Logo, $x + C(0) \subseteq x$. Por outro lado, se $c \in x$, como x não tem máximo, existe algum $a \in x$, com $c < a$. Considerando $b = c - a < 0$, temos que existem $a \in x$ e $b < 0$, tais que $c = a+b$, ou seja, $c \in x + C(0)$. Logo, $x \subseteq x+C(0)$. Conclui-se que $x + C(0) = x$. ■

EXERCÍCIO:

2) Fazer a demonstração dos itens (ii) e (iii) do teorema precedente.

De acordo com notação usual, indicamos $\mathbb{R}_+ = \{x \in \mathbb{R} \,/\, x \geq 0\}$, os reais não negativos; $\mathbb{R}_- = \{x \in \mathbb{R} \,/\, x \leq 0\}$, os reais não positivos; $\mathbb{R}_+^* = \{x \in \mathbb{R} \,/\, x > 0\}$, os reais positivos; e $\mathbb{R}_-^* = \{x \in \mathbb{R} \,/\, x < 0\}$, os reais negativos. Também, o conjunto dos reais diferentes de $0_{\mathbb{R}}$ é indicado por $\mathbb{R}^*$.

Conforme o exemplo (a) acima e a comutatividade da adição de reais, qualquer que seja o número racional q, temos C(q)+C(-q) = C(-q)+C(q) = C(0) = $0_{\mathbb{R}}$. Isso quer dizer que todo corte racional é simetrizável para a adição e justifica a notação C(-q) = -C(q). Em seguida introduzimos uma maneira geral de indicar o oposto de um corte de Dedekind.

Dado $x \in \mathbb{R}$, define-se o *oposto* de x, denotado por –x, como:

$$-x = \{r \in \mathbb{Q} \ / \ r < -s \text{ para algum } s \notin x\}.$$

Para verificarmos que o oposto de cada corte é o elemento simétrico da adição, precisaremos levar em consideração a seguinte propriedade dos cortes:

Proposição 9.6: Se C é um corte e r um número racional positivo, então existe $c \in C$, tal que r+c não está em C.

Demonstração: Seja r um número racional positivo. Como C e $\mathbb{Q}$-C não são vazios, podemos tomar $c_1 \in C$ e $s_1 \in \mathbb{Q}$-C. Então, podemos construir uma sequência de racionais tal que, para todo natural n, vale $c_{n+1} = c_n + r$ e, portanto, $c_n = c_1 + (n-1).r$.

Pela propriedade arquimediana de $\mathbb{Q}$, temos que existe $m \in \mathbb{N}$, tal que $(m-1).r > s_1 - c_1$. Mas $(m-1).r = c_m - c_1$ e daí $c_m > s_1$. Como C é um corte e $s_1 \in \mathbb{Q}$-C, temos que c_m é maior que todos os elementos de C e, assim, $c_m \in \mathbb{Q}$-C. Como $c_m \notin C$ e $c_1 \in C$, pela boa ordem de $\mathbb{N}$, existe n natural tal que $c_{n+1} \notin C$ e $c_n \in C$. Logo, $c = c_n$ é um elemento de C tal que $c+r = c_{n+1}$ não pertence a C. ■

Teorema 9.7: Para todo $x \in \mathbb{R}$:

(i) $-x \in \mathbb{R}$

(ii) $x + (-x) = 0_{\mathbb{R}}$.

Demonstração: Se $x \in \mathbb{R}$, naturalmente existe algum racional s tal que $s \notin x$. Consideremos $r = -s-1 < -s$. Então

$r \in -x$ e, portanto, $-x \neq \emptyset$. Para mostrar que $-x \neq \mathbb{Q}$, consideremos $p \in x$. Decorre daí, que $-p \notin -x$, pois se $-p \in -x$ existiria $s \notin x$ tal que $-p < -s$. Logo, $s < p \in x$ e, portanto, $s \in x$, o que é uma contradição com $s \notin x$. Dessa forma, $-p \notin -x$ e $-x \neq \mathbb{Q}$.

O conjunto $-x$ é fechado inferiormente, pois se $q < r \in -x$, então existe $s \notin x$ tal que $r < -s$. Assim, $q < -s$ e $s \notin x$. Logo, $q \in -x$.

Resta-nos mostrar que $-x$ não tem um maior elemento. Seja r um elemento de $-x$. Então, existe $s \notin x$ tal que $r < -s$. Logo, $r < \frac{r-s}{2} < -s$, ou seja, $r < \frac{r-s}{2}$ e $\frac{r-s}{2} \in -x$. Concluindo, $-x$ é um número real.

(ii) Por definição: $x+(-x) = \{q + r \ / \ q \in x \text{ e } r < -s$ para algum $s \notin x\}$. Como $q \in x$ e $s \notin x$, então $q < s$. Logo, $q - s < 0$ e, portanto, $q + r < q + (-s) = q - s < 0$. Assim $q + r \in 0_{\mathbb{R}}$, ou seja, $x+(-x) \subseteq 0_{\mathbb{R}}$. Para estabelecermos a outra inclusão, seja $p \in 0_{\mathbb{R}}$. Então, $p < 0$ e, desse modo, $-p$ é positivo. Logo, pela Proposição 9.6, existe algum $q \in x$ para o qual $q+(-p/2) \notin x$. Tomando $s = q - (p/2)$, temos que $s \notin x$ e $p - q < (p/2) - q = -s$. Logo, $p - q \in -x$ e $p = q + (p-q) \in x+(-x)$, mostrando a outra inclusão, ou seja, $0_{\mathbb{R}} \subseteq x+(-x)$. Concluido, $x+(-x) = 0_{\mathbb{R}}$. ■

Proposição 9.8: Para $x, y, z \in \mathbb{R}$, tem-se que: $x + z = y + z \Rightarrow x = y$.

Demonstração: Basta adicionarmos $-z$ em ambos os lados da primeira igualdade. ■

Para dois números reais x e y define-se a *subtração* por $x - y =_{def} x+(-y)$.

Proposição 9.9: Em $\mathbb{R}$ valem:

(i) $x - x = 0$

(ii) $x + y = 0 \Rightarrow y = -x$

(iii) $-0 = 0$

(iv) $(y + x) - x = y$

(v) $-(x+y) = -x - y$.

Demonstração:

(i) $x - x = x + (-x) = 0$

(ii) Se $x + y = 0$, então $y = y + 0 = y + (x - x) = (y + x) + (-x) = 0 + (-x) = -x$.

(iii) Como $0 + 0 = 0$, por (ii), $0 = -0$.

(iv) $(y + x) - x = (y + x) + (-x) = y + (x - x) = y + 0 = y$.

(iv) $(x + y) + (-x - y) = (y + x) + (-x+(-y)) = ((y + x) - x)+(-y) = y - y = 0$. Logo, por (ii), $-x - y = -(x + y)$. ■

A operação de adição de números reais preserva a ordem.

Proposição 9.10: Para $x, y, z \in \mathbb{R}$ vale: $x < y \Leftrightarrow x+z < y+z$.

Demonstração: ($\Rightarrow$) Se $x \leq y$, então $x \subseteq y$, ou seja, $q \in x \Rightarrow q \in y$. Portanto, para $q+s \in x+z$, com $q \in x$ e $s \in z$, temos $q \in y$, portanto, $q+s \in y+z$. Assim, $x+z \subseteq y+z$, ou seja, $x+z \leq y+z$. Pela Proposição 9.8, $x \neq y \Rightarrow x+z \neq y+z$. Logo, $x < y \Rightarrow x+z < y+z$.

($\Leftarrow$) Seja $x+z < y+z$. Por ($\Rightarrow$), temos $(x+z) + (-z) < (y+z) + (-z)$ e, então, $x < y$. ■

Exercício:

3) Para a, b, c, d $\in \mathbb{R}$ verificar que:

(a) $c > 0 \Leftrightarrow -c < 0$

(b) $c < 0 \Leftrightarrow -c > 0$

(c) $c > d \Leftrightarrow c-d > 0$

(d) $a > b$ e $c > d \Rightarrow a+c > b+d$.

9.4. A multiplicação de Números Reais

A definição do produto de números reais não pode ser dada com a mesma simplicidade que a da soma. Se tentamos usar o conjunto $z = \{q.r \ / \ q \in x \text{ e } r \in y\}$ para o produto dos cortes x e y, decorre que z não é um corte. Para verificarmos esse fato, tomemos um racional t. Como x e y são cortes, existem $q \in x$ e $s \in y$, com $q < -1$ e $s < -t$. Portanto, $-q > 1$ e $-s > t$. Assim $q.s = (-q).(-s) > (-q).t > 1.t = t$. Como $q.s \in z$, se z é um corte, então $t \in z$ e, desse modo, z contém todos os racionais, ou seja, $z = \mathbb{Q}$, contradizendo a definição de corte.

A seguir, dados dois conjuntos de racionais x e y, não necessariamente cortes, o conjunto $\{q.r \ / \ q \in x \text{ e } r \in y\}$ é denotado por $x \circ y$, para diferenciá-lo do produto x.y de números reais que será definido adiante.

Vimos que a complicação que envolve o produto dos cortes deve-se à existência, em cada corte, de números racionais negativos cujo produto pode ser arbitrariamente grande.

Quando os cortes x e y não são negativos, o problema pode ser evitado com a exclusão dos racionais negativos de cada corte. Por exemplo, para o corte x, obtemos o conjunto $x^{\bullet} = x - \mathbb{Q}_{-}^{*}$, que chamamos de *parte não negativa* de x. Como $0 \leq x$, isto é, $\mathbb{Q}_-^* \subseteq x$, temos $\mathbb{Q}_-^* \cup x^\bullet = \mathbb{Q}_-^* \cup (x \cap \mathbb{Q}_+) = (\mathbb{Q}_-^* \cup x) \cap \mathbb{Q} = x$. Isso nos permite obter um corte a partir de sua parte não negativa. Assim, usamos a ideia intuitiva $(x.y)^\bullet = x^\bullet \circ y^\bullet$ para obtermos $x.y = \mathbb{Q}_-^* \cup (x^\bullet \circ y^\bullet)$.

Quando algum dos cortes é negativo, costuma-se substituí-lo por seu oposto e, assim, forçamos o cumprimento da conhecida regra de sinais. Por exemplo, se $x \geq 0$ e $y < 0$, então $x.y = -(x.(-y))$. Desse modo, basta sabermos calcular o produto de números reais não negativos para a obtenção do produto de reais quaisquer.

Dados $x, y \in \mathbb{R}$, o *produto* de x por y, denotado por x.y, é definido por:

(i) quando $x \geq 0$ e $y \geq 0$:

$$x.y = \mathbb{Q}_-^* \cup (x^\bullet \circ y^\bullet).$$

(ii) quando $x \geq 0$ e $y < 0$:

$$x.y = -(x.(-y)).$$

(iii) quando $x < 0$ e $y \geq 0$:

$$x.y = -((-x).y).$$

(iv) quando $x < 0$ e $y < 0$:

$$x.y = (-x).(-y).$$

Proposição 9.11: Quando $x, y \in \mathbb{R}_+$, segue que $x.y \in \mathbb{R}_+$.

Demonstração:

(i) Certamente $x.y \neq \emptyset$, pois $\mathbb{Q}_- \subseteq x.y$.

(ii) Veremos agora que $x.y \neq \mathbb{Q}$. Se $q' \in \mathbb{Q} - x$ e $r' \in \mathbb{Q} - y$, então $q \in x^\bullet \Rightarrow 0 \leq q < q'$ e $r \in y^\bullet \Rightarrow 0 \leq r < r'$. Assim, $0 \leq q.r < q'.r'$, para todos $q \in x^\bullet$ e $r \in y^\bullet$. Logo, o racional $q'.r'$ é maior que todos os elementos de x.y e, portanto, $x.y \neq \mathbb{Q}$.

(iii) Para vermos que x.y é fechado inferiormente, sejam $t \in x.y$ e $s \in \mathbb{Q}$, com $s < t$. Se $s < 0$, então $s \in \mathbb{Q}_-^* \subseteq x.y$. Se $s \geq 0$, então $t > 0$, com $t = q.r$, em que $q \in x^\bullet$ e $r \in y^\bullet$. Logo $0 \leq t < q.r$ e, portanto, $0 \leq t/q < r$. Como y é um corte e $r \in y$, então $t/q \in y^\bullet$. Assim, $s = q.(t/q) \in x^\bullet \circ y^\bullet \subseteq x.y$.

(iv) Notemos que $\mathbb{Q}_-^*$ e $x^\bullet \circ y^\bullet$ são conjuntos disjuntos. Seja $t \in x.y$. Quando $t \in \mathbb{Q}_-^*$, para todos $q \in x^\bullet$ e $r \in y^\bullet$, temos $q.r \geq 0$ e, portanto, há elementos de x.y que são maiores que t. Isto é, nenhum $t \in \mathbb{Q}_-^*$ é elemento máximo de x.y. Por outro lado, seja $t = q.r$, com $q \in x^\bullet$ e $r \in y^\bullet$. Como x e y são cortes, existem $q' \in x$ e $r' \in y$ tais que $0 \leq q < q'$ e $0 \leq r < r'$ e, portanto, $t = q.r < q'.r' \in x.y$. Logo, nenhum $t \in x^\bullet \circ y^\bullet$ é elemento máximo de x.y. Concluímos que x.y não tem máximo.

Dos itens (i) a (iv), segue que x.y é um número real. Agora é simples mostrar que esse corte pertence a $\mathbb{R}_+$. De fato, temos $0_\mathbb{R} = C(0) = \mathbb{Q}_-^*$. Portanto, $0_\mathbb{R} \subseteq x.y$, ou seja, $0_\mathbb{R} \leq x.y$. Logo $x.y \in \mathbb{R}_+$. ■

Teorema 9.12: Para quaisquer que sejam os números reais x e y, o produto x.y é um número real.

Demonstração: Usaremos, de acordo com a Proposição 9.11, o fato de que o produto de cortes não negativos é um corte. Se $x \geq 0$ e $y \geq 0$, está garantida a tese. Se $x < 0$ e $y < 0$, então $-x > 0$ e $-y > 0$ e, portanto, $x.y = (-x).(-y)$ é um corte. Se $x < 0$ e $y \geq 0$, então $(-x).y$ é um corte e seu oposto $x.y = -((-x).y)$ também é um corte. Analogamente, se $x \geq 0$ e $y < 0$, então $x.(-y)$ é um corte e seu oposto $x.y = -(x.(-y))$ também é um corte. ■

Em seguida veremos uma regra simples para calcular o produto de cortes racionais. Para isso é conveniente verificarmos a seguinte propriedade.

Lema 9.13: Se $t \in \mathbb{Q}$ e $0 \leq t < 1$, então existem números racionais t_1 e t_2 que satisfazem $0 < t_1 < 1$, $0 \leq t_2 < 1$ e $t_1 \cdot t_2 = t$.

Demonstração:

Como t e 1 são racionais e $t < 1$, sua média aritmética $t_1 = \frac{t+1}{2} 0$, por transitividade, $t_1 > 0$. Logo, $0 < t_1 < 1$. Tomando $t_2 = t/t_1$, obtemos $0 \leq t_2 < 1$ e $t_1.t_2 = t_1.(t/t_1) = t$. ■

Proposição 9.14: Se q e r são números racionais, então $C(q).C(r) = C(q.r)$.

Demonstração: Primeiro, suponhamos que $q \geq 0$ e $r \geq 0$. Sejam $q' \in C(q)^{\bullet}$ e $r' \in C(r)^{\bullet}$. Assim, $0 \leq q' < q$ e $0 \leq r' < r$. Então $0 \leq q'.r' < q.r$, isto é, $q'.r \in C(q.r)^{\bullet}$ e, portanto, $C(q)^{\bullet} \circ C(r)^{\bullet} \subseteq C(q.r)^{\bullet}$.

Por outro lado, se $z \in C(q.r)^{\bullet}$, então

$$0 \leq z < q.r \text{ e } 0 \leq \frac{z}{q.r} < 1.$$

Pelo lema anterior, existem

$$0 < t_1 < 1, 0 \leq t_2 < 1 \text{ e } t_1 . t_2 = \frac{z}{q.r}.$$

Portanto, $z = (t_1 . t_2).(q.r) = (t_1.q).(t_2.r)$, com $0 < t_1.q < q$ e $0 \leq t_2.r < r$. Então, $z \in C(q)^{\bullet} \circ C(r)^{\bullet}$ e, daí, $C(q.r)^{\bullet} \subseteq C(q)^{\bullet} \circ C(r)^{\bullet}$. Assim, $C(q)^{\bullet} \circ C(r)^{\bullet} = C(q.r)^{\bullet}$ e, unindo cada membro com $\mathbb{Q}_-^*$, obtemos $C(q).C(r) = C(q.r)$.

Se $q < 0$ e $r \geq 0$, então $C(q).C(r) = -((-C(q)).C(r)) = -(C(-q).C(r)) = -C(-q.r) = -(-C(q.r)) = C(q.r)$.

Se $q \geq 0$ e $r < 0$, então $C(q).C(r) = -(C(q).(-C(r))) = -(C(q).C(-r)) = -C(-q.r) = -(-C(q.r)) = C(q.r)$.

Finalmente, se $q < 0$ e $r < 0$, então $C(q).C(r) = (-C(q)).(-C(r)) = C(-q).C(-r) = C(q.r)$. ■

Proposição 9.15: Se x, y e z são reais não negativos, então vale:

(i) $(x.y)^{\bullet} = x^{\bullet} \circ y^{\bullet}$;

(ii) $x.(y.z) = (x.y).z$;

(iii) $x.y = y.x$;

(iv) $(x+y)^{\bullet} = x^{\bullet}+y^{\bullet}$;

(v) $x^{\bullet} \circ (y^{\bullet}+z^{\bullet}) = x^{\bullet} \circ y^{\bullet} + x^{\bullet} \circ z^{\bullet}$;

(vi) $x.(y+z) = x.y+x.z$;

(vii) $0^{\bullet} = \emptyset$.

Demonstração:

(i) $(x.y)^{\bullet} = x.y - \mathbb{Q}_-^* = (\mathbb{Q}_-^* \cup (x^{\bullet} \circ y^{\bullet})) \cap \mathbb{Q}_+ = (x^{\bullet} \circ y^{\bullet}) \cap \mathbb{Q}_+ = x^{\bullet} \circ y^{\bullet}$, pois $x^{\bullet} \circ y^{\bullet} \subseteq \mathbb{Q}_+$.

(ii) Por definição, por (i) e pela associatividade da operação $\circ$, $x.(y.z) = \mathbb{Q}_-^* \cup (x^{\bullet} \circ (y.z)^{\bullet}) = \mathbb{Q}_-^* \cup (x^{\bullet} \circ (y^{\bullet} \circ z^{\bullet})) = \mathbb{Q}_-^* \cup ((x^{\bullet} \circ y^{\bullet}) \circ z^{\bullet}) = \mathbb{Q}_-^* \cup ((x.y)^{\bullet} \circ z^{\bullet}) = (x.y).z$.

(iii) Por definição e pela comutatividade da operação $\circ$, $x.y = \mathbb{Q}_-^* \cup (x^{\bullet} \circ y^{\bullet}) = \mathbb{Q}_-^* \cup (y^{\bullet} \circ x^{\bullet}) = y.x$

(iv) De um lado temos $(x+y)^{\bullet} = (x+y) - \mathbb{Q}_-^* = \{q+r \ / \ q \in x, r \in y \text{ e } q+r \geq 0\}$. Do outro lado, $x^{\bullet}+y^{\bullet} = \{q+r \ / \ q \in x^{\bullet}, r \in y^{\bullet}\} = \{q+r \ / \ 0 \leq q \in x, 0 \leq r \in y\}$. Assim, $x^{\bullet}+y^{\bullet} \subseteq (x+y)^{\bullet}$.

Veremos agora que $(x+y)^{\bullet} \subseteq x^{\bullet}+y^{\bullet}$. Seja $t \in (x+y)^{\bullet}$, isto é, $t = q+r \geq 0$, com $q \in x$ e $r \in y$. Temos três casos a considerar: [1] Se $q \geq 0$ e $r \geq 0$, então $t \in x^{\bullet}+y^{\bullet}$. [2] Se $q < 0$, então $r > 0$. Seja $q_1 \in x^{\bullet}$ e, portanto, $q_1 \geq 0$. Se $q_1 \leq t$, então $t = q_1 + (t-q_1)$, com $0 \leq t - q_1 = r + (q - q_1) < r$. Logo, $(t-q_1) \in y^{\bullet}$ e, portanto, $t \in x^{\bullet}+y^{\bullet}$. Se $q_1 > t$, então tomamos $q_2 = t/2 \in x^{\bullet}$. Assim, $t = q_2 + (t-q_2)$, em que $0 \le t - q_2 = r + (q - q_2) < r$. Portanto, $(t-q_2) \in y^{\bullet}$ e $t \in x^{\bullet}+y^{\bullet}$. [3] De modo análogo, se $r < 0$, temos que $t \in x^{\bullet}+y^{\bullet}$. Assim, $(x+y)^{\bullet} \subseteq x^{\bullet}+y^{\bullet}$ e, daí, $(x+y)^{\bullet} = x^{\bullet}+y^{\bullet}$.

(v) De um lado temos $x^{\bullet}\circ(y^{\bullet}+z^{\bullet}) = \{q.(r+s) \,/\, 0 \le q \in x, 0 \le r \in y \text{ e } 0 \le s \in z\}$. Do outro lado, $x^{\bullet}\circ y^{\bullet}+ x^{\bullet}\circ z^{\bullet} = \{q_1.r+q_2.s \,/\, 0 \le q_1 \in x, 0 \le q_2 \in x, 0 \le r \in y \text{ e } 0 \le s \in z\}$. É imediato que $x^{\bullet}\circ(y^{\bullet}+z^{\bullet}) \subseteq x^{\bullet}\circ y^{\bullet}+ x^{\bullet}\circ z^{\bullet}$.

Resta, então, verificarmos que $x^{\bullet}\circ y^{\bullet}+ x^{\bullet}\circ z^{\bullet} \subseteq x^{\bullet}\circ(y^{\bullet}+z^{\bullet})$. Seja $t = q_1.r + q_2.s$, com $0 \le q_1 \in x$, $0 \le q_2 \in x$, $0 \le r \in y$ e $0 \le s \in z$. Se $q_1 = q_2$, então $t = q_1.(r + s) \in x^{\bullet}\circ(y^{\bullet}+z^{\bullet})$. Se $0 \le q_1 < q_2$, então $0 \le q_1/q_2 < 1$. Dessa forma, $t = q_2.((q_1/q_2).r+s)$, em que $0 \le q_2 \in x$, $0 \le (q_1/q_2).r \in y$ e $0 \le s \in z$ e, portanto, $t \in x^{\bullet}\circ(y^{\bullet}+z^{\bullet})$. Se $0 \le q_2 < q_1$, por raciocínio análogo, verifica-se que $t \in x^{\bullet}\circ(y^{\bullet}+z^{\bullet})$. Finalmente, $x^{\bullet}\circ y^{\bullet}+ x^{\bullet}\circ z^{\bullet} \subseteq x^{\bullet}\circ(y^{\bullet}+z^{\bullet})$ e, portanto, $x^{\bullet}\circ y^{\bullet}+ x^{\bullet}\circ z^{\bullet} = x^{\bullet}\circ(y^{\bullet}+z^{\bullet})$.

(vi) $x.(y+z) = \mathbb{Q}_-^* \cup (x^{\bullet}\circ(y+z)^{\bullet}) = \mathbb{Q}_-^* \cup (x^{\bullet}\circ(y^{\bullet}+z^{\bullet})) = \mathbb{Q}_-^* \cup (x^{\bullet}\circ y^{\bullet}+ x^{\bullet}\circ z^{\bullet}) = \mathbb{Q}_-^* \cup ((x.y)^{\bullet}+(x.z)^{\bullet}) = \mathbb{Q}_- \cup (x.y + x.z)^{\bullet} = x.y + x.z$.

(vii) $0^{\bullet} = C(0) - \mathbb{Q}_-^* = \emptyset$. ■

De acordo com a Proposição 9.14, temos que para todo racional q vale: $C(1).C(q) = C(q).C(1) = C(q)$. Isso significa que $C(1)$ é elemento neutro para a multiplicação de cortes racionais. Em seguida, veremos que essas igualdades valem para todos os cortes. Isso justifica o uso do símbolo $1_{\mathbb{R}}$ (*elemento unidade dos reais*) no lugar de $C(1)$. Nos casos em que não exista possibilidade de confusão, denotaremos a unidade $1_{\mathbb{R}}$ simplesmente por 1.

Proposição 9.16: Para todo número real x valem:

(i) $0 < 1$

(ii) Se $x \geq 0$, então $x^{\bullet} \circ 1^{\bullet} = x^{\bullet}$

(iii) $1.x = x.1 = x$

(iv) $0.x = x.0 = 0$

(v) $(-1).x = x.(-1) = -x$.

Demonstração:

(i) $0 = \mathbb{Q}_{-}^{*} \subset C(1)$ e, portanto, $0 < 1$.

(ii) Se $q \in x^{\bullet}$ e $r \in 1^{\bullet}$, então $0 \leq q$ e $0 \leq r < 1$ e, daí, $0 \leq q.r < q$. Portanto, $q.r \in x^{\bullet}$. Assim, $x^{\bullet} \circ 1^{\bullet} \subseteq x^{\bullet}$. Como $x^{\bullet}$ não tem máximo, seja $s \in x^{\bullet}$, com $0 \leq q < s$. Então $0 \leq q/s < 1$ e $q = s.(q/s) \in x^{\bullet} \circ 1^{\bullet}$. Isso mostra que $x^{\bullet} \subseteq x^{\bullet} \circ 1^{\bullet}$. Logo, $x^{\bullet} = x^{\bullet} \circ 1^{\bullet}$.

(iii) Se $x \geq 0$, então, por (ii), $x.1 = \mathbb{Q}_{-}^{*} \cup (x^{\bullet} \circ 1^{\bullet}) = \mathbb{Q}_{-}^{*}$. Também, da Proposição 9.15 (iii), $1.x = x.1 = x$. Se $x < 0$, então $x.1 = -((-x).1) = -(-x) = x$. Analogamente, $1.x = -(1.(-x)) = -(-x) = x$.

(iv) Se $x \geq 0$, então, pela Proposição 9.15 (vii), $0.x = \mathbb{Q}_{-}^{*} \cup (0^{\bullet} \circ x^{\bullet}) = \mathbb{Q}_{-}^{*} \cup (\emptyset \circ x^{\bullet}) = \mathbb{Q}_{-}^{*} \cup \emptyset = \mathbb{Q}_{-}^{*} = 0$. Ao mesmo tempo, pela Proposição 9.14 (iii), $x.0 = 0.x = 0$. Por outro lado, se $x < 0$, então $x.0 = -((-x).0) = -0 = 0$. Da mesma maneira, $0.x = -(0.(-x)) = -0 = 0$.

(v) Se $x \geq 0$, então $(-1).x = -(1.x) = -x$ e $x.(-1) = -(x.1) = -x$. Quando $x < 0$, temos $(-1).x = 1.(-x) = -x$ e $x.(-1) = (-x).1 = -x$. ■

Teorema 9.17: Para quaisquer números reais x, y e z, vale o seguinte:

(i) $x.(y.z) = (x.y).z$;

(ii) $x.y = y.x$;

(iii) $x.(y+z) = x.y+x.z$;

(iv) $x.y = 0 \Rightarrow x = 0$ ou $y = 0$;

(v) $(-x).y = x.(-y) = -(x.y)$;

(vi) $(-x).(-y) = x.y$.

Demonstração: Deixamos como exercício. ■

Exercícios:

4) Mostrar cada um dos itens do teorema acima.

Sejam a, b, $c \in \mathbb{R}$:

5) Mostrar que: se $a > b$ e $c > 0$, então $a.c > b.c$.

6) Mostrar que: se $a > b$ e $c < 0$, então $a.c < b.c$.

7) Mostrar que: se $c < 0$, então $c^2 = c.c > 0$.

Como já definimos a unidade real, podemos agora nos ocupar do elemento inverso da multiplicação. De acordo com a Proposição 9.14, temos que para qualquer racional $q \neq 0$, $C(q).C(1/q) = C(1/q).C(q) = C(1) = 1$. Isso significa que todo corte racional diferente de zero, da forma $C(q)$, é simetrizável e seu inverso é $C(q)^{-1} = C(1/q)$. Ao mesmo tempo, pela Proposição 9.16 (vii), qualquer que seja o número real x, temos $x.0 = 0.x \neq 1$. Portanto, 0 não é simetrizável para a multiplicação e, daí, não podemos definir seu inverso. A seguir, apresentamos a definição geral do inverso de um corte positivo. Evidentemente, não basta utilizarmos o conjunto dos inversos dos elementos do corte, pois essa operação produz um conjunto com racionais arbitrariamente grandes. Veremos também que se o corte x é negativo, o inverso de x é o oposto do inverso de –x.

Para todo corte positivo x, o *inverso* de x é definido por:

$$x^{-1} = \mathbb{Q}_-^* \cup x^{\blacklozenge},$$

em que $x^{\blacklozenge} = \{r \in \mathbb{Q} \ / \ 0 \leq r < q^{-1}$, para algum $q \in \mathbb{Q} - x\}$.

EXERCÍCIO:

8) Demonstrar que, para todo número real positivo x, vale $(x^{-1})^{\bullet} = x^{\blacklozenge}$.

9) Verificar que, de acordo com a definição acima, para todo racional positivo q, vale $C(q)^{-1} = C(1/q)$.

Proposição 9.18: Se x é um corte positivo, então x^{-1} é um corte positivo.

Demonstração:

(i) Desde que $\mathbb{Q}_-^* \subseteq x^{-1}$, então $x^{-1} \neq \emptyset$.

(ii) Como x é um corte positivo, então existe um racional $s > 0$ que pertence a x e, qualquer que seja $q \in \mathbb{Q} - x$, vale $0 < s < q$. Portanto, $0 < q^{-1} < s^{-1}$ para todo $q \in \mathbb{Q} - x$ e, daí, $s^{-1} \notin \mathbb{Q}_-^*$ e $s^{-1} \notin x^{\blacklozenge}$. Logo, $s^{-1} \notin x^{-1}$ e, dessa forma, $x^{-1} \neq \mathbb{Q}$.

(iii) Sejam $r \in x^{-1}$ e $s \in \mathbb{Q}$, com $s < r$. Se $s < 0$, então $s \in \mathbb{Q}_-^*$ e, daí, $s \in x^{-1}$. Se $s \geq 0$, então $r > 0$. Assim, r

$\in x^{\blacklozenge}$ e, nesse caso, existe um racional $q \in \mathbb{Q} - x$, tal que $0 \leq r < q^{-1}$. Portanto, $0 \leq s < q^{-1}$, para algum $q \in \mathbb{Q} - x$, ou seja, $s \in x^{\blacklozenge} \subseteq x^{-1}$. Logo, x^{-1} é fechado inferiormente.

(iv) Seja $r \in x^{-1}$. Se $r < 0$, então $r < r/2 \in \mathbb{Q}_-^* \subseteq x^{-1}$. Portanto, nenhum racional negativo é elemento máximo de x^{-1}. Se $r \geq 0$, então $r \in x^{\blacklozenge}$ e, nesse caso, existe um racional $q \in \mathbb{Q} - x$, tal que $0 \leq r < q^{-1}$. Logo, o número racional $r' = \dfrac{r+q^{-1}}{2}$ q^{-1} e, portanto, $r' \in x^{\blacklozenge} \subseteq x^{-1}$ e $r < r'$. Assim, nenhum racional não negativo é elemento máximo de x^{-1}. Concluímos que x^{-1} não tem elemento máximo.

Finalmente, veremos que x^{-1} é um corte positivo. Como x é um corte, então existe $q > 0$ que não pertence a x. Portanto, $2.q > q > 0$ e, daí, $0 < (2.q)^{-1} < q^{-1}$. Assim, $(2.q)^{-1} \in x^{\blacklozenge}$ e, dessa maneira, $x^{\blacklozenge}$ não é vazio. Então, $\mathbb{Q}_-^* \subset x^{-1}$, ou seja, $0 < x^{-1}$. ■

A seguir, estabelecemos que, para cada número real positivo x, o inverso definido acima é, realmente, o elemento inverso de x para a operação de multiplicação de reais.

Lema 9.19: Se $r = p/q$, com $p, q \in \mathbb{N}$ e $p > q \neq 0$, então, para todo $n \in \mathbb{N}$, $r^{n.q} > n$.

Demonstração: Como $p > q \neq 0$, temos $r = p/q > 1$. Assim, como p e q são inteiros, $p \geq q+1$ e, portanto, $r \geq (q+1)/q = 1 + 1/q$. Daí, $r^q \geq (1 + 1/q)^q = \sum_{k=0}^{q} \binom{q}{k} (1/q)^k \geq \sum_{k=0}^{q} \binom{q}{k} (1/q)^k = 1+q.(1/q) = 2$, pois $q \geq 1$.

Finalmente, $r^{n.q} = (r^q)^n \geq 2^n > n$. ■

Lema 9.20: Se $x \in \mathbb{R}_+^*$ e $r \in \mathbb{Q}$, com $r > 1$, então existe $w \in x^\bullet$, com $w > 0$, tal que $r.w \in \mathbb{Q} - x$.

Demonstração: Seja $r = p/q$, com $p, q \in \mathbb{N}$ e $p > q \neq 0$. Suponhamos, por absurdo, que $r.w \in x$ para todo $w \in x \cap \mathbb{Q}_+^*$. Assim, por indução, temos que $r^m.w \in x$, para todo natural m. Seja $w \in x \cap \mathbb{Q}_+^*$, como x é um corte, existe $w' \in \mathbb{Q} - x''$, tal que $0 < w < w'$. Pela propriedade arquimediana de $\mathbb{Q}$, existe $n \in \mathbb{N}$, tal que $n.w > w'$. Então, pelo lema anterior, $w' < n.w < r^{nq}.w \in x$. Portanto, como x é um corte, obtemos $w' \in x$, o que é absurdo, pois $w' \in \mathbb{Q} - x$. Logo, existe $w \in x$, com $w > 0$, tal que $r.w \in \mathbb{Q} - x$. ■

Proposição 9.21: Se x é um corte positivo, $x.x^{-1} = x^{-1}.x = 1$.

Demonstração: Segundo a proposição precedente, se x é positivo, então x^{-1} é um corte positivo. Assim, de acordo com o exercício 8, $x.x\text{-}1 = \mathbb{Q}_-^* \cup (x^\bullet \circ (x\text{-}1)^\bullet) = \mathbb{Q}\text{-}^* \cup (x^\bullet \circ x^\blacklozenge)$, em que $x^\bullet = \{s \in \mathbb{Q} \,/\, 0 \leq s \in x\}$ e $x^\blacklozenge = \{r \in \mathbb{Q} \,/\, 0 \leq r < q^{-1}$, para algum $q \in \mathbb{Q} - x\}$. Como verificaremos em seguida, $x^\bullet \circ x^\blacklozenge = C(1)^\bullet = \{t \in \mathbb{Q} \,/\, 0 \leq t < 1\}$. Logo, $x.x\text{-}1 = \mathbb{Q}_-^* \cup C(1)^\bullet = C(1) = 1$. Também, pela comutatividade do produto de reais, temos $x^{-1}.x = 1$.

De um lado, se $t \in x^\bullet \circ x^\blacklozenge$, então $t = s.r$, com $0 \leq s \in x$ e $0 \leq r < q^{-1}$, para algum $q \in \mathbb{Q} - x$. Assim, $0 \leq t < s/q < 1$, pois $s < q$ quando $s \in x$ e $q \in \mathbb{Q} - x$. Logo, $x^\bullet \circ x^\blacklozenge \subseteq C(1)^\bullet$.

Veremos agora que $C(1)^\bullet \subseteq x^\bullet \circ x^\blacklozenge$. Primeiro notamos que $0 \in x^\bullet \circ x^\blacklozenge$, pois $0 = 0.0$, com $0 \in x^\bullet$ e $0 \in x^\blacklozenge$. Para analisarmos os outros elementos de $C(1)^\bullet$, seja t um racional, com $0 < t < 1$. Assim, $t^{-1} > 1$ e, pelo lema anterior, existe $w \in x^\bullet$ de modo que $t^{-1}.w \in \mathbb{Q} - x$. Como $x^\bullet$ não tem elemento máximo, então existe $s \in x^\bullet$, com $s > w > 0$. Portanto, $w^{-1} > s^{-1} > 0$ e, daí, $t.s^{-1} < t.w^{-1} = (t^{-1}.w)^{-1}$, em que $t^{-1}.w \in \mathbb{Q} - x$. Logo, $t.s^{-1} \in x^\blacklozenge$ e, portanto, $s = s.(t.s^{-1}) \in x^\bullet \circ x^\blacklozenge$. Desse modo, $C(1)^\bullet \subseteq x^\bullet \circ x^\blacklozenge$. ■

A seguir tratamos do inverso de um corte negativo.

Proposição 9.22: Se x é um corte negativo, então $-(-x)^{-1}$, que é um corte negativo, é o elemento inverso de x para a multiplicação de reais.

Demonstração: Se x é um corte negativo, então -x é um corte positivo. Portanto, $(-x)^{-1}$ é um corte positivo e $(-x).(-x)^{-1} = (-x)^{-1}.(-x) = 1$. Assim, x e $-(-x)^{-1}$ são cortes negativos e, pela definição da multiplicação, obtemos $x.(-(-x)^{-1}) = (-x).(-x)^{-1} = 1$ e $(-(-x)^{-1}).x = (-x)^{-1}.(-x) = 1$. Isso significa que, para a multiplicação, $-(-x)^{-1}$ é o elemento inverso de x, ou seja, para o corte negativo x, vale $x^{-1} = -(-x)^{-1}$. ■

EXERCÍCIO:

10) Demonstrar que, se $x, y \in \mathbb{R}^*$, então:

(i) $x > 0 \Rightarrow x^{-1} > 0$

(ii) $x < 0 \Rightarrow x^{-1} < 0$

(iii) $x.x^{-1} = x^{-1}.x = 1$

(iv) $(x.y)^{-1} = x^{-1}.y^{-1}$.

Para dois números reais x e $y \neq 0$ define-se a *divisão* por $x/y =_{def} x.(y)^{-1}$.

9.5 DENSIDADE E PROPRIEDADE ARQUIMEDIANA DE $\mathbb{R}$

Nesta seção estabelecemos algumas importantes propriedades dos números reais.

Teorema 9.23: (*Propriedade de densidade de* $\mathbb{Q}$ em $\mathbb{R}$) Se x e y são números reais com $x < y$, então existe $p \in \mathbb{Q}$ tal que $x < C(p) < y$.

Demonstração: Como $x < y$, pela ordem dos reais, $x \subset y$. Então, existe $q \in y$ tal que $q \notin x$. Como y é um corte, não tem elemento máximo, isto é, existe $p \in y$, com $q < p$. Também, y é fechado inferiormente, portanto, se o racional s é tal que $s \in C(p)$, então $s \in y$. Logo, $C(p) \subseteq y$. Assim, $p \in y$ e $p \notin C(p)$ e, portanto, $C(p) \subset y$, ou seja, $C(p) < y$. Como $q \in C(p)$ e $q \notin x$, então, pelo Teorema 9.1, $x < C(p)$. ■

Teorema 9.24: (*Propriedade arquimediana*) Se x e y são números reais positivos, então existe um inteiro positivo n tal que $C(n).x > y$.

Demonstração: Se $x > y$, então, tomando $n = 1$, temos $C(1).x = 1.x = x > y$. Se $x \leq y$, sejam $q \in x$ e $r \in \mathbb{Q} - y$. Assim, $C(q) < x$ e $y \leq C(r)$. Além disso, $r \in \mathbb{Q} - y \Rightarrow r \in \mathbb{Q} - x$, portanto, $q < r$. Então, pela propriedade arquimediana de $\mathbb{Q}$, existe $n \in \mathbb{Z}_+$ tal que $n.q > r$. Assim, $y \leq C(r) < C(n.q) = C(n).C(q) < C(n).x$. Logo, existe um inteiro positivo n tal que $C(n).x > y$. ■

9.6. Potenciação e Radiciação de Números Reais

Para $x \in \mathbb{R}$ e $n \in \mathbb{N}^*$ definimos a *potência n-ésima* de x por:

(i) $x^1 = x$

(ii) $x^{n+1} = x.x^n$.

Exercício:

11) Mostrar que para $x, y \in \mathbb{R}$ e $m, n \in \mathbb{N}^*$ tem-se:

(a) $x^n \in \mathbb{R}$

(b) $x^n.x^m = x^{n+m}$

(c) $x^n.y^n = (x.y)^n$

(d) $(x^n)^m = x^{n.m}$

(e) $x = 0 \Leftrightarrow x^n = 0$

(f) $x > 0 \Rightarrow x^n > 0$

(g) Se $0 < x < y$, então $0 < x^n < y^n$

(h) $1^n = 1$

(i) Se $0 < x < 1$ então, para todo $n \in \mathbb{N}$, $x^n < x$.

Para definir de potência n-ésima com n inteiro e $n \leq 0$, preserva-se a validade do item (b) no exercício acima. Se $x^n \neq 0$, ou seja, pelo item (e), se $x \neq 0$, obtemos $x^m = x^{n+m}/x^n$. Nesse caso, convém definir $x^0 = 1$, pois $x^{0+n}/x^n = x^n/x^n = 1$. Analogamente, define-se $x^{-n} = (x^n)^{-1}$, pois $x^{-n+n}/x^n = x^0/x^n = 1/x^n = (x^n)^{-1}$.

EXERCÍCIO:

12) Mostrar que valem as afirmações do exercício anterior para $x \neq 0$, $y \neq 0$ e $m, n \in \mathbb{Z}$.

Agora temos condições de tratar do conceito de raiz n-ésima de um número real. Para isso usaremos a propriedade indicada no item (g) do exercício 11. Para definir a raiz n-ésima de um número real positivo, convém previamente estabelecermos a seguinte propriedade.

Lema 9.25: Se x é um real positivo e n é um inteiro positivo, então existe um real positivo y, tal que $y^n < x$.

Demonstração: Se $x \geq 1$, basta considerar $y = 1/2$. Assim, como $y < 1$, então pelo Exercício 11, $y^n < 1^n = 1 \leq x$ e, daí, $y^n < x$, para todo natural n. Consideremos agora que $0 < x < 1$. Pela propriedade de densidade de $\mathbb{Q}$ em $\mathbb{R}$, existe um real y tal que $0 < y < x < 1$. Logo, pelo exercício 11, para todo natural positivo n, $y^n \leq y$ e, daí, $y^n < x$. ■

Proposição 9.26: Se x é um real positivo e n é um inteiro positivo, então o supremo r do conjunto $A_n = \{y \in \mathbb{R}_+^* \ / \ y^n < x\}$ satisfaz $r^n = x$.

Demonstração: Pelo lema anterior, $A_n \neq \emptyset$. Lembramos que o supremo de A_n, caso exista, é o menor dos limitantes superiores de A_n. Por sua vez, a existência do supremo é garantida se A_n é limitado superiormente.

Se $n = 1$, então x é um limitante superior de A_1 e, daí, A_1 tem supremo r que satisfaz $0 < r \leq x$. Porém, o supremo de A_1 não pode ser menor que x. Em efeito, se o número real y é menor que x, então $y \in A_1$ e, pela densidade de $\mathbb{R}$, existe um real t com $y < t < x$. Assim, existe $t \in A_1$ tal que $y < t$. Portanto, y não é um limitante superior de A_1. Desse modo, $r = r^1 = x$.

Seja $n > 1$. Se $y \in A_n$, $y^n < x < x+1 < (x+1)^n$, pois $1 < x+1$. Logo, $y < x+1$, isto é, $x+1$ é um limitante superior de A_n. Pelo Teorema 9.2, existe $r \in \mathbb{R}$ de maneira que r é o supremo de A_n. Pelo lema anterior, $r > 0$.

Temos então três possibilidades para r^n, a saber: $r^n = x$,

$r^n < x$ ou $r^n > x$. Se $r^n < x$, então $x - r^n > 0$. Como $r > 0$,

$\sum_{k=1}^{n} \binom{n}{k} r^{n-k} > 0$. Logo, pela propriedade arquimediana,

existe $m \in \mathbb{N}$ de maneira que $\sum_{k=1}^{n} \binom{n}{k} r^{n-k} < m(x-r^n)$, ou

seja, $\frac{1}{m}.\sum_{k=1}^{n} \binom{n}{k} r^{n-k} < x-r^n$. Daí, $(r+\frac{1}{m})^n = \sum_{k=0}^{n} \binom{n}{k} r^{n-k}(\frac{1}{m})^k = r^n + \frac{1}{m}.\sum_{k=1}^{n} \binom{n}{k} r^{n-k}(\frac{1}{m})^{k-1} < r^n + \frac{1}{m}.\sum_{k=0}^{n} \binom{n}{k} r^{n-k} < r^n + x - r^n = x$, portanto, $r + \frac{1}{m} \in A_n$. Assim, $r < r + \frac{1}{m} \in A_n$, o que é uma contradição, pois r é um limitante

superior de A_n. Logo, $r^n < x$ não ocorre.

Se $r^n > x$, então $r^n - x > 0$. Fazendo um procedimento análogo ao caso anterior, encontramos $m \in \mathbb{N}$ tal que $\frac{1}{m}.\sum_{k=0}^{n} \binom{n}{k} r^{n-k} < r^n - x$ e $r - \frac{1}{m} > 0$, isto é, $m > 1/r$.

Consequentemente, $(-\frac{1}{m}).\sum_{k=0}^{n} \binom{n}{k} r^{n-k} > x - r^n$ e, dessa

forma, $(r-\frac{1}{m})^n = \sum_{k=0}^{n} \binom{n}{k} r^{n-k}.(-\frac{1}{m})^k = r^n + (-\frac{1}{m}).\sum_{k=1}^{n} \binom{n}{k}$

$r^{n-k}.(-\frac{1}{m})^{k-1} > r^n + (-\frac{1}{m}).\sum_{k=1}^{n}\binom{n}{k} r^{n-k}.(\frac{1}{m})^{k-1} > r^n +$

$(-\frac{1}{m}).\sum_{k=0}^{n}\binom{n}{k} r^{n-k} > r^n + x - r^n = x$. Assim, $(r - \frac{1}{m})^n > x$

$> y^n$, para todo $y \in A_n$. Logo, $r - \frac{1}{m} > y$, para todo $y \in A$.

Então, $r - \frac{1}{m}$ é um limitante superior de A_n e $r - \frac{1}{m} < r$,

o que é uma contradição, pois r é o supremo de A_n. Logo,

$r^n > x$ também não ocorre.

Concluímos que o número real r, que é o supremo de A_n, satisfaz $r^n = x$. ■

9.7. A INCLUSÃO DE $\mathbb{Q}$ EM $\mathbb{R}$

Nos capítulos anteriores, mostramos que podemos considerar $\mathbb{N}$ como subconjunto de $\mathbb{Z}$, e $\mathbb{Z}$ como subconjunto de $\mathbb{Q}$. Agora veremos que podemos considerar $\mathbb{Q}$ como subconjunto de $\mathbb{R}$. Vamos identificar $\mathbb{Q}$ com o conjunto $\mathbb{R}_r = \{C(q) / q \in \mathbb{Q}\}$, que consiste dos cortes racionais. Essa identificação é enunciada a seguir, mostrando que podemos identificar os conjuntos $\mathbb{Q}$ e $\mathbb{R}_r$.

Teorema 9.27: A função C: $\mathbb{Q} \to \mathbb{R}_r$, que a cada racional r faz corresponder o corte racional C(r), é bijetiva e satisfaz:

(i) $C(r+s) = C(r)+C(s)$

(ii) $C(r.s) = C(r).C(s)$

(iii) $C(0) = 0_{\mathbb{R}}$ e $C(1) = 1_{\mathbb{R}}$

(iv) $r < s \Leftrightarrow C(r) < C(s)$.

Demonstração: Todas essas afirmações foram demonstradas ao longo do capítulo. ■

9.8. Valor Absoluto de um Número Real e Distância em $\mathbb{R}$

O *valor absoluto* do número real x, denotado por $|x|$, é dado por $|x| =_{def} x$ se $x \geq 0$; e $|x| =_{def} -x$, se $x < 0$.

Exercícios:

Para $x, y \in \mathbb{R}$:

13) Demonstrar que $|x|$ é o máximo do conjunto $\{x, -x\}$.

14) Levar em conta que x e $-x$ são cortes e demonstrar que $|x| = x \cup -x$.

15) Mostrar que $|x| \geq 0$.

16) $|x| = 0 \Leftrightarrow x = 0$.

17) $|x+y| \leq |x| + |y|$.

18) $|x|^2 = x^2$.

Na geometria, usualmente, medimos a distância entre dois pontos pelo comprimento do segmento que os une. Assim, como é possível estabelecer uma relação biunívoca entre os pontos de uma reta e o conjunto $\mathbb{R}$, convém definirmos a distância entre números reais.

A *distância* de x a y, indicada por d(x, y) é uma função d: $\mathbb{R} \times \mathbb{R} \rightarrow \mathbb{R}_+$, dada por $d(x, y) =_{def} |x-y|$ tal que:

(i) $d(y, x) = d(x, y)$

(ii) $d(x, y) = 0 \Leftrightarrow x = y$

(iii) $d(x, z) \leq d(x, y) + d(y, z)$.

Exercício

16) Verificar que a distância definida é realmente uma função e apresenta as propriedades (i) a (iii) acima.

9.8. O Corpo Ordenado Completo $\mathbb{R}$

Nesta seção, caracterizaremos a estrutura algébrica dos reais. Para tanto, relembraremos as definições abaixo.

Anel com unidade é uma quíntupla (D, +, . , 0, 1) em que D é um conjunto não vazio, + e . são operações binárias sobre D e 0 e 1 são elementos distintos de D de modo que, para todos x, y, z ∈ D:

(i) (D, +, 0) é um grupo abeliano, isto é:

(i_1) $x, y, z \in D \Rightarrow x + (y + z) = (x + y) + z$

(i_2) $x \in D \Rightarrow x + 0 = 0 + x = x$

(i_3) $x \in D \Rightarrow x + y = 0$, para algum $y \in D$

(i_4) $x, y \in D \Rightarrow x + y = y + x$.

(ii) A operação . é associativa e distributiva em relação à adição:

(ii_1) $x, y, z \in D \Rightarrow x.(y.z) = (x.y).z$

(ii_2) $x, y, z \in D \Rightarrow x.(y+z) = x.y+x.z$

(iii) 1 é uma identidade multiplicativa: $x \in D \Rightarrow x.1 = 1.x = x$

Um anel comutativo é um anel (D, +, . , 0, 1) em que vale a lei comutativa para o produto:

(iv) $x, y \in D \Rightarrow x.y = y.x$

Um domínio de integridade é um anel comutativo (D, +, . , 0, 1) que não possui divisores de zero:

(v) Se $x \neq 0$ e $y \neq 0$, então $x.y \neq 0$.

Um corpo é um anel comutativo (D, +, . , 0, 1) em que existem os inversos multiplicativos:

(vi) Se $x \in D$ e $x \neq 0$, então, para algum $y \in D$, tem-se que $x.y = 1$.

Todo corpo é também um domínio de integridade, pois a condição (vi) implica a condição (v).

Um *corpo ordenado* é um corpo (D, +, . , 0, 1, <), em que "<" é uma ordem total compatível com as operações do corpo:

(vii) se $x < y$, então $x + z < y + z$

(viii) se $x < y$ e $0 < z$, então $x.z < y.z$.

Segue do Teorema 7.10 que ($\mathbb{Q}$, +, . , 0, 1, <) é um corpo ordenado.

Um *corpo ordenado completo* é um corpo ordenado (D, +, . , 0, 1, <), em que todo subconjunto de D, não vazio e limitado superiormente, tem supremo em D.

Teorema 9.28: $\mathbb{R}$ é um corpo ordenado completo.

Demonstração: Decorre do Teorema 9.2. ■

EXERCÍCIOS:

Sejam (D, +, . , 0, 1, <) um corpo ordenado completo, B um subconjunto não vazio de D e –B = {-x / x∈ B}.

17) Mostrar que s é supremo de –B = {-x / x∈ B} se, e somente se, -s é ínfimo de B.

18) Mostrar que todo subconjunto de D, não vazio e limitado inferiormente, tem ínfimo em D.

Assim, temos que $\mathbb{N}$ não é um anel; $\mathbb{Z}$ é um anel comutativo com unidade, mas não é um corpo; $\mathbb{Q}$ é um corpo ordenado, mas não é completo e $\mathbb{R}$ é um corpo ordenado completo. Veremos no próximo tópico que o conjunto dos números complexos $\mathbb{C}$ é um corpo, mas não é um corpo ordenado, isto é, em $\mathbb{C}$ não é podemos definir uma ordem compatível com as operações de $\mathbb{C}$.

10. OS NÚMEROS COMPLEXOS

No conjunto dos números reais, equações polinomiais como as do tipo '$ax^2 = b$' nem sempre têm solução. Um dos objetivos da construção dos números complexos é ampliar o conjunto dos números reais de forma a conseguir soluções para toda equação polinomial. O resultado que garante isso é conhecido como "Teorema Fundamental da Álgebra" e não será demonstrado neste texto, pois não desenvolveremos toda a teoria necessária para tal empreendimento. Porém, veremos que podemos encontrar sempre a raiz n-ésima de um número complexo, ou seja, que toda equação da forma $ax^n = b$, com $a \neq 0$, tem sempre solução no conjunto dos números complexos.

Para construirmos o conjunto dos números complexos, partimos do produto cartesiano $\mathbb{R}\times\mathbb{R}$ e definimos operações de adição e multiplicação para esse conjunto.

Definimos o conjunto dos *números complexos*, denotado por $\mathbb{C}$, como o conjunto $\mathbb{R}\times\mathbb{R}$ com as seguintes operações:

$$(a, b) + (c, d) = (a+c, b+d)$$

$$(a, b) . (c, d) = (ac-bd, ad+bc)$$

para quaisquer (a, b) e (c, d) em $\mathbb{R}\times\mathbb{R}$.

Essas operações estão bem definidas, pois:

$$(a, b) = (a', b') \Leftrightarrow a = a' \text{ e } b = b'.$$

10.1. Propriedades dos Números Complexos

Sejam $x = (a, b)$, $y = (c, d)$ e $z = (e, f)$ números complexos. Então valem as seguintes propriedades:

P_1	$x + y \in \mathbb{C}$	fechamento de +
P_2	$x + y = y + x$	comutatividade de +
P_3	$x + (y + z) = (x + y) + z$	associatividade de +
P_4	$(0, 0) \in \mathbb{C}$ e $x + (0, 0) = x$	elemento neutro de +
P_5	$-x = (-a, -b) \in \mathbb{C}$ e $x + (-x) = (0, 0)$	elemento simétrico de + (oposto)
P_6	$x.y \in \mathbb{C}$	fechamento de .
P_7	$x.y = y.x$	comutatividade de .
P_8	$x.(y.z) = (x.y).z$	associatividade de .
P_9	$x.(y + z) = x.y + x.z$	distributividade de + para .
P_{10}	$(1, 0) \in \mathbb{C}$ e $(1, 0).x = x$	elemento neutro de .
P_{11}	Se $x \neq (0, 0)$, então $x^{-1} = \left(\frac{a}{a^2+b^2}, \frac{-b}{a^2+b^2}\right) \in \mathbb{C}$ e $x.x^{-1} = (1, 0)$	elemento simétrico de . (inverso)

As propriedades acima fazem de $\mathbb{C}$ um corpo e suas demonstrações são facilmente verificadas a partir da definição de adição e multiplicação de números complexos e das propriedades de operações com números reais.

EXERCÍCIO:

1) Fazer a demonstração das propriedades acima.

Num corpo ordenado, para todo $a \neq 0$, tem-se a^2 $(= a.a) > 0$. Em todo conjunto, é possível definir uma relação de ordem, o que é garantido pelo Princípio da Boa Ordem, embora nem sempre seja possível indicar qual é a ordem sugerida.

Contudo, os conjuntos $\mathbb{R}$ e $\mathbb{Q}$ são corpos ordenados e a ordem usual nos é bastante conhecida, pois ao dispormos os elementos desses conjuntos numa reta, cada elemento à esquerda é menor que qualquer elemento a sua direita.

Agora, supondo que $\mathbb{C}$ seja um corpo ordenado, com uma ordem ">", decorre que: $(-1, 0) = (0, 1).(0, 1) > (0, 0)$ e $(1, 0) = (-1, 0).(-1, 0) > (0, 0)$. Daí, $(0, 0) = (1, 0) + (-1, 0) > (0, 0) + (0, 0) = (0, 0)$, o que é uma contradição. Assim, $\mathbb{C}$ não pode ser um corpo ordenado.

10.2. Os Reais como Subconjunto dos Complexos

Seja $\varphi: \mathbb{R} \to \{(r, 0) \; / \; r \in \mathbb{R}\}$ definida por $\varphi(r) = (r, 0)$, para todo $r \in \mathbb{R}$. Então:

(i) φ é bijetiva;

(ii) $\varphi(r + s) = \varphi(r) + \varphi(s)$;

(iii) $\varphi(r.s) = \varphi(r).\varphi(s)$.

Assim, $\mathbb{R}$ é identificado como o subconjunto $\{(r, 0) \; / \; r \in \mathbb{R}\}$ de $\mathbb{C}$.

Exercício:

1) Fazer a demonstração dos itens (i), (ii) e (iii) acima.

10.3. NOTAÇÃO PARA OS NÚMEROS COMPLEXOS

Se $(a, b) \in \mathbb{C}$, então $(a, b) = (a, 0) + (0, b) = (a, 0) + (b, 0).(0, 1)$. Desse modo, temos que $(a, 0)$ e $(b, 0)$ estão associados respectivamente aos reais a e b e, também, $(0, 1).(0, 1) = (-1, 0)$ que está associado ao real -1. Assim, o elemento (a, b) pode ser denotado por $a + b\mathrm{i}$, em que i está associado ao complexo $(0, 1)$ e $\mathrm{i}^2 = (-1, 0)$ está associado ao real -1.

As operações nessa nova notação ficam determinadas por:

$$(a + b\mathrm{i}) + (c + d\mathrm{i}) = (a + b) + (c + d)\mathrm{i}$$

$$(a + b\mathrm{i}).(c + d\mathrm{i}) = (a.c - b.d) + (a.d + b.c)\mathrm{i}$$

de modo que podemos utilizar a notação usual dos números complexos:

$$\mathbb{C} = \{a + b\mathrm{i} \ / \ a, b \in \mathbb{R} \text{ e } \mathrm{i}^2 = -1\}.$$

10.4. O CONJUGADO DE UM NÚMERO COMPLEXO

Seja $z = a + b\mathrm{i}$. Se $b = 0$, dizemos que z é um *número real*; e se $a = 0$ e $b \neq 0$, dizemos que z é um *número imaginário* puro.

Seja $z = a + b\mathrm{i} \in \mathbb{C}$. O *conjugado* de z é definido por $\bar{z} = a - b\mathrm{i}$.

Assim, para cada número complexo z, $z + \bar{z} = 2a$ é um número real e $z - \bar{z} = 2b\mathrm{i}$ é um número imaginário puro.

O *módulo* de um número complexo $z = a + b\mathrm{i}$ é definido por:

$$|z| = \sqrt{a^2 + b^2}\ .$$

Decorre daí que $|z|^2 = a^2 + b^2 = (a - b\mathrm{i}).(a + b\mathrm{i}) = \bar{z}\,.\,z$.

Exercício:

2) Mostrar que se z, w ∈ ℂ, então:

(i) $\bar{z} . \bar{w} = \overline{z.w}$;

(ii) $\bar{z} + \bar{w} = \overline{z + w}$;

(iii) se w ≠ 0, $\overline{z/w} = \bar{z} / \bar{w}$.

10.5. Representação Geométrica

Desde que o número complexo z = a + bi ∈ ℂ está associado ao par (a, b) ∈ ℝ×ℝ, então podemos associar ainda z ao ponto P = (a, b) do plano cartesiano ℝ×ℝ:

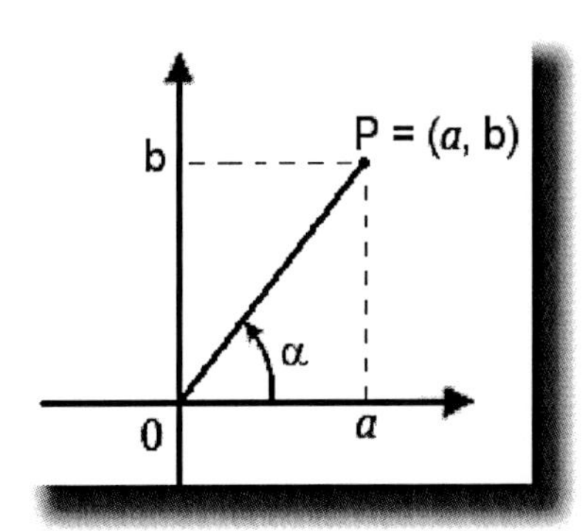

A medida do segmento OP então é dada por |OP| = $\sqrt{a^2 + b^2}$ = |z|. Tomando α como o ângulo como indicado na figura acima, temos:

a = |OP|.cos α = |z|.cos α   e b = |OP|.sen α = |z|.sen α.

As igualdades acima valem para todo ângulo α, com 0 ≤ α < 2π.

Desse modo:

$$z = a + bi = |z|(\cos\alpha + i\,.\,\text{sen}\,\alpha).$$

Essa forma de escrever um número complexo é denominada *forma trigonométrica* ou *forma polar.*

Na forma polar, escrevemos $z = r(\cos\theta + i.\text{sen}\,\theta)$, em que $r = |z|$ e θ é o ângulo tomado no sentido anti-horário do semieixo horizontal positivo Ox ao segmento OP, como na figura, e é chamado o *argumento* de z.

Exemplo:

(a) Para $z = 1 + i$, temos $r = |z| = \sqrt{2}$ e $1 = r.\,\text{sen}\,\theta$, $1 = r.\cos\theta$. Logo, $1 = \sqrt{2}\,.\,\text{sen}\,\theta$ e $1 = \sqrt{2}\,.\cos\theta$, isto é, $\text{sen}\,\theta = \dfrac{\sqrt{2}}{2}$ e $\cos\theta = \dfrac{\sqrt{2}}{2}$. Portanto, o argumento de z é $\theta = \pi/4$ e $z = \sqrt{2}\,(\cos\pi/4 + i\,.\,\text{sen}\,\pi/4)$.

Proposição 10.1: Se $z = r(\cos\theta + i.\text{sen}\,\theta)$ e $w = s(\cos\lambda + i.\text{sen}\,\lambda)$ são números complexos na forma polar, então:

(i) $z.w = r.s\,(\cos(\theta + \lambda) + i.\text{sen}(\theta + \lambda))$

(ii) Se $w \neq 0$, $z/w = (r/s)[\cos(\theta - \lambda) + i.\text{sen}(\theta - \lambda)]$.

Demonstração:

(i) $z.w = r(\cos\theta + i.\text{sen}\,\theta)\,.\,s(\cos\lambda + i.\text{sen}\,\lambda) = r.s\,[\cos\theta\,.\cos\lambda - \text{sen}\,\theta\,.\,\text{sen}\,\lambda + i.(\cos\theta\,.\,\text{sen}\,\lambda + \cos\lambda\,.\,\text{sen}\,\theta)] = r.s\,[\cos(\theta + \lambda) + i.\text{sen}(\theta + \lambda)]$.

(ii) Seja $z/w = t\,(\cos\tau + i.\text{sen}\,\tau)$. Como $z = (z/w).w$, por (i), $r = t.s$ e $\theta = \tau + \lambda$, ou seja, $t = r/s$ e $\tau = \theta - \lambda$ e, então, $z/w = (r/s).(\cos(\theta - \lambda) + i.\text{sen}(\theta - \lambda))$. ■

Segue da proposição anterior que $|z.w| = |z|.|w|$ e $|z/w| = |z|/|w|$.

Corolário 10.2: Se n é um inteiro positivo, então:

$$(\cos\theta + i.\text{sen}\,\theta)^n = \cos(n.\theta) + i\,.\,\text{sen}\,(n.\theta).$$

Demonstração: Basta tomar $z = \cos\theta + i\,.\,\text{sen}\,\theta$ e fazer indução sobre n, aplicando a proposição anterior. ■

10.6. Raízes de Números Complexos

Se r é um real positivo e n é um inteiro positivo, então existe um real positivo s tal que $s^n = r$, isto é, s é a n-ésima raiz de r. Quando r é negativo, nem sempre é possível encontrar um real que seja a n-ésima raiz de r.

Seja z um número complexo na forma polar:

$$z = r(\cos\theta + i.\text{sen}\,\theta).$$

Consideramos $0 \leq \theta < 2\pi$. Se $w \in \mathbb{C}$ é tal que $w = s(\cos\lambda + i.\text{sen}\,\lambda)$ e $w^n = z$, com $n \in \mathbb{N}^*$, então $r = s^n$ e $\theta = n\lambda$. Logo, $s = \sqrt[n]{r}$ e $\lambda = \theta/n$, conforme segue:

$$w = \sqrt[n]{r}\,.(\cos(\theta/n) + i.\text{sen}(\theta/n))$$

é uma n-ésima raiz de $z = r(\cos\theta + i.\text{sen}\,\theta)$.

Desde que $\cos(\theta + 2k\pi) = \cos\theta$ e $\text{sen}(\theta + 2k\pi) = \text{sen}\,\theta$, para todo $k \in \mathbb{Z}$, então $z = r(\cos(\theta + 2k\pi) + i.\text{sen}(\theta + 2k\pi))$, para todo $k \in \mathbb{Z}$ e, portanto:

$$w_k = \sqrt[n]{r}\,(\cos(\frac{\theta + 2k\pi}{n}) + i.\text{sen}(\frac{\theta + 2k\pi}{n}))$$

é uma raiz n-ésima de z.

Para r e s inteiros, $0 \leq r < n$, $0 \leq s < n$, $r \neq s$, $\frac{\theta}{n} + \frac{2\pi r}{n} \neq \frac{\theta}{n} + \frac{2\pi s}{n}$ e $0 \leq \frac{\theta}{n} + \frac{2\pi r}{n} \leq \frac{\theta}{n} + \frac{2\pi(n-1)}{n} < \frac{2\pi}{n} + \frac{2\pi(n-1)}{n} = 2\pi$.

Logo, temos n raízes distintas de z:

$$w_k = \sqrt[n]{r}\,(\cos(\frac{\theta + 2k\pi}{n}) + i.\text{sen}(\frac{\theta + 2k\pi}{n}))$$

para k ∈ {0, 1, 2, ..., n-1}. Para k = n, temos que $w_n = w_0$.

Assim, a equação $x^n = a$, quando a é um número complexo qualquer, tem sempre n soluções distintas em ℂ. Um estudo mais aprofundado dos números complexos permite mostrar que toda equação polinomial com coeficientes complexos tem sempre solução nos números complexos.

Exemplos:

(a) Raízes n–ésimas da unidade de ℂ. Procuramos soluções de equações do tipo $x^n = 1$, n ∈ ℕ*. Seja então z = 1, que corresponde no plano ao ponto (1, 0).

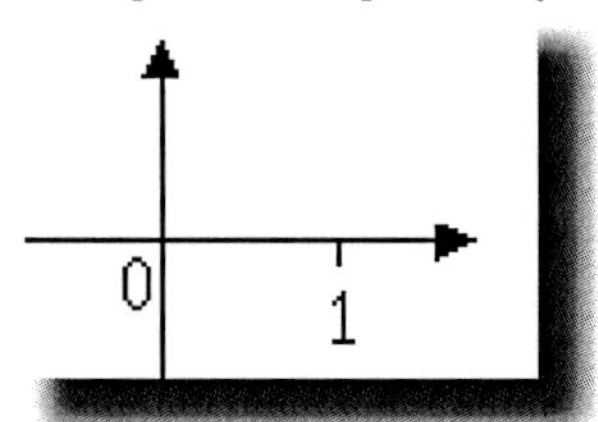

Então, o argumento de z é θ = 0 e o módulo de z é 1 e, portanto, na forma polar, z = 1(cos 0 + i.sen 0). Assim:

$$\xi = \cos(2k\pi/n) + i.\text{sen}(2k\pi/n)$$

é uma raiz n–ésima da unidade. Mas,

$$\cos(2k\pi/n) + i.\text{sen}(2k\pi/n) = [\cos(2\pi/n) + i.\text{sen}(\pi/n)]^k.$$

Portanto,

$$\xi_n = \cos(2\pi/n) + i.\text{sen}(2\pi/n)$$

é chamada raiz n–ésima primitiva da unidade e as outras raízes são dadas por 1 (= $(\xi_n)^0$) e por $(\xi_n)^k$ em que k é inteiro e 1 < k < n.

(b) Raízes cúbicas da unidade:

$\xi_3 = \cos(2\pi/3) + i.\text{sen}(2\pi/3) = -\frac{1}{2} + \frac{\sqrt{3}}{2}i.$

As outras raízes são 1 e $(\xi_3)^2 = \cos(4\pi/3) + i.\text{sen}(4\pi/3)$ $= -\frac{1}{2} - \frac{\sqrt{3}}{2}i.$

Exercícios:

3) Encontrar as raízes sextas da unidade. Observar que entre essas raízes estão as raízes cúbicas da unidade.

4) Encontrar todas as soluções da equação $x^4 - 16 = 0$.

5) Fazer o mesmo para $x^3 + 27 = 0$.

6) Determinar a forma polar dos seguintes números complexos:

(a) -1 (b) $-3i$ (c) 6

(d) $3 - 3i$ (e) $1/i$ (f) $1 + i$.

11. OS ORDINAIS

Neste capítulo apresentaremos os números ordinais. Seguimos o texto (Carnielli, Feitosa, Ratjen, 2002).

11.1. UMA BREVE APRESENTAÇÃO DOS ORDINAIS

De um ponto de vista bem intuitivo, cada ordinal finito coincide com um número natural *n*, e um ordinal enumerável infinito é simplesmente o tipo de ordem de um *rearranjo* do conjunto de todos os números naturais $\mathbb{N}$.

O tipo de ordem dos números naturais em sua forma usual $\mathbb{N} = \{0, 1, 2, ..., n, ...\}$, denotada por $\langle 0, 1, 2, ..., n, ...\rangle$, é identificado com o ordinal ω.

Se essa ordem é rearranjada de maneira que todos os números pares ocorram primeiro, seguidos de todos os números ímpares, então obtemos uma nova ordem $\langle 0, 2, 4, 6, 8, ..., 2n, ..., 1, 3, 5, 7, 9, ..., 2n+1, ...\rangle$ radicalmente diferente da anterior, pois, por exemplo, entre um número par e um número ímpar existe uma quantidade infinita de elementos, visto que há uma quantidade infinita de números pares, seguida de outra quantidade infinita de números ímpares. Desse modo, devemos entender a ordem desse arranjo como $\omega+\omega$ ou $\omega.2$.

Seguindo o mesmo raciocínio, o conjunto $\mathbb{N}$ pode ser reorganizado como:

$$\langle 0, 3, 6, 9, ... , 1, 4 , 7, 11, ... , 2, 5, 8, 11, ...\rangle$$

obtido a partir das classes de congruência módulo 3, ou seja, primeiro ocorre a sequência dos naturais que quando divididos por 3 deixam resto 0, depois a sequência dos naturais que na divisão por 3 deixam resto 1 e, finalmente, aqueles que deixam resto 2. Isso resulta no tipo de ordem $\omega+\omega+\omega$, denotada por $\omega.3$.

Estendendo para um natural m qualquer, a partir da congruência módulo m, obtemos $\omega+\omega+...+\omega$ (m vezes), ou seja, $\omega.m$.

Na aritmética dos ordinais valem muitas das propriedades da aritmética usual, com algumas poucas exceções. Considerando, do ponto de vista intuitivo, que α e β sejam ordinais, isto é, certos tipos de arranjos, então:

(i) $\alpha+\beta$ significa "um arranjo do tipo α seguido de um arranjo do tipo β";

(ii) $\alpha.\beta$ significa "um arranjo do tipo α repetido (em arranjo) β vezes".

Inicialmente, observemos que $\omega = \{0, 1, 2, 3, ...\}$ e $\{1, 2, 3, ...\}$ têm o mesmo tipo de ordem $\langle 0, 1, 2, 3, ... \rangle$. Além disso, $1+\omega$ tem o tipo de ordem de $\{0\}\oplus\{1, 2, 3, ...\}$ ou $\langle 0, 1, 2, 3, ... \rangle$ que coincide com um arranjo de tipo ω, ou seja, $1+\omega = \omega$. Por outro lado, $\omega+1$ é o tipo de ordem de $\{1, 2, 3, ...\}\oplus\{0\}$ ou $\langle 1, 2, 3, ..., 0\rangle$, que é distinto de ω, pois ω não tem o último elemento, enquanto $\omega+1$ tem o último elemento, nesse caso, o 0. Dessa maneira, $\omega+1 \neq 1+\omega$.

Analogamente, $2.\omega$ pode ser visto como arranjos de dois elementos, ou seja, de tipo dois, que por sua vez estão dispostos em arranjos de tipo ω, da seguinte maneira:

$$\{0, 1\}\oplus\{2, 3\}\oplus\{4, 5\}\oplus \; .... \; \oplus\{2n, 2n+1\}\oplus \; ....$$

o que resulta em ω. Porém, do outro lado, $\omega.2$ significa arranjos de tipo ω repetidos duas vezes, ou seja, $\omega+\omega$ tem o tipo de ordem de $\langle 0, 2, 4, 6, ... 1, 3, 5, ... \rangle$. Portanto, $\omega.2 \neq 2.\omega$ e, em geral, $\omega.m \neq m.\omega$.

Obtemos, desse modo, a construção dos tipos de ordem $\omega.m$, para $m \in \mathbb{N}$, pelas classes de congruência módulo m.

Contudo, qual é o significado de $\omega.\omega = \omega^2$? Podemos rearranjar $\mathbb{N}$ em ω^2 dado pela sequência $A_0, A_1, ... , A_q, ...$, em que:

A_0 é o conjunto dos números naturais pares que não são potências de primos, enquanto os demais são potências sucessivas de primos, ou seja:

$A_0 = \{0, 6, 10, 12, 14, 18, 20, 22, ...\}$;

$A_1 = \{2, 2^2, 2^3, 2^4, ...\}$, (potências de 2);

$A_2 = \{3, 3^2, 3^3, 3^4, ...\}$, (potências de 3);

$\vdots$

$A_p = \{p, p^2, p^3, p^4, ...\}$, (potências do p-ésimo número primo)

$\vdots$

A partir desse ponto, a visualização dos ordinais como rearranjos de $\mathbb{N}$ fica bastante difícil.

11.2. Boa Ordem

Vamos rever alguns conceitos sobre ordem.

Se A é um conjunto não vazio e $\leq$ uma relação binária sobre A, então o conjunto A é *parcialmente ordenado* pela relação $\leq$ quando a relação $\leq$ é reflexiva, antissimétrica e transitiva. Nessa situação, o par $(A, \leq)$ é uma *ordem parcial*.

Seja $(A, \leq)$ uma ordem parcial e $x, y \in A$. O elemento x é *estritamente menor que* y, o que é denotado por $x < y$, quando:

$$x < y =_{def} x \leq y \wedge x \neq y.$$

Uma ordem parcial $(A, \leq)$ é uma *ordem total* (ou *ordem linear*) quando para todos $x, y \in A$, vale a lei da tricotomia, ou seja, vale exatamente uma das condições seguintes:

$$x < y \text{ ou } x = y \text{ ou } y < x.$$

Seja (A, $\leq$) uma ordem parcial. O conjunto A é *bem ordenado* quando todo subconjunto não vazio B de A tem o menor elemento. Diante dessa condição, o par (A, $\leq$) é uma *boa ordem*.

Decorre dessa definição que toda boa ordem é uma ordem total, pois o conjunto {x, y} sempre tem menor elemento, quaisquer que sejam x, y $\in$ A.

Denotamos também uma boa ordem ou uma ordem total com o símbolo de ordem estrita: (A, $<$).

Exemplos:

(a) ($\mathbb{N}$, $<$) é uma boa ordem.

(b) Todo subconjunto de $\mathbb{Z}$ limitado inferiormente é bem ordenado.

Seja (A, $<$) uma ordem total. Um *segmento inicial* S de A é um subconjunto próprio de A tal que, se $a \in$ S e x $< a$, então x $\in$ S.

Por exemplo, no conjunto dos números reais, o intervalo (-5, 3] é um segmento inicial de (-5, 13) e o conjunto $\mathbb{R}_-$ é um segmento inicial de $\mathbb{R}$.

Proposição 11.1: Seja (A, $<$) uma boa ordem. Quando S é um segmento inicial de (A, $<$), existe algum $a \in$ A de maneira que S = {x $\in$ A / x $< a$}.

Demonstração: Consideremos S^C o complemento de S em A. Desde que S é um subconjunto próprio de A, então $S^C \neq \emptyset$ e, ainda, tem um primeiro elemento, determinado pela boa ordem $<$. Seja a o primeiro elemento de S^C. Assim, $a \in$ A e $a \notin$ S. Agora, se x $< a$, desde que a é o mínimo de S^C, então x $\notin S^C$, ou seja, x $\in$ S. Se x $\geq a$, como S é um segmento inicial, então x $\notin$ S, pois então teríamos que $a \in$ S. Dessa forma, S = {x $\in$ A / x $< a$}. ■

Para uma boa ordem (A, <), quando $a \in A$ denotamos por $S_{A(a)}$ o segmento inicial determinado por a. Assim, $S_{A(a)} = \{x \in A \ / \ x < a\}$ e se a é o menor elemento de A, então $S_{A(a)} = \emptyset$.

Uma função φ entre dois conjuntos ordenados $(A, \leq_A)$ e $(B, \leq_B)$ *preserva a ordem* quando:

$$x \leq_A y \Rightarrow \varphi(x) \leq_B \varphi(y).$$

Proposição 11.2: Seja (A, <) um conjunto bem ordenado. Se uma função $\varphi: A \to A$ preserva ordem, então $x \leq \varphi(x)$, para todo $x \in A$.

Demonstração: Seja $M = \{x \in A \ / \ \varphi(x) < x\}$. Suponhamos que $M \neq \emptyset$. Segundo a boa ordem, M tem um primeiro elemento b e, então, $\varphi(b) < b$. Desde que φ preserve a ordem, então $\varphi(\varphi(b)) < \varphi(b)$ e, portanto, $\varphi(b) \in M$. Mas, isso contradiz o fato de b ser o menor elemento de M. Logo $M = \emptyset$ e, portanto, para todo $x \in A$, temos que $x \leq \varphi(x)$. ■

Sejam $(A, <_A)$ e $(B, <_B)$ dois conjuntos bem ordenados. $(A, <_A)$ e $(B, <_B)$ são *isomorfos* quando existe uma função bijetiva $\varphi: A \to B$ que preserva a ordem. Nesse caso dizemos que φ é um *isomorfismo*. Um *Automorfismo* é um isomorfismo de $(A, <_A)$ em $(A, <_A)$. A ordem $(A, <_A)$ é *menor* que a ordem $(B, <_B)$ se para algum $b \in B$ tem-se que A é isomorfo a $S_{B(b)}$ $(A \cong S_{B(b)})$.

Teorema 11.3:

(i) Um conjunto bem ordenado nunca é isomorfo a algum segmento inicial dele mesmo.

(ii) Cada conjunto bem ordenado tem como único automorfismo, a função identidade.

(iii) Se $(A, <_A)$ e $(B, <_B)$ são conjuntos bem ordenados e isomorfos, então é único o isomorfismo entre $(A, <_A)$ e $(B, <_B)$.

(iv) Se φ é um isomorfismo de $(A, <_A)$ em $(B, <_B)$, então $\varphi(S_{A(a)}) = S_{B(\varphi(a))}$.

Demonstração:

(i) Seja φ um isomorfismo entre A e $S_{A(a)}$, para algum $a \in A$. Assim, $\varphi(a) \in S_{A(a)}$ e, portanto, $\varphi(a) < a$, o que contradiz a proposição anterior.

(ii) Se φ é um automorfismo em A, então φ e φ^{-1} são funções crescentes e, então, $x \leq \varphi(x) \leq \varphi^{-1}(\varphi(x)) = x$. Logo, para cada $x \in A$, temos que $x = \varphi(x)$, ou seja, φ é a função identidade.

(iii) Agora, se φ e ψ são dois isomorfismos entre $(A, <_A)$ e $(B, <_B)$, então a composta $\varphi o \psi^{-1}$ é um automorfismo em $(A, <_A)$. Pelo item (ii), $\varphi o \psi^{-1}$ é a identidade e, portanto, $\varphi = \psi$.

(iv) Fica como exercício. ■

EXERCÍCIO:

1) Demonstrar o item (iv) do teorema acima.

Corolário 11.4: Sejam $(A, <_A)$ e $(B, <_B)$ dois conjuntos bem ordenados. Então, exatamente uma das condições seguintes vale: $(A, <_A)$ e $(B, <_B)$ são isomorfos, $(A, <_A)$ é isomorfo a um segmento inicial de $(B, <_B)$ ou $(B, <_B)$ é isomorfo a um segmento inicial de $(A, <_A)$. Em cada caso o isomorfismo é único.

Demonstração: (1) A unicidade do isomorfismo segue do item (iii) do teorema anterior. (2) Verificaremos, inicialmente, que as três condições do enunciado são mutuamente exclusivas: Se φ: A → B e ψ: A → $S_{B(b)}$ são isomorfismos, então $\psi o \varphi^{-1}$: B → $S_{B(b)}$ é um isomorfismo, o que contradiz o teorema anterior. De modo análogo, se φ: B → A e ψ: B → $A_{S(a)}$ são isomorfismos, também leva a uma contradição. Se φ: A → $S_{B(b)}$ e ψ: B → $A_{S(a)}$ são isomorfismos então $\psi(S_{B(b)}) = S_{A(\psi(b))}$. Assim, $\psi o \varphi$: A → $S_{A(\psi(a))}$ é um isomorfismo, contradizendo também o teorema anterior. Assim, não podem ocorrer duas das três condições simultaneamente. (3) Para mostrarmos que um dos três casos ocorre, vamos definir uma função $\varphi \subseteq A \times B$ de maneira que φ ou φ^{-1} é um isomorfismo que atende uma dentre as três condições do enunciado.

Seja $\varphi = \{(x, y) \in A \times B \ / \ S_{A(x)}$ é isomorfo a $S_{B(y)}\}$.

- $\varphi \neq \emptyset$: se a e b são respectivamente os menores elementos de A e B, então $(a, b) \in \varphi$.

- φ é função: $(x, y) \in \varphi$ e $(z, y) \in \varphi \Rightarrow x = z$: Suponha que $x < z$. Da definição de φ segue que $S_{A(x)}$ é isomorfo a $S_{B(y)}$ e $S_{A(z)}$ é isomorfo a $S_{B(y)}$. Pela transitividade do isomorfismo, segue que $S_{A(x)}$ é isomorfo a $S_{A(z)}$ e, daí, o conjunto bem ordenado $(S_{A(z)}, <_A)$ é isomorfo a seu segmento inicial $S_{A(x)}$, o que contradiz o item (i) do teorema anterior. Analogamente, supondo $z < x$ também chegamos a uma contradição. Logo $x = z$.

- φ é injetiva: $(x, y) \in \varphi$ e $(x, w) \in \varphi \Rightarrow y = w$: o resultado segue por um argumento semelhante ao item anterior.

- Dom(φ) = A ou Dom(φ) é um segmento inicial de A: Sejam $x < z \in$ Dom(φ) e ψ um isomorfismo entre $S_{A(z)}$ e $S_{B(\varphi(z))}$. A restrição de ψ a $S_{A(x)}$ é um isomorfismo entre $S_{A(x)}$ e $S_{B(\psi(x))}$, $\psi(x) \leq \varphi(z)$ e, assim, pela parte (1) da demonstração, $(x, \psi(x)) \in \varphi$, ou seja, $x \in$ Dom(φ) e $\varphi(x) = \psi(x)$. Como $x \in S_{A(z)}$, então $\psi(x) < \varphi(z)$. Logo $\varphi(x) = \psi(x) < \varphi(z)$. Com isso, Dom($\varphi$) = A ou Dom($\varphi$)

é um segmento inicial de A e φ é um isomorfismo entre seu domínio e sua imagem, um subconjunto de B.

- $\mathrm{Im}(\varphi) = B$ ou $\mathrm{Im}(\varphi)$ é um segmento inicial de B: Seja $\varphi(x) \in \mathrm{Im}(\varphi)$ e $z < \varphi(x)$, isto é, $z \in S_{B(\varphi(x))}$. Como $(x, \varphi(x)) \in \varphi$, seja o isomorfismo $\psi : S_{A(x)} \to S_{B(\varphi(x))}$. Como $z < \varphi(x)$, então $z \in S_{B(\phi(x))}$. Logo, existe $y \in S_{A(x)}$ tal que $\psi(y) = z$. Pelo teorema anterior, $\psi(S_{A(y)}) = S_{A(\psi(y))} = S_{B(z)}$. Assim, $(y, z) \in \varphi$, ou seja, $z \in \mathrm{Im}(\varphi)$. Assim, $\mathrm{Im}(\varphi) = B$ ou $\mathrm{Im}(\varphi\ )$ é um segmento inicial de B.

- Se $\mathrm{Dom}(\varphi) = A$, como $\mathrm{Im}(\varphi) = B$ ou $\mathrm{Im}(\varphi)$ é um segmento inicial de B, então A e B são isomorfos ou A é isomorfo a um segmento inicial de B.

- Se $\mathrm{Dom}(\varphi) \subset A$, então $\mathrm{Dom}(\varphi)$ é um segmento inicial de A, digamos, $\mathrm{Dom}(\varphi) = S_{A(a)}$. Assim, $a \notin \mathrm{Dom}(\varphi)$, logo, não existe $b \in B$ tal que $S_{A(a)}$ e $S_{B(b)}$ sejam isomorfos. Desse modo, $\mathrm{Im}(\varphi) = B$. ■

Proposição 11.5: Cada conjunto bem ordenado $(A, <)$ é isomorfo ao conjunto de seus segmentos iniciais próprios ordenados pela inclusão $\subseteq$.

Demonstração: O conjunto dos segmentos iniciais de $(A, <)$ ordenados pela inclusão $\subseteq$ é um conjunto bem ordenado. A função φ de A no conjunto dos segmentos iniciais próprios de $(A, <)$ definida por $\varphi(a) = S_A(a)$ é uma bijeção tal que $a < b \Leftrightarrow S_A(a) < S_A(b)$. ■

Os resultados acima conduzem a uma forma bastante geral do princípio da indução que será usado a seguir.

Teorema 11.6: (*Princípio da indução transfinita*) Seja $(A, <_A)$ uma boa ordem e B(x) uma fórmula de ZFC. Então:

$$\{(\forall x \in A)[(\forall y \in A)(y < x \to B(y)) \to B(x)]\} \to \{(\forall x \in A)\ B(x)\}.$$

Demonstração: Seja B(x) tal que para cada x, se para todo $y < x$ tem-se B(y) implica B(x). Suponhamos que algum elemento de A não satisfaça B. Da boa ordem, há um menor elemento a que não satisfaz B. Logo, todo $y < a$ satisfaz B e da hipótese temos que vale $B(a)$, uma contradição. ■

Exercícios:

1) Encontrar dois conjuntos totalmente ordenados e não isomorfos entre si, mas tais que cada um deles seja isomorfo a um subconjunto do outro.

2) Indicar um conjunto totalmente ordenado (A, <) e um isomorfismo $\varphi: A \rightarrow A$ tal que para todo $x \in A$, $\varphi(x) \neq x$.

3) Dar um exemplo de um conjunto totalmente ordenado e não isomorfo a nenhum de seus segmentos iniciais.

Agora estamos prontos para definir os ordinais.

11.3. Ordinais: Definição e Propriedades

Um *número ordinal* ou *ordinal* é um conjunto transitivo e bem ordenado pela relação $\in$.

Se α é um número ordinal e $\beta \in \alpha$, por α ser transitivo, então $\beta \subseteq \alpha$.

Exemplos:

(a) Para todo número natural m, se $j \in k \in m$, isto é, se $j < k < m$, então $j \in m$, ou seja, cada número natural é um conjunto transitivo. Além disso, cada número natural é totalmente ordenado pela relação $\in$. Portanto, cada natural é um ordinal.

(b) O conjunto $\mathbb{N}$ também é transitivo, pois se $n \in m \in \mathbb{N}$, então $n \in \mathbb{N}$. Também é totalmente ordenado por $\in$. Logo $\mathbb{N}$ é um ordinal também. É usual a denotação de $\mathbb{N}$ por ω como ordinal.

Na construção dos números naturais, temos que: $0 = \emptyset$, $1 = \{\emptyset\} = \{0\}$, $2 = \{\emptyset, \{\emptyset\}\} = \{0, 1\}$, $3 = \{\emptyset, \{\emptyset\}, \{\emptyset, \{\emptyset\}\}\} = \{0, 1, 2\}$, $4 = \{0, 1, 2, 3\}$, ... , $n = \{0, 1, 2, ..., n\text{-}1\}$ e assim por diante. Com isso, cada número natural é um ordinal, 0 é o primeiro, 1 é o segundo e n é o (n+1)-ésimo. O primeiro ordinal infinito é $\omega = \{0, 1, 2, 3, ...\}$, o segundo é $\omega+1 = \{0, 1, 2, ..., n, ..., \omega\}$ e assim sucessivamente.

A classe de todos os ordinais será denotada por On.

Usaremos como metavariáveis para ordinais as letras minúsculas do alfabeto grego com algum subíndice caso seja necessário: α, β, γ, δ, η e ρ.

Proposição 11.7: Sejam α e β dois ordinais. Se $\alpha \subset \beta$, então $\alpha \in \beta$.

Demonstração: Se $\alpha \subset \beta$, então β - α é um subconjunto não vazio de β. Da boa ordem de β segue que há um menor elemento γ de β - α. Mostramos a seguir que $\gamma = \alpha$.

- $\gamma \subseteq \alpha$: se não é esse o caso, então tomemos $\delta \in \gamma$ - α. Assim $\delta \in \beta$ - α e é menor que γ o que contraria a minimalidade de γ.

- $\alpha \subseteq \gamma$: seja $\delta \in \alpha$. Se $\delta \notin \gamma$, então $\gamma \in \delta$ ou $\gamma = \delta$, com $\delta, \gamma \in \beta$ que é bem ordenado por $\in$. Da transitividade de $\in$, segue que $\gamma \in \alpha$, o que contradiz a escolha de $\gamma \in \beta - \alpha$. Logo, $\delta \in \gamma$. ■

Proposição 11.8: Se α e β são ordinais e φ: $\alpha \to \beta$ é uma função bijetiva que preserva a ordem, então $\alpha = \beta$ e φ é função identidade i.

Demonstração: Se φ não é a identidade i, então existe um primeiro elemento b de α tal que $\varphi(b) \neq b$. Se $c < b$, então $\varphi(c) = c$ e, desse modo, o segmento inicial $b = \{c \in \alpha / c < b\} = \{\varphi(c) / c < b\} \subseteq \beta$. Como $b \notin b$ então $\varphi(b) \notin b$, ou seja, $\varphi(b) \in \beta - b$, portanto $b \subset \beta$. Logo, pela Proposição 11.7, $b \in \beta$.

Assim, $b \in \beta$, $\varphi(b) \notin b$, $\varphi(b) \neq b$ e β é totalmente ordenado, portanto, $b \in \varphi(b)$, ou seja, $b < \varphi(b)$. Como ϕ é bijetiva e $b \in \beta$, então existe $d \in \alpha$, tal que $\varphi(d) = b$. Assim, $\varphi(d) = b < \varphi(b)$ e como φ preserva a ordem, então $d < b$, portanto $\varphi(d) = d < b$, o que é uma contradição. ■

A partir dos resultados precedentes, podemos observar que dois ordinais ou são idênticos ou não são isomorfos na qualidade de conjuntos ordenados. Se α e β são dois ordinais não idênticos, então $\alpha \in \beta$ ou $\beta \in \alpha$. Além disso, para um ordinal $(\alpha, <)$, a ordem $<$ é exatamente a inclusão parcial $\subset$ sobre α.

Proposição 11.9: Se α é um ordinal, então $\alpha^+ = \alpha \cup \{\alpha\}$ também é um ordinal.

Demonstração: Seja α um ordinal. Desde que α é transitivo e totalmente ordenado por $\in$, o mesmo vale para o conjunto $\alpha \cup \{\alpha\}$. Desse modo, $\alpha \cup \{\alpha\}$ também é um ordinal. ■

O menor ordinal maior que α é seu sucessor $\alpha^+ = \alpha \cup \{\alpha\}$. Também indicamos $\alpha^+ = \alpha+1$.

O ordinal α é um *ordinal sucessor* quando $\alpha = \beta+1$, para algum β. Se α não é o 0 e não é um ordinal sucessor, então α é um *ordinal limite*.

O primeiro ordinal limite é ω, pois ω não é o sucessor de nenhum ordinal. A Proposição 11.9 afirma que dado um ordinal α sempre é possível determinar seu sucessor α^+, mas não diz que todo ordinal é o sucessor de algum ordinal dado.

Proposição 11.10: Cada segmento inicial de um ordinal é um ordinal.

Demonstração: Seja α um ordinal e $S \subset \alpha$ um segmento inicial de α. Naturalmente S é bem ordenado pela relação $\in$. Como S é um segmento inicial relativo à relação $\in$, se $x \in a$ para algum $a \in S$, então $x \in S$, ou seja, S é transitivo. ■

Proposição 11.11: Se α é um ordinal, então os elementos de α são os segmentos iniciais de α.

Demonstração: Se $b \in \alpha$, desde que α seja transitivo, então $b \subseteq \alpha$. Daí, $b = S_{\alpha(b)}$. Se S é um segmento inicial de α, então $S = S_{\alpha(b)}$, para algum $b \in \alpha$. Mas, $S_{\alpha(b)} = \{x \in \alpha \,/\, x \in b\}$. ■

Proposição 11.12: Cada elemento de um ordinal é um ordinal.

Demonstração: Seja α um ordinal e $b \in \alpha$. Então, $b = S_{\alpha(b)}$. Como α é transitivo, então $b \subseteq \alpha$ e, daí, b é bem ordenado por $\in$. Além disso, como b é um segmento inicial de α, então é um conjunto transitivo. ■

Proposição 11.13: Se α e β são ordinais, então vale exatamente uma das condições seguintes:

$$\alpha \in \beta \text{ ou } \alpha = \beta \text{ ou } \beta \in \alpha.$$

Demonstração: Segue do Corolário 11.4 e das proposições 11.8 e 11.10. ■

Proposição 11.14: Se B é um conjunto de ordinais, então $\cup B$ é um ordinal.

Demonstração: Seja $x \in b \in \cup B$. Então, para algum $y \in B$, $b \in y$. Mas, como y é um ordinal, temos que $x \in b \in y$ implica que $x \in y$. Portanto, $x \in \cup B$, ou seja, $\cup B$ é transitivo. Além disso, para $x, y \in \cup B$, existem $a, b \in B$ tais que $x \in a$ e $y \in b$ e $a \in b$ ou $b \in a$, ou seja, $a \subseteq b$ ou $b \subseteq a$. Sem perda de generalidade, consideramos $a \subseteq b$. Assim, $x, y \in b$ que é um ordinal. Portanto, $x \in y$ ou $y \in x$ ou $x = y$, isto é, $\cup B$ é totalmente ordenado pela relação $\in$. ■

De acordo com os resultados anteriores podemos mostrar que não existe um conjunto que contenha todos os ordinais, ou ainda, que On não é um conjunto.

Proposição 11.15: On não é um conjunto.

Demonstração: Suponhamos que On seja um conjunto. Se $\beta \in \alpha \in On$ então, β é um ordinal e, portanto, $\beta \in On$. Assim, On é transitivo. Agora, sejam $\alpha, \beta \in On$. Pela Proposição 11.13, $\alpha \cup \beta \in On$ e, pela Proposição 11.7, $\alpha, \beta \in \alpha \cup \beta$. Como $\alpha \cup \beta$ é bem ordenado pela relação $\in$, então $\alpha = \beta$ ou $\alpha \in \beta$ ou $\beta \in \alpha$. Logo, On é totalmente ordenado pela relação $\in$. Diante disso, On é um ordinal e, portanto, $On \in On$, mas isso contradiz a Proposição 11.13. Logo, On não é um conjunto. ■

Para a demonstração do próximo teorema precisamos incluir mais um axioma de nossa lista.

Axioma Esquema da Substituição: Seja P(x, y) uma propriedade tal que para todo x existe um único y para o qual P(x, y) vale. Então, para todo conjunto A, existe um conjunto B tal que, para todo $x \in A$, existe um único $y \in B$ para o qual P(x, y) vale.

Esse é um axioma esquema porque cada propriedade P(x, y) determina uma particular instância do axioma.

Teorema 11.16: Dado um conjunto bem ordenado (A, $<$), existe um único isomorfismo de (A, $<$) em um ordinal.

Demonstração: (Unicidade) Segue do Teorema 11.3 (iii). (Existência) segue do Corolário 11.4, da Proposição 11.8 e da Proposição 11.10. ■

Seja (A, $<$) um conjunto bem ordenado. O único ordinal isomorfo a (A, $<$) é chamado o *tipo de ordem* de (A, $<$).

Desde que cada ordinal é um conjunto bem ordenado, o teorema da indução transfinita apresentado na seção anterior pode, naturalmente, ser estendido para cada ordinal. O teorema seguinte generaliza mais uma vez a indução para a classe On de todos os ordinais.

Teorema 11.17: (*Princípio da indução sobre ordinais*) Seja B(x) uma fórmula. Então: $\forall\alpha \in On\ \{\forall\beta \in On\ [\beta < \alpha \rightarrow B(\beta)] \rightarrow B(\alpha)\} \rightarrow \forall\alpha \in On\ B(\alpha)$.

Demonstração: Desde que cada ordinal é um conjunto bem ordenado, esse teorema é um corolário do Teorema 11.6. ■

Num sistema formal, quando indicamos que ψ é um símbolo de relação funcional, então entendemos que há uma fórmula $A(x, y, t_1, ..., t_n)$ e conjuntos $t_1, ..., t_n$ de maneira que $\forall x\ \exists! y\ A(x, y, t_1, ..., t_n)$ e $y = \psi(x) \Leftrightarrow A(x, y, t_1, ..., t_n)$.

Proposição 11.18: (*Recursão sobre ordinais)* Seja ψ uma relação funcional. Para todo ordinal α e todo conjunto *b*, existe uma única função φ definida em $\{\beta / \beta < \alpha\}$ tal que:

$\varphi(0) = b$

$\varphi(\beta) = \psi(\varphi|_\beta)$, para $0 < \beta < \alpha$.

Demonstração: (Unicidade) Sejam φ e σ duas funções tal como está no enunciado. Assim, $\varphi(0) = b = \sigma(0)$ e dado

$\alpha \in On$, $\{\forall\beta \in On(\beta < \alpha \Rightarrow \varphi(\beta) = \sigma(\beta)\} \Rightarrow \varphi(\alpha) = \psi(\varphi|_\alpha) = \sigma(\alpha)$. Pelo princípio da indução transfinita, segue que para todo $\alpha \in On$, $\varphi(\alpha) = \sigma(\alpha)$.

(Existência) Seja S o conjunto de todos os ordinais $\gamma < \alpha$ tais que existe uma única φ_γ tal que:

$$\varphi_\gamma(0) = b$$

$$\varphi_\gamma(\beta) = \psi(\varphi_\gamma|_\beta) \text{ para todo } \beta \in \gamma.$$

S é um segmento inicial de α, pois sejam $\beta \in S$ e $z < \beta$: a função $\varphi_z = \varphi_\beta|_z$ o que garante que $z \in S$. De maneira semelhante à prova da unicidade de φ, podemos mostrar a unicidade de φ_γ.

Portanto S é um ordinal.

Suponhamos agora que $S < \alpha$. Definimos $\varphi_S(0) = b$ e $\varphi_S(\beta) = \psi(\varphi_\beta)$, para todo $\beta \in S$ e $0 < \beta$. Então, se $0 < \delta < \beta \in S$, $\varphi_S(\delta) = \psi(\varphi_\delta) = \psi(\varphi_\beta|_\delta) = \varphi_\beta(\delta)$, para todo $\beta \in S$. Portanto, $\varphi_\beta = \varphi_S(\beta) = \psi(\varphi_S|_\beta)$, para todo $\beta \in S$. Assim, como $S < \alpha$, então $S \in S$ (contradição). Logo, $S = \alpha$. ■

Corolário 11.19: Seja ψ uma relação funcional e b um conjunto. Podemos definir uma única relação funcional σ tal que:

$\sigma(0) = b$

$\sigma(\alpha) = \psi(\sigma|_\alpha)$, para todo $\alpha \in On$.

Demonstração: A relação funcional $y = \sigma(\alpha)$ procurada é dada por $A(\alpha, y)$: 'α é um ordinal e existe um ordinal $\delta > \alpha$ com uma função σ_δ definida em δ tal que $\sigma_\delta(0) = b$ e $\forall\beta < \delta$, $\sigma_\delta(\beta) = \psi(\sigma_\delta|_\beta)$ e $y = \sigma_\delta(\alpha)$'. O teorema anterior garante a existência e unicidade das funções σ_δ. Pelo princípio da indução verificamos que para cada α existe um único y tal que $y = \sigma(\alpha)$. ■

A seguir estudaremos as operações de adição, multiplicação e potenciação com ordinais.

11.4. A Aritmética dos Ordinais

Há situações em que desejamos definir algumas transformações como funções, mesmo essas transformações não estando definidas para todos os argumentos do domínio, por exemplo, a transformação $\varphi(\alpha)$ que toma o valor $\min(\alpha)$, quando $\alpha = \emptyset$. Em razão dessas situações introduz-se o conceito de *função parcial*, que estende o conceito usual de funções, pois essa não precisa estar definida para todos os elementos do domínio. Assim, considerando o exemplo da transformação φ acima, sabemos que φ só está definida quando $\alpha \neq \emptyset$, caso contrário, a função parcial φ não está definida.

Essa situação conduz a um tratamento de funções sobre ordinais de maneira semelhante ao que usualmente é feito na teoria da recursão, o que pode ser visto, por exemplo, em Carnielli e Epstein (2006):

$\varphi(\alpha) \cong \psi(\alpha)$ se, e somente, (φ e ψ estão definidas em $\alpha \wedge \varphi(\alpha) = \psi(\alpha)$) $\vee$ (φ e ψ não estão definidas em α).

Para $M \subset On$, uma *função definida por recursão transfinita* é uma função parcial $\zeta: On \rightarrow M$ dada por:

(i) $\zeta(0) = \min(M)$

(ii) $\zeta(\alpha^+) = \min \{\beta \in M \,/\, \zeta(\alpha) < \beta\}$

(iii) $\zeta(\delta) = \min \{\beta \in M \,/\, \sup \{\zeta(\gamma) \,/\, \gamma < \delta\} \leq \beta\}$, quando δ é um ordinal limite.

A seguir, para indicarmos que φ está definida em α escrevemos $\alpha \in Dom(\varphi)$.

Proposição 11.20: A função ζ é unicamente definida pelas condições (i), (ii) e (iii) acima. O domínio de ζ é On ou um segmento inicial de On e ζ preserva a ordem de On.

Demonstração: Sejam φ e ψ duas funções parciais de On em M que satisfaçam as condições do enunciado. Demonstramos, por indução sobre α, que:

(a) se $\alpha \in Dom(\varphi)$, então $\alpha \in Dom(\psi)$ e $\varphi(\alpha) = \psi(\alpha)$;

(b) se $\alpha \in Dom(\varphi)$ e $\beta < \alpha$, então $\beta \in Dom(\varphi)$ e $\varphi(\beta) < \varphi(\alpha)$.

- Para $\alpha = 0$, se $\alpha \in Dom(\varphi)$, então $M \neq \emptyset$ e como φ e ψ satisfazem a condição (i), então $\varphi(\alpha) = \min(M) = \psi(\alpha)$, ou seja, vale (a). A condição (b) é vaziamente satisfeita.

- Para α sucessor, seja $\alpha = \gamma^+$ e $\alpha \in Dom(\varphi)$. Dessa maneira, $\varphi(\alpha) = \varphi(\gamma^+) = \min\{\sigma \in M \ / \ \varphi(\gamma) < \sigma\}$. Seja $A = \{\sigma \in M \ / \ \varphi(\gamma) < \sigma\}$. Desde que $\alpha \in Dom(\varphi)$, temos que $A \neq \emptyset$ e, portanto, $\gamma \in Dom(\varphi)$. Pela hipótese de indução, $\varphi(\gamma) = \psi(\gamma)$. Finalmente, $\varphi(\alpha) = \varphi(\gamma^+) = \min\{\sigma \in M \ / \ \varphi(\gamma) < \sigma\} = \min\{\sigma \in M \ / \ \psi(\gamma) < \sigma\} = \psi(\gamma^+) = \psi(\alpha)$ e a parte (a) está verificada.

  Agora, se $\beta < \alpha$, então $\beta \leq \gamma$:

  se $\beta = \gamma$, então $\beta \in Dom(\varphi)$ e $\varphi(\beta) = \varphi(\gamma)$;

  se $\beta < \gamma$, pela hipótese de indução, $\beta \in Dom(\varphi)$ e $\varphi(\beta) < \varphi(\gamma) < \varphi(\gamma^+) = \varphi(\alpha)$.

- Se α é um ordinal limite, então $\varphi(\alpha) = \min\{\delta \in M \ / \ \sup\{\varphi(\gamma) \ / \ \gamma < \alpha\} \leq \delta\}$. Pela hipótese de indução, para todo $\gamma < \alpha$, temos que $\gamma \in Dom(\psi)$ e $\varphi(\gamma) = \psi(\gamma)$. Daí, $\varphi(\alpha) = \min\{\delta \in M \ / \ \sup\{\varphi(\gamma) \ / \ \gamma < \alpha\} \leq \delta\} = \min\{\delta \in M \ / \ \sup\{\psi(\gamma) \ / \ \gamma < \alpha\} \leq \delta\} = \psi(\alpha)$ e $\alpha \in Dom(\psi)$.

  Se $\beta < \alpha$, existe β_0 tal que $\beta < \beta_0 < \alpha$, pois α é um ordinal limite e, daí, pela hipótese de indução, segue que $\varphi(\beta) < \varphi(\beta_0) < \varphi(\alpha)$. ■

O teorema anterior destaca que para cada $M \subset On$, a função parcial ζ e, portanto, o domínio de ζ, são univocamente determinados. Também, $Dom(\zeta) = On$ ou $Dom(\zeta) = \beta \in On$, pois todo segmento inicial de On é um ordinal.

A função ζ é denominada a *função enumerativa* de M e o domínio de ζ é o *tipo de ordem* de M, denotado por Tord(M).

Proposição 11.21: A função ζ é sobrejetiva.

Demonstração: Por indução sobre $\beta \in M$.

Seja $\beta \in M$ tal que, para todo $\gamma \in M$, com $\gamma \in \beta$, vale $\gamma \in Im(\zeta)$ e seja $B = \{\delta \in On \,/\, \zeta(\delta) < \beta\}$. Se $B = \emptyset$, então $\beta = min(M)$ e $\zeta(0) = \beta$. Logo, $\beta \in Im(\zeta)$. Se $B \neq \emptyset$, consideremos $\alpha = \cup B$.

Se $\alpha \in B$, então α é o maior elemento de B e, portanto, $\zeta(\alpha)$ é o maior elemento de M contido em β, pois $\zeta(\alpha) \in Im(\zeta)$ e $\zeta(\alpha) < \beta$. Assim, $\zeta(\alpha^+) = min\{\delta \in M \,/\, \zeta(\alpha) < \delta\} = \beta$. Se $\alpha \notin B$, então α é um ordinal limite e $\zeta(\alpha) = min\,\{\lambda \in M \,/\, sup\,\{\zeta(\delta) \,/\, \delta < \alpha\} \leq \lambda\} = \beta$. Logo, $\beta \in Im(\zeta)$.

Assim, pelo princípio da indução transfinita, ζ é sobrejetiva. ■

Essas noções iniciais sobre definição por recursão e a função enumerativa nos possibilitam a definição das operações de adição, multiplicação e potenciação sobre os ordinais. Há possibilidade de se fazer a aritmética dos ordinais usando apenas os tipos de ordem, como pode ser visto em Di Prisco (1997). As abordagens são equivalentes.

A *soma* de dois ordinais é definida pelas seguintes cláusulas:

$\alpha+0 = \alpha$

$\alpha+\beta^+ = (\alpha+\beta)^+$

$\alpha+\delta = sup\,\{\alpha+\gamma \,/\, \gamma < \delta\}$, quando δ é um ordinal limite.

Essas condições definem por recursão transfinita a função parcial $\varphi_\alpha(\gamma) = \alpha + \gamma$, para $M = \{\gamma \ / \ \alpha \leq \gamma\}$. Mais ainda, podemos demonstrar que a função φ_α é a função enumerativa de M.

Proposição 11.22: Consideremos a classe $M = \{\gamma \ / \ \alpha \leq \gamma\}$. Então, $\varphi_\alpha(\gamma) = \alpha + \gamma$ é sua função enumerativa.

Demonstração: Demonstramos por indução sobre γ que $\zeta(\gamma) = \alpha + \gamma$.

- Para $\gamma = 0$, temos que $\zeta(0) = \min(M) = \alpha = \alpha + 0$.
- Para $\gamma = \beta^+$, $\zeta(\beta^+) = \min\{\delta \in M \ / \ \zeta(\beta) < \delta\} = \min\{\delta \in M \ / \ \alpha+\beta < \delta\} = (\alpha+\beta)^+ = \alpha+\beta^+$.
- Para $\gamma = \lambda$, quando λ é um ordinal limite, temos $\zeta(\lambda) = \min\{\gamma \in M \ / \ \sup\{\zeta(\delta) \ / \ \delta < \lambda\} \leq \gamma\} = \min\{\gamma \in M \ / \ \sup\{\alpha+\delta \ / \ \delta < \lambda\} \leq \gamma\} = \min\{\gamma \in M \ / \ \alpha+\lambda \leq \gamma\} = \alpha+\lambda$. ■

Proposição 11.23: (*Propriedades da adição de ordinais*)

(i) $0+\beta = \beta$ (elemento neutro)

(ii) $(\alpha+\beta)+\gamma = \alpha+(\beta+\gamma)$ (associatividade)

(iii) $\beta < \gamma \Rightarrow \alpha+\beta < \alpha+\gamma$ (monotonicidade forte à direita)

(iv) $\beta \leq \gamma \Rightarrow \beta+\delta \leq \gamma+\delta$ (monotonicidade fraca à esquerda).

Demonstração:

(i) Como $\varphi_0(\gamma) = 0+\gamma$ é a função enumerativa da classe $M = \{\gamma \ / \ 0 \leq \gamma\} = On$, então corresponde a aplicação identidade i_{On}: On → On. Logo, $0+\beta = \beta$.

(ii) Demonstração por indução sobre γ.

(iii) Como $\varphi_\alpha(\rho) = \alpha+\rho$ coincide com a função enumerativa de $M = \{\rho \,/\, \alpha \leq \rho\}$ e a função enumerativa preserva ordem, segundo a Proposição 11.20, a afirmação está verificada.

(iv) Sejam $\alpha \leq \beta$ e $\varphi_\alpha(\rho) = \alpha+\rho$. Sabemos que $\varphi_\alpha(\rho)$ é sobrejetiva em $M = \{\delta \,/\, \alpha \leq \delta\}$. Assim, dado $\beta \in M$, existe $\eta \in On$ tal que $\alpha+\eta = \beta$ e ainda, $\gamma \leq \eta+\gamma$:

se $\gamma = \eta+\gamma$, segue que $\alpha+\gamma = \alpha+(\eta+\gamma)$

se $\gamma < \eta+\gamma$, por (iii), segue que, $\alpha+\gamma < \alpha+(\eta+\gamma)$.

Dos dois casos sai que: $\alpha+\gamma \leq \alpha+(\eta+\gamma) = (\alpha+\eta)+\gamma = \beta+\gamma$. ■

A soma de ordinais não é uma operação comutativa, como mostra o exemplo seguinte:

(a) $\omega = 1+\omega \neq \omega+1$.

Proposição 11.24: Se $M \subset On$ é um segmento inicial em On e $\varphi: On \to M$ é uma função parcial que preserva ordem, então para todo $\alpha \in M$, vale que $\alpha \leq \varphi(\alpha)$.

Demonstração: Suponhamos que $A = \{\alpha \in M \,/\, \varphi(\alpha) < \alpha\}$ seja não vazio. Então existe $\alpha_0 = \min(A)$, tal que $\varphi(\alpha_0) < \alpha_0$. Como M é um segmento inicial, por definição, $\varphi(\alpha_0) \in M$ e, portanto, $\varphi(\varphi(\alpha_0)) < \varphi(\alpha_0)$, o que contradiz a minimalidade de α_0. ■

Um conjunto M de ordinais é *limitado* quando existe um ordinal λ tal que $\alpha \leq \lambda$, para todo $\alpha \in M$.

Proposição 11.25: O conjunto $M \subset On$ é limitado $\Leftrightarrow$ $Tord(M) \in On$.

Demonstração: Se M é limitado em On, então o $\sup(M) \in On$ e, pela Proposição 11.24, $Tord(M) \leq \sup(M)$.

Por outro lado, pela Proposição 11.20, ζ preserva a ordem e, portanto, é injetiva. Pela Proposição 11.21, ζ é sobrejetiva, em que obtemos a bijeção de ζ: Tord(M) $\rightarrow$ M. Como Tord(M) $\in$ On e é um segmento inicial de On, então é limitado em On e, dessa maneira, M também é limitado. ■

Um conjunto M é *fechado* quando para todo subconjunto limitado A de M tem-se que sup(A) $\in$ M.

Um ordinal α é *aditivo principal* quando $\alpha \neq 0$ e para quaisquer $\beta, \gamma < \alpha$ temos que $\beta+\gamma < \alpha$. A classe dos ordinais aditivos principais é denotada por [+].

Lema 11.26: Se $\alpha \notin [+]$, então existem $\beta, \gamma < \alpha$ tais que $\alpha = \beta + \gamma$.

Demonstração: Se $\alpha \notin [+]$, então existem $\beta, \gamma < \alpha$ tais que $\beta+\gamma \geq \alpha$. Pela Proposição 11.22, $\varphi_\beta(\gamma) = \beta + \gamma$ é a função enumerativa da classe $M = \{\gamma \ / \ \beta \leq \gamma\}$. Sendo $\alpha > \beta$, então $\alpha \in M$. Logo, existe γ tal que $\beta + \gamma = \alpha$. ■

Teorema 11.27: A classe [+] é fechada.

Demonstração: Seja A um subconjunto não vazio e limitado de [+]. Devemos verificar que sup(A) $\in$ [+].

Suponhamos que sup(A) $\notin$ [+]. Então, existem $\alpha, \beta <$ sup(A) tais que $\alpha+\beta$ = sup(A). Além disso, como $A \neq \emptyset$, existe $\mu \in A$ tal que $\alpha, \beta < \mu <$ sup(A). Desde que $\mu \in [+]$, segue que $\alpha+\beta < \mu$, o que é uma contradição. ■

Proposição 11.28: Os ordinais 1 e ω são os dois primeiros membros de [+].

Demonstração: Se $\alpha < 1$, então $\alpha = 0$ e $0+0 = 0 < 1$, logo $1 \in [+]$.

Se α, $\beta < \omega$, então são números naturais e $\alpha+\beta$ também é um natural. Assim, $\alpha+\beta \in \omega$, ou seja, $\alpha+\beta < \omega$ e, dessa forma, $\omega \in [+]$.

Agora, se $1 < \alpha < \omega$, então α é um número natural e, portanto, $(\alpha-1)+1 = \alpha$, com $\alpha-1 < \alpha$ e $1 < \alpha$. Portanto, $\alpha \notin [+]$. ■

A *potência* α de ω é dada por $\omega^\alpha = \zeta_{[+]}(\alpha)$.

Verificamos que ω^α tem, de fato, todas as propriedades da função exponencial. Algumas propriedades imediatas são as seguintes:

Proposição 11.29: (i) $\omega^0 = 1$ e $\omega^1 = \omega$;

(ii) $0 < \omega^\alpha$, para todo $\alpha > 0$;

(iii) $\alpha < \beta \Rightarrow \omega^\alpha < \omega^\beta$;

(iv) $\alpha < \omega^\beta \Rightarrow \alpha + \omega^\beta = \omega^\beta$.

Demonstração:

(i) Segue da proposição anterior, que $\omega^0 = \zeta_{[+]}(0) = \min [+] = 1$ e $\omega^1 = \zeta_{[+]}(1) = \min\{\alpha \in [+] / 1 < \alpha\} = \omega$.

(ii) $0 < 1 \leq \omega^\alpha$ para todo $\alpha > 0$.

(iii) Desde que ζ preserve a ordem, esse resultado segue imediatamente a partir da definição de ω^α.

(iv) Para $\beta = 0$, $\alpha < \omega^0 = 1$, implica que $\alpha = 0$ e, daí, $\alpha + \omega^\beta = \omega^\beta$. Para $\beta \neq 0$, ω^β é um ordinal limite e, dessa maneira, $\alpha + \omega^\beta = \sup \{\alpha+\gamma / \gamma < \omega^\beta\} \leq \omega^\beta$, pois $\omega^\beta \in [+]$. Assim, $\omega^\beta \leq \alpha + \omega^\beta \leq \omega^\beta$, ou seja, $\alpha + \omega^\beta = \omega^\beta$. ■

Teorema 11.30: (*Forma normal aditiva de Cantor*) Para cada $\alpha \in On$, se $\alpha \neq 0$ existem ordinais $\alpha_1, ..., \alpha_n \in [+]$, unicamente determinados, tais que $\alpha = \alpha_n + ... + \alpha_1$ e $\alpha_1 \leq ... \leq \alpha_n$.

Demonstração:

(a) Existência: Demonstração por indução sobre α.

- Se $\alpha \in [+]$, nada há para ser demonstrado;
- Se $\alpha \notin [+]$ e $0 \neq \alpha \in \omega$, o resultado segue com $\alpha_i = 1$ e $n = \alpha$.
- Se $\alpha \notin [+]$ e α é infinito, pelo Lema 11.26, existem $\beta, \gamma < \alpha$ tais que $\alpha = \beta + \gamma$. Pela hipótese de indução, $\beta = \alpha_{1n} + ... + \alpha_{11}$ e $\gamma = \alpha_{2m} + ... + \alpha_{21}$, com $\alpha_{11} \leq ... \leq \alpha_{1n}$ e $\alpha_{21} \leq ... \leq \alpha_{2m}$. Daí, $\alpha = \beta + \gamma = (\alpha_{1n} + ... + \alpha_{11}) + (\alpha_{2m} + ... + \alpha_{21}) = \alpha_{1n} + ... + \alpha_{1k} + \alpha_{2m} + ... + \alpha_{21}$, em que α_{1k} é o último membro de $\{\alpha_{1n}, ... , \alpha_{11}\}$ que é maior ou igual a α_{2m}. Assim, para $j < k$, pela proposição anterior (iv), vale $\alpha_{1j} < \alpha_{2m}$ e $\alpha_{1j} + \alpha_{2m} = \alpha_{2m}$, assim concluímos que os ordinais menores que α_{2m} não precisam ser acrescentados na soma de α.

(b) Unicidade.

Sejam $\alpha = \alpha_n + ... + \alpha_1$ e $\alpha = \beta_m + ... + \beta_1$ satisfazendo o enunciado. Demonstramos por indução sobre n que $m = n$ e $\alpha_i = \beta_i$.

Para $n = 1$, temos $\alpha = \alpha_1$ e $\alpha = \beta_m + ... + \beta_1$. Como α_1, $\beta_m \in [+]$, existem ordinais γ, δ tais que $\alpha_1 = \omega^\gamma$ e $\beta_m = \omega^\delta$. Daí, $\omega^\gamma \leq \alpha < \omega^{\delta+}$ e $\omega^\delta \leq \alpha < \omega^{\gamma+}$, logo $\gamma \leq \delta$ e $\delta \leq \gamma$, ou seja, $\gamma = \delta$ e $m = 1$. Analogamente, temos que a unicidade vale se $m = 1$.

Para $n > 1$ e $m > 1$, supondo que a unicidade vale para n-1, temos $\alpha = \alpha_n + ... + \alpha_1 = \beta_m + ... + \beta_1$. Como feito acima [+], existem ordinais γ, δ tais que $\alpha_n = \omega^\gamma$ e $\beta_m = \omega^\delta$. Daí, $\omega^\gamma < \alpha < \omega^{\delta+}$ e $\omega^\delta < \alpha < \omega^{\gamma+}$, logo $\gamma \leq \delta$ e $\delta \leq \gamma$, ou seja, $\alpha_n = \beta_m$. Logo, pela Proposição 11.23, $\alpha_{n-1}+ \ldots +\alpha_1 = \beta_{m-1}+ \ldots +\beta_1$, o que resulta, pela hipótese de indução, que n-1 = m-1, ou seja, n = m e $\alpha_i = \beta_i$, para todo i. ■

Lembrando que cada α_i, no teorema anterior, pertence à classe [+], então podemos tomar $\omega^{\alpha i}$ em lugar de α_i e, pela Proposição 11.29 (iii), podemos tomar $\alpha_0 \leq \alpha_1 \leq \ldots \leq \alpha_n$ e $\alpha = \omega^{\alpha n}m_n + \ldots + \omega^{\alpha 1}m_1 + \omega^{\alpha 0}m_0$ em que $m_0, \ldots, m_n$ são naturais. Assim, obtemos imediatamente:

Corolário 11.31: (*Forma normal de Cantor de base* ω) Para todo $\alpha \in$ On, se $\alpha \neq 0$, existem ordinais $\alpha_0, \ldots, \alpha_n$, naturais $m_0, \ldots, m_n$, unicamente determinados tais que $\alpha = \omega^{\alpha n}m_n + \ldots + \omega^{\alpha 1}m_1 + \omega^{\alpha 0}m_0$ e $\alpha_0 \leq \alpha_1 \leq \ldots \leq \alpha_n$. ■

De maneira semelhante à soma dos ordinais, podemos obter a multiplicação e a exponenciação de ordinais, a partir de definições recursivas, indicadas rapidamente a seguir.

Sejam $\alpha = \alpha_1+ \ldots +\alpha_n$ e $\beta = \alpha_{n+1}+ \ldots +\alpha_{n+m}$ dois ordinais. A *soma natural* de α e β é definida por $\alpha\#\beta = \alpha_{P(1)}+ \ldots +\alpha_{P(m+n)}$, em que P é a permutação do conjunto {1, 2, ..., n, ..., n+m} e tal que se i < j, então $\alpha_{P(i)} \geq \alpha_{P(j)}$.

Proposição 11.32:

(i) $\alpha\#\beta = \beta\#\alpha$;

(ii) Se $\alpha < \beta$, então $\alpha\#\gamma < \beta\#\gamma$ e $\gamma\#\alpha < \gamma\#\beta$;

(iii) Se $\gamma \in [+]$, $\alpha < \gamma$ e $\beta < \gamma$, então $\alpha\#\beta < \gamma$;

(iv) $(\alpha\#\beta)\#\gamma = \alpha\#(\beta\#\alpha)$. ■

A *potenciação de base 2* é definida recursivamente por:

$2^0 = 0^+$

$2^{\alpha+} = 2^\alpha \# 2^\alpha$

$2^\lambda = \sup\{2^\gamma / \gamma < \lambda\}$, quando λ é um ordinal limite.

Proposição 11.33: (i) $\alpha < 2^\alpha$;

(ii) Se $\alpha < \beta$, então $2^\alpha < 2^\beta$ e $2^\alpha + 2^\alpha \leq 2^\beta$;

(iii) Se $\gamma \in [+]$, $\alpha < \gamma$ e $\beta < \gamma$, então $2^\alpha \# 2^\beta < \gamma$;

(iv) $2^\alpha \leq \omega^\alpha$. ■

A *multiplicação* é definida recursivamente por:

$\alpha.0 = 0$

$\alpha.\beta^+ = \alpha.\beta + \alpha$

$\alpha.\lambda = \sup\{\alpha.\gamma / \gamma < \lambda\}$, quando λ é um ordinal limite.

Proposição 11.34:

(i) $\alpha < \beta$ e $0 < \gamma \Leftrightarrow \gamma.\alpha < \gamma.\beta$

(ii) Se $\alpha \leq \beta$, então $\alpha.\gamma \leq \beta.\gamma$;

(iii) $(\alpha.\beta).\gamma = \alpha.(\beta.\alpha)$;

(iv) $\alpha.(\beta+\gamma) = (\alpha.\beta)+(\alpha.\gamma)$. ■

A multiplicação não é comutativa como nos mostra o exemplo seguinte:

(a) $\omega.2 = \omega+\omega$, enquanto $2.\omega = \omega$.

O produto não se distribui à direita em relação uma soma:

(b) $(\omega+1).2 = \omega+1+\omega+1 = \omega+(1+\omega)+1 = \omega+\omega+1$ $= \omega.2+1 \neq \omega.2+2 = \omega.2 + 1.2$.

A *potenciação* é definida recursivamente por:

$\alpha^0 = 1$

$\alpha^{\beta+} = \alpha^\beta.\alpha$

$\alpha^\lambda = \sup\{\alpha^\gamma / \gamma < \lambda\}$, quando λ é um ordinal limite.

Proposição 11.35:

(i) Se $\alpha < \beta$ e $1 < \gamma$, então $\gamma^\alpha < \gamma^\beta$;

(ii) Se $\alpha < \beta$, então $\alpha^\gamma \leq \beta^\gamma$;

(iii) $\alpha^{\beta+\gamma} = \alpha^\beta.\alpha^\gamma$;

(iv) $\alpha^{\beta.\gamma} = (\alpha^\beta)^\gamma$. ■

Um ordinal α é *multiplicativo principal* se $\alpha > 1$ e para $\beta, \gamma < \alpha$ temos que $\beta.\gamma < \alpha$. A classe dos ordinais multiplicativos principais é denotada por [.].

Podemos então definir os ordinais ε_0 e ω_β da seguinte maneira:

(i) $\varepsilon_0 =_{def} \min\{\gamma / \omega^\gamma = \gamma\}$

(ii) $\omega_0(\beta) =_{def} \beta$

$\omega_{n+1}(\beta) =_{def} \omega^{\omega n(\beta)}$

$\omega_\lambda(\beta) =_{def} \sup\{\omega_\gamma(\beta) / \gamma < \lambda\}$, quando λ é um ordinal limite.

Teorema 11.36: $\varepsilon_0 = \omega_\omega(0)$.

Demonstração: Pela Proposição 11.33 temos que, para $\omega_n(0) = \alpha$, $\alpha < 2^\alpha \leq \omega^\alpha = \omega_{n+1}(0)$. Dessa forma, o conjunto $\{\omega_n(0) / n < \omega\}$ não tem um máximo e, portanto, $\omega_\omega(0) = \sup\{\omega_\gamma(0) / \gamma < \omega\}$ é um ordinal limite. Agora, para $\alpha = \omega_\omega(0)$, $\omega^\alpha = \sup\{\omega^\gamma / \gamma < \omega_\omega(0)\} = \sup\{\omega^\beta / \beta = \omega_n(0)$ e $n < \omega\} = \sup\{\omega_{n+1}(0) / n < \omega\} = \omega_\omega(0)$. Desde que, por definição, ε_0 é o mínimo com tal propriedade, então $\varepsilon_0 \leq \omega_\omega(0)$.

Suponhamos que $\varepsilon_0 < \omega_\omega(0)$. Então existe um $n \in \omega$ tal que $\omega_n(0) \leq \varepsilon_0 < \omega_{n+1}(0)$. No qual segue que, para $\alpha = \omega_n(0)$, $\omega_{n+1}(0) = \omega^\alpha \leq \omega^{\varepsilon 0} = \varepsilon_0 < \omega_{n+1}(0)$, o que é um absurdo. ■

Finalizando, mostramos que ω, $\omega + n$, $\omega.n$, ω^n, ω^ω, em que $n \in \mathbb{N}$, são todos equipotentes a ω. Para isso, basta mostrarmos que ω e ω^ω são equipotentes, pois ω é subconjunto de $\omega + n$, de $\omega.n$, de ω^n e cada um desses conjuntos são subconjuntos de ω^ω.

Se $\delta \in \omega^\omega$, pelo Corolário 11.31, existem ordinais (nesse caso, naturais) $\alpha_0, ..., \alpha_n$ e naturais $m_0, ..., m_n$, unicamente determinados, tais que $\delta = \omega^{\alpha n}m_n + ... + \omega^{\alpha 1}m_1 + \omega^{\alpha 0}m_0$ e $\alpha_0 \leq \alpha_1 \leq ... \leq \alpha_n$. Tomando $p_0 < p_1 < ... < p_n < . . .$ a enumeração de todos os números primos, definimos a função $\varphi: \omega^\omega \rightarrow \omega$ tal que $\varphi(\omega^{\alpha n}m_{\alpha n} + ... + \omega^{\alpha 1}m_{\alpha 1} + \omega^{\alpha 0}m_{\alpha 0}) = p_{\alpha_0}^{m_{\alpha_0}} \cdot p_{\alpha 1}^{m_{\alpha_1}} \cdots p_{\alpha_n}^{m_{\alpha_n}} - 1$. Pelo Teorema Fundamental da Aritmética, φ é uma função bijetiva e, portanto, ω é equipotente a ω^ω.

12. CARDINAIS

12.1. A Contagem Usual

Quantos elementos têm um dado conjunto? Em muitas situações do cotidiano matemático é necessário saber a quantidade de elementos existentes num conjunto. Para o conjunto vazio, entendemos ser essa quantidade igual a zero. Agora, a quantidade de elementos do conjunto $B = \{2, 3, 5, 8, 9\}$ é a mesma que a do conjunto $C = \{0, 1, \alpha, \pi, e\}$. Aliás, essa quantidade é comumente chamada de 5. Estamos tão acostumados com esse tipo de resposta que, às vezes, não percebemos qual relação entre os conjuntos B e C que nos permite dizer que eles têm a mesma quantidade de elementos. Para alguns leitores, pode parecer desnecessário formalizar o assunto. Provavelmente, isso decorra de estarmos tão habituados a lidar com conjuntos finitos, nos quais a quantidade de elementos é zero ou algum número natural, que não enxergamos qualquer necessidade de análise adicional. No entanto, para lidarmos com conjuntos infinitos é imprescindível um tratamento mais profundo. Novamente, podemos reconhecer que a quantidade de elementos de um conjunto infinito é infinito e pronto. Contudo, os matemáticos precisam distinguir vários tipos de infinito. A teoria em questão trata dos cardinais e, nesse momento, a trataremos com ênfase nos conjuntos numéricos usuais.

Como visto no capítulo oito, e formalizado nesse, a cardinalidade de um conjunto é o conceito que os matemáticos usam para expressar a quantidade de elementos desse conjunto. Naturalmente, como vimos, dois conjuntos A e B têm o mesma cardinalidade quando existe uma função bijetiva entre A e B.

Exercícios:

1) Verificar que os conjuntos $B = \{2, 3, 5, 8, 9\}$ e $C = \{0, 1, \alpha, \pi, e\}$ têm a mesma cardinalidade.

2) Demonstrar que: $B \approx \emptyset \Leftrightarrow B = \emptyset$. Sugestão: Mostrar que existe uma função bijetiva $\varphi: \emptyset \to \emptyset$ e que para $B \neq \emptyset$ não há bijeção entre B e $\emptyset$.

3) Para cada $n \in \mathbb{N}$, seja $I_n = \{k \in \mathbb{N} / k \leq n\}$. Verificar que, para quaisquer que sejam os naturais $n \geq 1$ e $m \leq n$, ocorre $I_n - \{m\} \approx I_{n-1}$.

4) Mostrar que para todos $m, n \in \mathbb{N}$ tem-se $I_m \approx I_n \Rightarrow m = n$. Sugestão: Usar o Princípio de Indução.

5) Seja $\varphi: B \to C$ uma função bijetiva. Demonstrar que, para todo $D \subseteq B$, a função $\varphi_D: D \to \varphi(D)$ tal que $\varphi_D(x) = \varphi(x)$ é bijetiva. Demonstrar ainda que a função $\varphi_{B-D}: (B\text{-}D) \to (C\text{-}\varphi(D))$ é bijetiva.

Assim, dados um conjunto B e o número natural n, quando $B \approx n$, então $|B| = n$. Segue do exercício (4) que nenhum conjunto pode ter dois naturais diferentes como sua cardinalidade.

Exercícios:

6) A partir das consideraçõe acima explicar por que $|\{2, 3, 5, 8, 9\}| = 5$.

7) Usualmente, considera-se que o conjunto $B = \mathbb{N} - \{0\}$ tem menos elementos que $\mathbb{N}$. Mostrar que, segundo o nosso conceito de cardinalidade, os conjuntos $\mathbb{N}$ e B têm a mesma cardinalidade.

Proposição 12.1: Tem-se $\mathbb{N} \approx \mathbb{Z}$, ou seja, há tantos números inteiros quanto números naturais.

Demonstração: Precisamos de uma função bijetiva $\psi: \mathbb{N} \to \mathbb{Z}$. Uma possível função seria:

$$\psi(n) = \begin{cases} -n/2 & \text{quando n é par} \\ (n+1)/2 & \text{quando n é ímpar.} \end{cases}$$

Essa função é bijetiva. De fato, todos os inteiros ocorrem na sequência e, portanto, ψ é sobrejetiva e cada um deles ocorre uma única vez, garantindo a injetividade de ψ. ■

EXERCÍCIOS:

8) Justificar detalhadamente a bijetividade de ψ na demonstração anterior.

9) Encontrar uma função bijetiva $\varphi: \mathbb{Z} \to \mathbb{N}$.

10) Demonstrar que os intervalos de reais (0, 1) e (0, 2) têm a mesma cardinalidade.

O exercício anterior sugere que o comprimento ou medida linear do conjunto (nesse caso) não está atrelado à quantidade de elementos.

EXERCÍCIOS:

11) Mostar que para todos $a, b \in \mathbb{R}$, com $a < b$, os os intervalos (0, 1) e (a, b) têm a mesma quantidade de elementos.

12) Mostrar que $\mathbb{R} \approx (0, 1)$. Sugestão: Considerar a função φ: (0, 1) $\rightarrow \mathbb{R}$ definida por $\varphi(x) = \cot(\pi x)$.

13) Mostrar que $[0, 1] \approx (0, 1)$. Sugestão: Definir uma função x: $\mathbb{N} \rightarrow (0, 1)$ injetiva e denotar cada termo x(n) por x_n. Considerar, a seguir, φ: $(0, 1) \rightarrow [0, 1]$ tal que $\varphi(x_0) = 0$, $\varphi(x_1) = 1$ e, para $n \geq 2$, $\varphi(x_n) = x_{n-2}$. Se não há $n \in \mathbb{N}$ tal que $a_n = x$, então $\varphi(x) = x$.

12.2. A DEFINIÇÃO DE NÚMERO CARDINAL

Os resultados precedentes sobre cardinais nos fornece uma visão inicial, intuitiva, porém incompleta do conceito de cardinais. Agora, formalizaremos o conceito de maneira a preservar o que foi visto, ampliando suas possibilidades de entendimento para contextos mais ricos, ou mais especificamente, para conjuntos com muito mais elementos.

Um *cardinal* ou *número cardinal* é um ordinal α que não é equipotente a nenhum ordinal menor.

Segue da definição que cada cardinal é um ordinal e esse ordinal não é equipotente a nenhum de seus elementos.

Exemplos:

(a) Cada ordinal finito é um cardinal. Assim, para conjuntos finitos, os conceitos de cardinal e ordinal coincidem.

(b) Seja α um ordinal infinito. Se α não é equipotente a nenhum ordinal menor que ele, então α é um cardinal. Se o conjunto $A = \{\beta \in \alpha \ / \ \beta$ é equipotente a $\alpha\} \neq \emptyset$, como α é bem ordenado, então A tem um menor elemento γ que, nesse caso é um cardinal e é equipotente a α. Portanto, para cada ordinal, existe um único cardinal equipotente a ele.

(c) O ordinal $\omega = \mathbb{N}$ é um cardinal. Contudo, $\omega + 1$, $\omega + 2$, ..., $\omega + n$, ..., $\omega + \omega$, ..., $\omega.\omega$, ..., ω^{ω} não são cardinais pois, como já vimos, todos os ordinais dessa hierarquia são equipotentes a $\omega = \mathbb{N}$.

Cada cardinal infinito α é um ordinal limite. Pois, se α não é um ordinal limite, então α é um sucessor do tipo $\alpha = \beta^+$ e então $\alpha \approx \beta$ o que é uma contradição. Decorre de $\alpha = \beta^+$ que $\beta \in \alpha$ e é o elemento máximo de α. Seja $\varphi: \alpha \to \beta$ definida por $\varphi(\beta) = 0$, $\varphi(\gamma) = \gamma^+$, quando $\gamma < \omega$, e $\varphi(\gamma) = \gamma$, quando $\gamma \geq \omega$. Assim, φ é bijetiva. Logo, α é limite.

No capítulo oito, definimos uma relação de ordem relativa à equipotência (ver a Proposição 8.8):

Quando há uma função injetiva de A em B indicamos por $A \preccurlyeq B$ e quando há função injetiva e $A \not\approx B$ indicamos por $A \prec B$.

Teorema 12.2: (*Teorema de Hartogs*) Para cada conjunto A existe um ordinal α tal que $\alpha \preccurlyeq \mathcal{P}(\mathcal{P}(A \times A))$, porém $\alpha \not\preccurlyeq A$.

Demonstração: Seja $a = \{R \ / \ R$ é uma boa ordem reflexiva em algum subconjunto de A$\}$. Segundo a definição de boa ordem, se $R \in a$, então para algum subconjunto c de A, $R \subseteq c \times c$. Logo, $a \subseteq \mathcal{P}(A \times A)$ e, desse modo, a é um conjunto.

Para $R \in a$, definimos $\varphi(R)$ como o único ordinal isomorfo a $(Dom(R), R - \{(x, x) \ / \ x \in Dom(R)\})$, ver Teorema

11.16. Como a é um conjunto, então Im(φ) e φ também são conjuntos e, portanto φ é uma função.

Mostraremos que Im(φ) é um ordinal, ao verificarmos que Im(φ) é transitivo, pois desde que Im(φ) é um conjunto de ordinais, então é totalmente ordenado pela $\in$. Sejam $R \in a$, $\beta = \varphi(R)$ e $\gamma \in \beta$. Mostraremos que $\gamma \in$ Im(φ). Temos, por definição de φ, que existe um isomorfismo $\psi: \beta \to (\text{Dom}(R), R - \{(x, x) / x \in \text{Dom}(R)\})$. Como $\gamma \subset \beta$, então $\psi(\gamma)$ é um subconjunto B de $\text{Dom}(R) \subseteq A$. Tomando T, a restrição de R a B, temos que T é uma boa ordem reflexiva em um subconjunto B de A e γ é o único ordinal isomorfo a $(\text{Dom}(T), T - \{(x, x) / x \in \text{Dom}(T)\}) = \varphi(T)$. Assim, $\gamma \in$ Im(φ) e, portanto, Im(φ) é transitivo.

Provamos assim que Im(φ) é um ordinal α. Vamos agora mostrar que não existe função injetiva de α em A.

Suponhamos que $\psi: \alpha \to A$ seja uma função injetiva. Então a boa ordem de $S = \{(\psi(\beta), \psi(\gamma)) / \beta < \gamma < \alpha\}$ em que $\psi(\alpha)$ é induzida por ψ, é um elemento de a e $\varphi(S)$ é o único ordinal isomorfo a $(\text{Dom}(S), S - \{(x, x) / x \in \text{Dom}(S)\}) = (\text{Im}(\psi), S - \{(x, x) / x \in \text{Dom}(S)\})$, ou seja, $\varphi(S) = \alpha$. Assim, $\alpha \in \text{Im}(\varphi) = \alpha$, o que é uma contradição. Logo, não existe uma função injetiva de α em A.

Como vimos, $a \subseteq \mathcal{P}(A\times A)$ e se $R \in a$, então $R \in \mathcal{P}(A\times A)$ e, portanto, para cada $\beta \in \alpha$, $\varphi^{-1}(\beta) = \{R \in a / \varphi(R) = \beta\} \subseteq \mathcal{P}(A\times A)$, ou seja, $\varphi^{-1}(\beta) = \{R \in a / \varphi(R) = \beta\} \in \mathcal{P}(\mathcal{P}(A\times A))$. Definindo a função $\sigma: \alpha \to \mathcal{P}(\mathcal{P}(A\times A))$ por $\sigma(\beta) = \{R \in a / \varphi(R) = \beta\} = \varphi^{-1}(\beta)$, temos que σ é injetiva. ■

Para cada conjunto A, $A^{\#}$ denota o menor ordinal β tal que não ocorre $\beta \preccurlyeq A$. A existência de $A^{\#}$ é assegurada pelo teorema anterior. Por definição, $A^{\#}$ é um cardinal.

Assim, o teorema anterior garante que, dado um ordinal β, existe um menor cardinal $\beta^{\#}$ maior que β, o que enunciamos a seguir.

Corolário 12.3: Para cada ordinal α existe um menor cardinal $\alpha^{\#}$ que é maior que α. ■

Corolário 12.4:

(i) Existem cardinais arbitrariamente grandes, isto é, para cada cardinal há algum cardinal maior que ele.

(ii) A classe de todos os cardinais não é um conjunto.

(iii) Não existe um cardinal que é maior que todos os outros.

Demonstração:

(i) Segue do corolário 12.3.

(ii) Indiquemos por Cr a coleção de todos os cardinais. Suponhamos que Cr seja um conjunto. Então $\cup Cr$ é um conjunto e, por definição, $\cup Cr$ é a coleção On de todos os ordinais, a qual não é um conjunto.

(iii) Segue de (i). ■

Proposição 12.5: Se A é um conjunto de cardinais, então $\cup A$ é um cardinal.

Demonstração: Como A é um conjunto de cardinais, então é um conjunto de ordinais. Segue então que $\cup A$ é um ordinal. Seja β um ordinal tal que $\beta < \cup A$. Então, $\beta \in \alpha \in A$ e, portanto $\beta \preccurlyeq \alpha$, $\beta \not\approx \alpha \preccurlyeq \cup A$. Logo, $\beta \not\approx \cup A$. Assim, $\cup A$ é um cardinal. ■

O primeiro cardinal infinito é o cardinal de $\mathbb{N}$, usualmente denotado por $\aleph_0$. O símbolo $\aleph$ é a primeira letra do alfabeto hebraico e chama-se alef. Em geral, denotamos os cardinais infinitos por $\aleph$ com algum índice.

Definimos indutivamente:

$\aleph_0 = \omega$

$\aleph_{\alpha+1} = (\aleph_\alpha)^\#$ e, nesse caso, $\aleph_{\alpha+1}$ é um cardinal sucessor.

$\aleph_\lambda = \cup\{\aleph_\alpha \ / \ \alpha < \lambda\}$, quando λ é um ordinal limite. Nesse caso $\aleph_\lambda$ é um cardinal limite.

Exercício:

14) Mostrar que todo cardinal infinito é do tipo $\aleph_\alpha$ para algum ordinal α. (Sugestão: usar o Teorema 11.16.)

Se a é um conjunto que admite uma boa ordenação, então existe um único cardinal α equipotente a. Assim, a e α têm a mesma cardinalidade. Nesse caso, dizemos que a cardinalidade de a é α, a qual denotamos por card(a) ou por $|a|$. Assim, card(a) $= |a| = \alpha = \cap\{\beta \in \text{On} \ / \ \beta \approx a\}$.

Teorema 12.6: (*Sanduíche de Cardinais*) Sejam B, C e D conjuntos. Se $D \subseteq C \subseteq B$ e $D \approx B$, então $D \approx C \approx B$.

Demonstração: Como $D \approx B$ existe uma bijeção $\varphi: B \to D$. Como $D \subseteq C$, então $\varphi: B \to C$ é injetiva, ou seja, $B \preccurlyeq C$. Como $C \subseteq B$, segue que $C \preccurlyeq B$. Logo, pelo Teorema 8.7 (Schroeder-Berstein), $C \approx B$. Daí, $D \approx C$ ■

12.3. Relação de Ordem entre Cardinais

Definindo uma ordem sobre os cardinais podemos indicar quando um conjunto tem cardinalidade maior que outro. Nesse caso, diremos que o primeiro conjunto tem uma quantidade maior de elementos.

Sabemos que dados os conjuntos B e C, a cardinalidade de B é *menor ou igual* que a cardinalidade do C quando existe $D \subseteq C$ tal que D é equipotente a B, ou seja:

$$|B| \leq |C| \Leftrightarrow \text{existe } D \subseteq C \text{ tal que } B \approx D.$$

Nesse caso dizemos também que $|C| \geq |B|$ e que a relação $\geq$ (maior ou igual) é a relação inversa de $\leq$.

Naturalmente, se $|C| \leq |B|$ e $C \not\approx B$, então $|C|$ é menor que $|B|$ e escreve-se $|C| < |B|$ ou ainda $|B| > |C|$. Isso significa que B tem uma quantidade maior de elementos que C.

A partir da definição de cardinalidade e dos resultados do capítulo oito, é imediato observar que a relação $\leq$ entre cardinais é reflexiva, antissimétrica e transitiva.

Da definição de cardinal temos que cada número cardinal é um ordinal e, desse modo, para quaisquer cardinais κ e λ segue que $\kappa < \lambda$ ou $\kappa = \lambda$ ou $\lambda < \kappa$.

Naturalmente, podemos definir conjunto finito, como fizemos no capítulo oito, e depois definirmos conjunto infinito como aquele conjunto que não é finito. Há algumas outras maneiras de se definir conjuntos finitos e infinitos na literatura sobre conjuntos. Richard Dedekind definiu primeiro conjunto infinito e depois conjunto finito. De um ponto de vista intuitivo, um conjunto é infinito quando podemos extrair um ou mais elementos do conjunto sem afetar a quantidade de elementos do conjunto.

Como vimos no capítulo oito, um conjunto é finito quando, e somente quando, é equipotente a um elemento de $\mathbb{N}$. Esse é o conjunto dos cardinais finitos. Cada cardinal infinito é um *cardinal transfinito* (que vai além do finito).

EXERCÍCOS:

15) Verificar que se B é infinito então, $\aleph_0 \leq |B|$, ou seja, $\aleph_0$ é o menor cardinal transfinito.

12.4. A ARITMÉTICA DOS CARDINAIS

Nesta seção veremos como somar, multiplicar e calcular a potência de cardinais.

Sejam κ e λ dois números cardinais. Sejam A e B conjuntos tais que $|A| = \kappa$, $|B| = \lambda$ e $A \cap B = \emptyset$. A *soma* de κ e λ é definida por:

$$\kappa + \lambda = |A \cup B|.$$

Mostramos, a seguir, que essa é uma boa definição, ao verificar que ela independe dos conjuntos A e B.

Proposição 12.7: Sejam A, B, C, D conjuntos tais que $|A| = |C|$, $|B| = |D|$ e $A \cap B = C \cap D = \emptyset$. Então, $|A \cup B| = |C \cup D|$.

Demonstração: Sejam $\varphi: A \to C$ e $\psi: C \to D$ funções bijetivas. Como $A \cap C = B \cap D = \emptyset$, então $\varphi \cup \psi$ é uma função bijetiva de $A \cup C$ sobre $B \cup D$. ■

EXERCÍCIO:

16) Sejam κ e λ dois números cardinais. Provar que existem dois conjuntos B e C tais que $|B| = \kappa$, $|C| = \lambda$ e $B \cap C = \emptyset$.

Proposição 12.8: (*Propriedades básicas da adição*)

(i) Associatividade: $(\kappa + \lambda) + \mu = \kappa + (\lambda + \mu)$

(ii) Comutatividade: $\kappa + \lambda = \lambda + \kappa$

(iii) Elemento neutro: $\kappa + 0 = 0 + \kappa = \kappa$

(iv) Ordem da adição: $\kappa \leq \lambda \Leftrightarrow (\exists\mu)\ \kappa + \mu = \lambda$

(v) Monotonicidade: $\kappa \leq \kappa'$ e $\lambda \leq \lambda' \Rightarrow \kappa + \lambda \leq \kappa' + \lambda'$ ■

Proposição 12.9: (*Cantor 1895*) Para todo cardinal finito n, $\aleph_0 + n = \aleph_0$.

Demonstração: Como n é finito, então $n < \aleph_0$. Pelo item (iv) da proposição anterior, existe um cardinal κ tal que $n+\kappa = \aleph_0$. Novamente, pela proposição anterior (iv), $\kappa \leq \aleph_0$. Assim, $\kappa = \aleph_0$ ou κ é finito. Se κ fosse finito, então $n + \kappa$ também seria finito, contradizendo $n+\kappa = \aleph_0$. Logo, $\kappa = \aleph_0$ e $n+\aleph_0 = \aleph_0+n = \aleph_0$. ■

Sejam κ e λ cardinais. A *multiplicação* $\kappa.\lambda$ é o único cardinal μ tal que para os conjuntos A e B com $|A| = \kappa$ e $|B| = \lambda$ tem-se $|A\times B| = \mu$.

Proposição 12.10: Se A, B, C, D conjuntos tais que $|A| = |C|$ e $|B| = |D|$, então $|A\times B| = |C\times D|$.

Demonstração: Por hipótese existem funções bijetivas φ_1: $A \to C$ e φ_2: $B \to D$. Logo, a função φ: $A\times B \to C\times D$ definida por $\varphi(a, b) = (\varphi_1(a), \varphi_2(b))$ é uma bijetiva. ■

Proposição 12.11: (*Propriedades básicas da multiplicação*)

(i) Associatividade: $(\kappa.\lambda).\mu = \kappa.(\lambda.\mu)$

(ii) Comutatividade: $\kappa.\lambda = \lambda.\kappa$

(iii) Elemento neutro: $\kappa.1 = 1.\kappa = \kappa$

(iv) Distributividade: $\kappa.(\lambda + \mu) = \kappa.\lambda + \kappa.\mu$

(v) Monotonicidade: $\kappa \leq \kappa'$ e $\lambda \leq \lambda' \Leftrightarrow \kappa.\lambda \leq \kappa'.\lambda'$

(vi) Elemento absorvente: $\kappa.0 = 0.\kappa = 0$. ■

A seguir, definimos a ordem canônica sobre On × On que é distinta da ordem lexicográfica sobre On × On. Essa ordem canônica é uma boa ordem sobre On × On.

A ordem canônica sobre On×On é a relação $\preccurlyeq$ em On×On definida por:

$$(\alpha, \beta) \preccurlyeq (\gamma, \delta) \Leftrightarrow$$

$$\max\{\alpha, \beta\} < \max\{\gamma, \delta\} \vee (\max\{\alpha, \beta\} = \max\{\gamma, \delta\} \wedge (\alpha < \gamma \vee (\alpha = \gamma \text{ e } \beta < \delta)).$$

Proposição 12.12: Para todo $\alpha \in$ On, $\aleph_\alpha \times \aleph_\alpha \approx \aleph_\alpha$.

Demonstração: (Levy, 1979, p. 97). ■

Corolário 12.13: $\aleph_\alpha . \aleph_\alpha = \aleph_\alpha$. ■

Corolário 12.14: $\aleph_\alpha . \aleph_\beta = \aleph_{\max\{\alpha, \beta\}}$.

Demonstração: Consideremos $\alpha \leq \beta$. Assim, $\aleph_\beta = 1.\aleph_\beta \leq \aleph_\alpha . \aleph_\beta \leq \aleph_\beta . \aleph_\beta \leq \aleph_\beta$. ■

Corolário 12.15: Seja $n \in \omega$, $n \neq 0$. Então $n.\aleph_\alpha = \aleph_\alpha$.

Demonstração: $\aleph_\alpha = 1.\aleph_\alpha \leq n.\aleph_\alpha \leq \aleph_\alpha . \aleph_\alpha = \aleph_\alpha$. Logo, $\aleph_\alpha = \aleph_\alpha . \aleph_\alpha$. ■

Corolário 12.16: $\aleph_\alpha + \aleph_\beta = \aleph_{\max\{\alpha, \beta\}}$.

Demonstração: Consideremos $\alpha \leq \beta$. Assim, $\aleph_\alpha \leq \aleph_\alpha + \aleph_\beta \leq \aleph_\beta + \aleph_\beta = 2.\aleph_\beta = \aleph_\beta$. ■

Sejam A e B conjuntos e κ e λ cardinais tais que $|A| = \kappa$, $|B| = \lambda$. A exponenciação de κ por λ, κ^λ é o único cardinal μ tal que $\mu = |A^B|$.

Proposição 12.17: Sejam A, B, C e D conjuntos tais que |A| = |C| e |B| = |D|, então $|A^B| = |C^D|$.

Demonstração: Sejam φ: A → C e ψ: B → D bijeções. Seja σ ∈ A^B, isto é, σ: B → A. A composta $\varphi \circ \sigma \circ \psi^{-1}$ é uma função de D em C, ou seja, $\varphi \circ \sigma \circ \psi^{-1} \in C^D$. Assim, definimos uma função F: $A^B \rightarrow C^D$ por $F(\sigma) = \varphi \circ \sigma \circ \psi^{-1}$. A função F é bijetiva, pois: (i) F é injetiva: $F(\sigma) = F(\sigma_1) \Leftrightarrow \varphi \circ \sigma \circ \psi^{-1} = \varphi \circ \sigma_1 \circ \psi^{-1} \Leftrightarrow \varphi^{-1} \circ \varphi \circ \sigma \circ \psi^{-1} \circ \psi = \varphi^{-1} \circ \varphi \circ \sigma_1 \circ \psi^{-1} \circ \psi \Leftrightarrow \sigma = \sigma_1$. (ii) F é sobrejetiva: Se $\xi \in C^D$, então $\varphi^{-1} \circ \xi \circ \psi \in A^B$ e $F(\varphi^{-1} \circ \xi \circ \psi) = \varphi \circ \varphi^{-1} \circ \xi \circ \psi \circ \psi^{-1} = \xi$. ■

Proposição 12.18: (*Propriedades básicas da exponenciação*)

(i) $\kappa^{\lambda+\mu} = \kappa^\lambda \kappa^\mu$

(ii) $(\kappa^\lambda)^\mu = \kappa^{\lambda\mu}$

(iii) $(\kappa\lambda)^\mu = \kappa^\lambda \kappa^\mu$

(iv) $0^0 = 1$

(v) $0^\kappa = 0$

(vi) $\kappa^1 = \kappa$

(vii) $1^\kappa = 1$

(viii) $\kappa^2 = \kappa.\kappa$

(ix) $\kappa_1 \leq \kappa_2$ e $\lambda_1 \leq \lambda_2 \Rightarrow \kappa_1^{\lambda 1} \leq \kappa_2^{\lambda 2}$. ■

Proposição 12.19: Para n ∈ ω, n ≠ 0, $(\aleph_\alpha)^n = \aleph_\alpha$.

Demonstração: Como $\aleph_\alpha.\aleph_\alpha = \aleph_\alpha$, o resultado segue por indução. ■

Proposição 12.20: Para todo conjunto *a*, $|\mathcal{P}(a)| = |2^a|$

Demonstração: Segue de $\mathcal{P}(a) \approx 2^a$ (Proposição 8.4). ■

Proposição 12.21: Para todo cardinal κ, $\kappa < 2^\kappa$.

Demonstração: Pelo Teorema de Cantor (Teorema 8.5), a não é equipotente a $\mathcal{P}(a)$. Logo, $|a| < |\mathcal{P}(a)| = |2^a| = 2^\kappa$. ■

EXERCÍCIOS:

17) Provar que se $B \approx D$ e $C \approx E$, $B \cap C = \emptyset$ e $D \cap E = \emptyset$, então $B \cup C \approx D \cup E$.

18) Demonstrar que para todos conjuntos B e C vale: $|B \cup C| + |B \cap C| = |B| + |C|$.

19) Dados $B = \{1, 3\}$ e $C = \{2, 4, 6\}$, encontrar a cardinalidade de B^C.

20) (i) Determinar $\emptyset^\emptyset$ e sua cardinalidade; (ii) Considerando $B \neq \emptyset$, determinar $\emptyset^B$ e sua cardinalidade; (iii) Considerando $B \neq \emptyset$ achar $B^\emptyset$ e determinar sua cardinalidade.

A partir do Teorema de Cantor concluimos que $\aleph_0 < 2^{\aleph_0}$. Assim, o conjunto $\mathcal{P}(\mathbb{N})$, cuja cardinalidade é $2^{\aleph_0}$, não é enumerável. Isso significa que enquanto $\mathbb{N}$ é infinito e enumerável, o conjunto $\mathcal{P}(\mathbb{N})$ tem uma quantidade muito maior de elementos, ele é infinito e não-enumerável.

O teorema também indica que

$$\aleph_0 < 2^{\aleph_0} < 2^{2^{\aleph_0}} < 2^{2^{2^{\aleph_0}}} < \ldots$$

ou seja, existem infinitos cardinais transfinitos. Mais formalmente, pode-se definir a sequência (c_n) tal que $c_1 = \aleph_0$ e para cada n natural $c_{n+1} = 2^{cn} > c_n$.

Adicionalmente, aplicando o Teorema concluímos novamente que não há o maior cardinal, pois qualquer seja a cardinalidade de c temos que 2^c tem cardinalidade maior do que c.

Teorema 12.22: Se $C \subseteq B$, com $|B| = 2^{\aleph_0}$ e $|C| = \aleph_0$, então $|B\text{-}C| = 2^{\aleph_0}$.

Demonstração: Como $B = C \cup (B\text{-}C)$ e $C \cap (B\text{-}C) = \emptyset$, então $|B| = |C| + |B\text{-}C| = \aleph_0 + |B\text{-}C|$, ou seja, $2^{\aleph_0} = \aleph_0 + \aleph_\alpha$, em que $\aleph_\alpha = |B\text{-}C|$. Mas pelo Corolário 12.16, $\aleph_0 + \aleph_\alpha = \aleph_\alpha$, ou seja, $2^{\aleph_0} = \aleph_\alpha$. Assim, $|B\text{-}C| = 2^{\aleph_0}$. ■

O teorema anterior indica que, após extrairmos qualquer parte enumerável de um conjunto B com cardinalidade $2^{\aleph_0}$, o resultado tem a mesma quantidade de elementos que B.

Poderiam existir conjuntos com cardinais maiores que $\aleph_0$ e menores $2^{\aleph_0}$? Generalizando essa ideia, poderiam existir cardinais maiores que $\aleph_\alpha$ e menores que $2^{\aleph_\alpha}$? Outra questão interessante é sobre a existência de cardinais maiores que todos os cardinais da forma $2^{\aleph_0}$, $2^{2^{\aleph_0}}$, $2^{2^{2^{\aleph_0}}}$, ... Esses seriam chamados de grandes cardinais transfinitos. Seria necessário aprofundarmos mais na axiomática da Teoria de Conjuntos para enfrentarmos satisfatoriamente essas questões. Esse debate está além dos nossos objetivos aqui.

12.5. O Método Diagonal de Cantor e a Cardinalidade dos Reais

Há um caminho, chamado de Método Diagonal de Cantor, para comprovar que $\aleph_0 < 2^{\aleph_0}$. Sabendo que $\aleph_0 \leq 2^{\aleph_0}$, o método consiste em verificar que, se houvesse uma função sobrejetiva de $\mathbb{N}$ em $F = \{0, 1\}^{\mathbb{N}}$, então chegariamos num resultado contraditório.

Tomemos os elementos de F como sequências em que cada termo é 0 ou 1, isto é, se $\varphi_i \in F = \{0, 1\}^{\mathbb{N}}$, vamos considerar $(\varphi_i) = (\varphi_i(0), \varphi_i(1), ..., \varphi_i(n), ...)$. Suponhamos que exista uma função φ: $\mathbb{N}$

$\to$ F, bijetiva. Seja $\varphi_{n,m}$ o (m+1)-ésimo termo da sequência $\varphi_n = \varphi(n)$, isto é, $\varphi_{n,m} = \varphi_n(m)$. Assim, temos uma sequência de sequências.

Listando os elementos de $\varphi(\mathbb{N})$ obtemos:

$$(\varphi_0) = (\varphi_{0,0}, \varphi_{0,1}, \varphi_{0,2}, ..., \varphi_{0,m}, ...)$$

$$(\varphi_1) = (\varphi_{1,0}, \varphi_{1,1}, \varphi_{1,2}, ..., \varphi_{1,m}, ...)$$

$$(\varphi_2) = (\varphi_{2,0}, \varphi_{2,2}, \varphi_{2,2}, ..., \varphi_{2,m}, ...)$$

$$\vdots$$

$$(\varphi_m) = (\varphi_{m,0}, \varphi_{m,1}, \varphi_{m,2}, ..., \varphi_{m,m}, ...)$$

$$\vdots$$

e utilizando os elementos da diagonal principal $(\varphi_{i,i})$ constrói-se a sequência:

$$(\psi) = (1\text{-}\varphi_{0,0}, 1\text{-}\varphi_{1,1}, 1\text{-}\varphi_{2,2}, ..., 1\text{-}\varphi_{m,m}, ...).$$

Segue daí, que $\psi \in F$, pois cada um dos termos de (ψ) é 0 ou 1. Porém, (ψ) é diferente de todas as sequências em $\varphi(\mathbb{N})$. De fato, para cada $m \in \mathbb{N}$ ocorre $\psi(m) = 1 - \varphi_{m,m} \neq \varphi_{m,m} = \varphi_m(m)$. Consequentemente $\varphi(\mathbb{N}) \neq F$, ou seja, φ não é sobrejetiva, contradizendo nossa suposição inicial.

EXERCÍCIO:

21) Demonstrar que $|[0, 1]| = 2^{\aleph_0}$.

Teorema 12.24: $|\mathbb{R}| = 2^{\aleph_0}$.

Demonstração: Conforme o exercício (12), temos que $\mathbb{R} \approx (0, 1)$ e, daí, segundo o Teorema do Sanduíche de Cardinais, obtemos $[0, 1] \approx \mathbb{R}$, ou seja, $|\mathbb{R}| = |[0, 1]| = 2^{\aleph_0}$. ■

Como o conjunto $\mathbb{R}$ é considerado contínuo (uma reta sem falhas), costuma-se dizer que $2^{\aleph_0}$ é a cardinalidadedo contínuo. A hipótese do contínuo consiste em afirmar que não há cardinal maior que $\aleph_0$ e menor que $2^{\aleph_0}$. Isso quer dizer que $2^{\aleph_0}$ é o segundo cardinal transfinito e justificaria a notação $\aleph_1 = 2^{\aleph_0}$. No entanto, a hipótese do contínuo é independente dos axiomas usuais da teoria de conjuntos.

EXERCÍCIO:

22) Demonstrar que $|\mathbb{R}\text{-}\mathbb{Q}| \approx 2^{\aleph_0}$ e, portanto, o conjunto dos irracionais é não-enumerável. Nesse sentido, há muito mais irracionais do que racionais.

13. O AXIOMA DA ESCOLHA

O axioma da escolha é talvez o mais controvertido axioma da teoria dos conjuntos e mesmo de toda a matemática.

Esse axioma foi introduzido em ZF por Zermelo, em 1904, e desde seu surgimento há um acalorado debate sobre aceitar ou não esse axioma nos domínios matemáticos.

De um modo geral, a aceitação ou rejeição do axioma da escolha reporta sobre concepções filosóficas sobre a natureza da matemática.

O enunciado do axioma da escolha, como adiante, remete-nos à existência de algum conjunto como acontece com outros axiomas de ZF. Contudo, para os outros axiomas de ZF, com tal caráter, observamos também sua unicidade – existe exatamente um conjunto tal que ..., enquanto o axioma da escolha assegura apenas a existência de um certo conjunto, mas não caracteriza os elementos por ele gerados.

O axioma da escolha é equivalente a alguns teoremas importantes da matemática usual e implica em muitíssimos outros resultados. Mostraremos, nesse tópico, que o axioma da escolha é equivalente ao princípio da boa ordem e ao lema de Zorn. E dele e de seus equivalentes decorrem resultados esperados e importantes para a matemática.

Contudo, algumas consequências desses resultados são um tanto surpreendentes. O princípio da boa ordem afirma que todo conjunto pode ser bem ordenado. Para conjuntos enumeráveis como $\mathbb{Q}$, parece não ser um problema delicado. Mas o que seria uma boa ordem para $\mathbb{R}$?

Resultados de Gödel de 1939 e 1940 e de Cohen de 1963 mostram a independência do axioma da escolha de ZF. Com isso, poderíamos desenvolver ZFC (com o axioma da escolha) ou ZF¬C (com a negação do axioma da escolha).

Os matemáticos de concepção construtivista e intuicionista, em particular, rejeitam o axioma da escolha, pois o consideram demasiadamente liberal e de natureza não construtiva. Com isso, têm de abandonar uma parte substancial da matemática conhecida e buscar demonstrações usualmente mais difíceis e trabalhosas para resultados que se mantêm no contexto construtivista.

Os matemáticos de concepção de concepção tradicional, comumente chamados clássicos, não se opõem à natureza não construtiva do axioma da escolha, mas, de qualquer modo, sentem-se desafiados por resultados como o Teorema de Banach-Tarski, que garante que é possível dividir uma esfera em seis peças e, com esses pedaços remontar duas esferas com mesmo tamanho que a esfera original.

Certamente, na presença do axioma da escolha (ou de algum de seus equivalentes) podemos demonstrar mais resultados matemáticos. Contudo, sempre que possível há uma opção por se evitar seu uso ou buscar demonstrações que não exijam alguma aplicação desse axioma. Diante desse contexto, surgem, por exemplo, versões mais fracas do axioma da escolha, como o axioma da escolha enumerável que aplica os processos de escolha apenas para conjuntos enumeráveis.

Vejamos agora o axioma da escolha, alguns de seus equivalentes e algumas consequências.

Dado um conjunto a, uma *função escolha* φ para a é tal que $\mathrm{Dom}(\varphi) = a\text{-}\{\emptyset\}$ e para todo $x \in \mathrm{Dom}(\varphi)$ tem-se que $\varphi(x) \in x$.

Axioma da Escolha (AE): Para todo conjunto a existe uma função escolha para a.

Assim, podemos formalizar o axioma da escolha por:

$$\forall a\ \exists \varphi\ (\varphi \text{ é uma função} \wedge \mathrm{Dom}(\varphi) = a - \{\emptyset\} \wedge \\ \forall x\ (x \in \mathrm{Dom}(\varphi) \rightarrow \varphi(x) \in x)).$$

Naturalmente, a função φ é chamada função escolha porque ela escolhe o argumento de $\varphi(x)$ dentre todos os elementos de x.

Como já mencionamos anteriormente, o axioma da escolha tem muitas versões equivalentes. A seguir, mostramos algumas dessas equivalências.

Teorema 13.1: O axioma da escolha é equivalente às seguintes sentenças:

(AE1) Para toda relação R, existe uma função $\varphi \subseteq R$ com $\text{Dom}(\varphi) = \text{Dom}(R)$.

(AE2) Para qualquer conjunto I e qualquer função σ com domínio I, se $\sigma(i) \neq \emptyset$, para todo $i \in I$, então $\pi_{i\in I}\, \sigma(i) \neq \emptyset$.

(AE3) Seja a um conjunto tal que: (i) cada membro de a é não vazio; (ii) os membros de a são dois a dois disjuntos. Então existe um conjunto c que contém exatamente um elemento de cada membro de a.

Demonstração:

$$(AE) \Rightarrow (AE1)$$

Seja R uma relação. Como $\mathcal{P}(\text{Im}(R))$ é um conjunto, então por (AE) existe uma função escolha ψ para $\mathcal{P}(\text{Im}(R))$. Desse modo, para cada $b \in \text{Im}(R)$, $b \neq \emptyset$, $\psi(b) \in b$. Agora, definimos então uma função φ com $\text{Dom}(\varphi) = \text{Dom}(R)$ por $\varphi(x) = \psi(\text{Im}(x)) \in \text{Im}(x) = \{y \,/\, (x, y) \in R\} \in \mathcal{P}(\text{Im}(R))$. Assim, $(x, \varphi(x)) \in R$. Nota-se que como $x \in \text{Dom}(R)$, então $\text{Im}(x) \neq \emptyset$ e, portanto, ψ está definida em $\text{Im}(x)$.

$$(AE1) \Rightarrow (AE2)$$

Seja σ uma função com domínio I e tal que, para cada $i \in I$, $\sigma(i) \neq \emptyset$. Definamos então a seguinte relação: $R = \{(i,$

$x)$ / $i \in$ I e $x \in \sigma(i)\}$. A condição (AE1) garante a existência de uma função $\varphi \subseteq$ R de modo que Dom(φ) = Dom(R) = I. Assim, para cada i $\in$ I, temos que $(i, \varphi(i)) \in \varphi \subseteq$ R e, então, $\varphi(i) \in \sigma(i)$. Logo, $\varphi \in \pi_{i \in I} \sigma(i)$ e, desse modo, $\pi_{i \in I} \sigma(i) \neq \emptyset$.

(AE2) $\Rightarrow$ (AE3)

Seja a um conjunto que admite as condições (i) e (ii) de (AE3). Consideremos σ a função identidade sobre a. Assim, para todo $b \in a$, $\sigma(b) = b \neq \emptyset$. Por (AE2), $\pi_{i \in I} \sigma(i) \neq \emptyset$, ou seja, existe uma função φ com Dom(φ) = a e tal que, para todo $b \in a$, $\varphi(b) \in \sigma(b) = b$. Agora, seja c = Im($\varphi$). Então, para cada $b \in a$, segue que $\varphi(b) \in b \cap$c. Além disso, se $d \in c$, $d \neq \varphi(b)$, então $d = \varphi(b^+)$, $b^+ \in a$ e $b^+ \neq b$. Logo, $\varphi(b^+) \in b^+$. Como os membros de a são dois a dois disjuntos, então $d \notin b$. Assim, c contém exatamente um elemento de cada membro de a.

(AE3) $\Rightarrow$ (AE)

Dado um conjunto a, seja A = $\{\{b\} \times b$ / $\emptyset \neq b \in a\}$. Nessas condições, cada membro de A é não vazio e dois a dois disjuntos. De acordo com (AE3), existe um conjunto c tal que $c \cap (\{b\} \times$b$) = \{(b, x)\}$, com $x \in b$. Em princípio, c poderia conter elementos não pertencentes a qualquer membro de A. Então, consideramos $\varphi = c \cap (\cup$A$)$. Mostraremos que φ é uma função escolha para a. Cada elemento de φ é da forma (b, x), para algum $x \in b$. Desde que $\varphi \cap (\{b\} \times b)$ seja unitário, então para cada $\emptyset \neq b \subseteq a$, existe um único x tal que $(b, x) \in \varphi$. Esse x é, por definição, $\varphi(b) \in b$. ■

Exercícios:

23) Mostrar que as sentenças abaixo são equivalentes ao axioma da escolha:

(a) (AE4) Toda função contém como subconjunto uma função injetiva com mesma imagem. (sugestão: (AE3) $\Leftrightarrow$ (AE4))

(b) (AE5) Todo conjunto potência da forma $\mathcal{P}(a)$ tem uma função escolha. (sugestão: (AE) $\Rightarrow$ (AE5) é imediato. (AE5) $\Rightarrow$ (AE): Seja $A = \cup\{b \mid b \in a\}$. Se $b \in a$, então $b \subseteq A$, ou seja, $b \in \mathcal{P}(A)$. Por (AE5) existe função escolha φ para $\mathcal{P}(A)$. Tomando $\psi = \{(b, c) \in \varphi \mid b \in a\}$, temos que ψ é uma função escolha para a.)

A seguir, mostraremos que o princípio da boa ordem é equivalente ao axioma da escolha.

O princípio da boa ordem tem o seguinte enunciado:

(PBO) Todo conjunto pode ser bem ordenado.

O PBO foi enunciado por Cantor em 1883 e, para justificar esse princípio, Zermelo, em 1904, enunciou o axioma da escolha e demonstrou que o axioma da escolha implica o princípio da boa ordem.

Proposição 13.2: AE ⇒ PBO.

Demonstração: Dado um conjunto A, a partir do AE, definimos uma boa ordem em A, mais especificamente, definimos uma função bijetiva ψ de um segmento inicial de On (conjunto dos ordinais) no conjunto A.

Dado A, pelo axioma da escolha, existe uma função escolha φ para $\mathcal{P}(A)$. Então definimos por recursão uma função ψ para $\mathcal{P}(A)$ de um conjunto inicial de On em A. Fixando $a \in A$, definimos:

$\psi(0) = a$ e

$\psi(\alpha) = \varphi(A - \{\psi(\gamma) \,/\, \gamma < \alpha\}) \in A - \{\psi(\gamma) \,/\, \gamma < \alpha\}$, pois φ é uma função escolha para $\mathcal{P}(A)$.

A função ψ é injetiva: sejam $\alpha, \beta \in Dom(\psi)$, com $0 < \alpha < \beta$. Temos $A - \{\psi(\gamma) \,/\, \gamma < \beta\} \neq \emptyset$, pois φ não está definida em $\emptyset$. Segue, daí, que $\psi(\beta) = \varphi(A\text{-}\{\psi(\gamma) \,/\, \gamma < \beta\}) \in A - \{\psi(\gamma) \,/\, \gamma < \beta\}$ e, $\psi(\beta) \notin \{\psi(\gamma) \,/\, \gamma < \beta\}$, enquanto $\psi(\alpha) \in \{\psi(\gamma) \,/\, \gamma < \beta\}$. Assim, $\psi(\alpha) \neq \psi(\beta)$, mostrando que ψ é injetiva.

O domínio de ψ não pode ser todo On, pois então ψ seria uma função injetiva de On (não conjunto) no conjunto A (ver comentário após a Proposição 11.14). Logo, $Dom(\psi)$ tem que ser um ordinal γ.

Desde que $\gamma \notin \gamma$, então $\psi(\gamma)$ não está definida e, portanto, $A - \{\psi(\gamma) \,/\, \gamma < \alpha\} = \emptyset$. Assim, $A \subseteq Im(\psi) \subseteq A$. Portanto, $A = Im(\psi)$.

Desse modo, ψ é uma função bijetiva de γ em A, o que induz uma boa ordem em A dada pela boa ordem de γ. ■

Proposição 13.3: PBO ⇒ AE.

Demonstração: Seja A um conjunto. Pelo princípio da boa ordem existe uma boa ordem '<' em ∪A. A partir de (∪A, <) definimos uma função escolha para A do seguinte modo:

Para cada $b \in A - \emptyset$, $\varphi(b)$ = o menor elemento de b. ■

Corolário 13.4: PBO ⇔ AE. ■

Teorema 13.5: Todo conjunto infinito tem um subconjunto enumerável.

Demonstração: Seja A um conjunto infinito. Pelo PBO, o conjunto A pode ser bem ordenado, ou seja, disposto em uma correspondência bijetiva com algum ordinal infinito γ, digamos. Para cada $\alpha < \gamma$ corresponde o elemento $a_\alpha \in A$. Assim temos que $\{a_\alpha / \alpha < \omega\}$ é um subconjunto enumerável de A. ■

Teorema 13.6: Para todo conjunto infinito A existe um único cardinal $\aleph_\gamma$ tal que $|A| = \aleph_\gamma$.

Demonstração: Como A pode ser bem ordenado, então A é equipotente a algum ordinal infinito γ e, portanto, a um único ordinal inicial, denotado por $\aleph_\gamma$. ■

Como consequência do teorema anterior, temos que todo conjunto A é equipotente a um único cardinal c. Nesse caso, dizemos que c é o *cardinal* de A, ou o *número cardinal* de A.

Seja (A, ≤) uma ordem parcial. Uma *cadeia* em (A, ≤) é um conjunto C tal que para todos $a, b \in C$ tem-se que $a \leq b$ ou $b \leq a$.

Naturalmente, (C, ≤) é um conjunto totalmente ordenado.

A cadeia C tem um *elemento maximal m* quando não existe $c \in C$ tal que $m < c$.

Lema de Zorn (LZ): Seja (A, $\leq$) um conjunto ordenado. Se toda cadeia em (A, $\leq$) tem um limitante superior, então (A, $\leq$) tem um elemento maximal.

Proposição 13.7: AE $\Rightarrow$ LZ.

Demonstração: Seja (A, $\leq$) uma ordem parcial. O axioma da escolha garante a existência de uma função escolha φ: $\mathcal{P}$(A) - $\emptyset \rightarrow \mathcal{P}$(A), em que $\varphi(a) \in a$, para todo $a \subseteq$ A, $a \neq \emptyset$.

Seja B o subconjunto de $\mathcal{P}$(A) cujos elementos têm limitante superior estrito. Para cada $x \in$ B, seja b_x o conjunto dos limitantes superiores estritos de x.

Seja m: B $\rightarrow$ A definida por $m(x) = \varphi(b_x) \in b_x$. Desse modo, x $< m(x)$.

Definimos recursivamente a função ψ, fixando inicialmente um elemento a de B: $\psi(0) = a$ e $\psi(\alpha) = m(\{\psi(\gamma) / \gamma < \alpha\})$, se $\{\psi(\gamma) / \gamma < \alpha\} \notin$ B.

Temos que ψ preserva a ordem, pois se $\alpha < \beta$ então $\psi(\alpha) \in \{\psi(\gamma) / \gamma < \beta\}$ e $\psi(\beta) = \mathrm{m}(\{\psi(\gamma) / \gamma < \beta\}) > \psi(\gamma)$ para todo $\gamma < \beta$. Assim, $\psi(\alpha) < \psi(\beta)$.

Assim, ψ é injetiva e, portanto, Dom(ψ) não pode ser On (ver comentário após a Proposição 11.14). Logo, Dom(ψ) deve ser um cardinal α.

Como $\alpha \notin \alpha$, então $\psi(\alpha)$ não está definido, ou seja, $\{\psi(\gamma) / \gamma < \alpha\} \notin$ B. Mas $\{\psi(\gamma) / \gamma < \alpha\}$ é uma cadeia em A. Então, por hipótese, existe um limitante superior n para $\{\psi(\gamma) / \gamma < \alpha\}$. Como $n \notin$ B, então $n \in \{\psi(\gamma) / \gamma < \alpha\}$ e, portanto, n é um elemento maximal de A. ■

Proposição 13.8: LZ $\Rightarrow$ AE.

Demonstração: Seja A um conjunto. Devemos mostrar que existe uma função escolha para A.

Seja F = $\{\varphi$ / φ é função, Dom(φ) $\subseteq$ A – $\{\emptyset\}$ e x $\in$ Dom(φ) $\rightarrow \varphi(x) \in x\}$. Temos F $\neq \emptyset$, pois a função $\emptyset \in$ F. Consideramos a ordem (F, $\subseteq$) em que '$\subseteq$' é a relação de inclusão de conjuntos.

Se F_0 é uma cadeia em F, então $\cup F_0 \in$ F. Assim, pelo LZ, (F, $\subseteq$) possui um elemento maximal ψ, ou seja, ψ é função, Dom(ψ) $\subseteq$ A – $\{\emptyset\}$ e x $\in$ Dom(ψ) $\rightarrow \psi(x) \in$ x. Resta então verificar que Dom(ψ) = A.

Se existe x $\in$ A – Dom(ψ), x $\neq \emptyset$, então para $a \in$ x segue que $\psi^* = \psi \cup \{(x, a)\} \in$ F e, portanto, ψ não é maximal, o que contradiz a maximalidade de ψ.

Logo, Dom(ψ) = A - $\emptyset$ e, portanto, ψ é uma função escolha para A. ■

REFERÊNCIAS BIBLIOGRÁFICAS:

BELL, J. L. (2008) The axiom of choice. **Stanford Enciclopedia of Philosophy**.

BOUVIER, A. (1976) **A teoria dos conjuntos**. Tradução de André Infante. Mem Martins: Publicações Europa-América. (Coleção Saber)

CARNIELLI, W. A., EPSTEIN, R. L. (2006) **Computabilidade, funções computáveis, lógica e os fundamentos da matemática**. São Paulo: Editora UNESP.

CARNIELLI, W. A., FEITOSA, H. A., RATHJEN, M. (2002) **Monstros e demonstrações**: um mínimo de fundamentos da matemática. (Texto não publicado)

DELAHAYE, J. P. (2006) **O infinito é um paradoxo na Matemática?** Scientific American Brasil, Ed. Especial, n. 15, p. 15.

DELEDICQ, A. (2006) **O descontínuo de Cantor**. Scientific American Brasil, Ed. Especial, n. 15, p. 41.

DEVLIN, K. J. (1979) **Fundamentals of contemporary set theory**. New York: Springer-Verlag.

DI PRISCO, C. A. (1997) **Una introducción a la teoria de conjuntos y los fundamentos de las matemáticas**. Campinas: UNICAMP/CLE. (Coleção CLE, v. 10)

DODGE, C. W. (1970) **Sets, logic & numbers**. Boston: Prindle, Weber & Schmidt.

DOMINGUES, H. H., IEZZI, G. (1982) **Álgebra moderna**. 2ª Ed. São Paulo: Atual.

EBBINGHAUS, H. D., FLUM, J., THOMAS, W. (1984) **Mathematical logic**. New York: Springer-Verlag.

ENDERTON, H. B. (1977) **Elements of set theory**. San Diego: Academic Press.

FEITOSA, H. A., PAULOVICH, L. (2005) **Um prelúdio à lógica**. São Paulo: Editora da Unesp.

FERREIRA, A. B. H. (1986). **Novo dicionário Aurélio**. 2ª Edição, 13ª Impressão. Rio de Janeiro: Nova Fronteira.

FIGUEIREDO, D. G. de (1985) **Números irracionais e transcendentes**. Rio de Janeiro: Sociedade Brasileira de Matemática.

FRAENKEL, A. A., BAR-HILLEL, Y. LEVY, A. (1984) **Foundations of set theory**. 2ª Ed. Amsterdam: North-Holland. (Studies in logic and the foundations of mathematics, volume 67)

HALMOS, P. (1970) **Teoria ingênua dos conjuntos**. São Paulo: Polígono/Edusp.

HAMILTON, A. G. (1978) **Logic for mathematicians**. Cambridge: Cambridge University Press.

HEFEZ, A. (2006) **Elementos de Aritmética**. Rio de Janeiro: Sociedade Brasileira de Matemática.

HRBACEK, K., JECH, T. (1984) **Introduction to set theory**. 2º Ed. New York: Marcel Dekker.

KRAUSE, D. (2002) **Introdução aos fundamentos axiomáticos da ciência**. São Paulo: EPU.

LEVY, A. (1979) **Basic set theory**. Berlin: Springer-Verlag.

NASCIMENTO, M. C., FEITOSA, H. (2009) **Elementos da teoria dos números**. São Paulo: Cultura Acadêmica - Universidade Estadual Paulista, Pro-Reitoria de Graduação.

MENDELSON, E. (1964) **Introduction to mathematical logic**. Princeton: D. Van Nostrand.

MENDELSON, E. (1973) **Number systems and the foundations of analysis**. New York: Academic Press.

MIRAGLIA, F. (1991) **Teoria dos conjuntos: um mínimo**. São Paulo: Edusp. (Coleção Campi, v. 2)

SUPPES, P. (1972) **Axiomatic set theory**. New York: Dover Publications.

TILES, M. (2004) **The philosophy of set theory: an historical introduction to Cantor's paradise**. New York: Dover Publications.

Impressão e acabamento
Gráfica da Editora Ciência Moderna Ltda.
Tel: (21) 2201-6662